48小时精通

Illustrator CS6

数码创意 编著
飞思数字创意出版中心 监制

電子工業出版社
Publishing House of Electronics Industry
北京·BEIJING

内 容 简 介

Adobe Illustrator CS6为用户提供了比以前版本更为强大的矢量图形制作功能，其应用领域也更为广泛。本书共分为24部分，详细地对Adobe Illustrator CS6进行了全面的介绍，包括基础操作、绘图工具的使用、图形对象的编辑和管理、自由选择颜色、文字处理、画笔和符号效果应用、效果菜单特效、外观和样式及其他功能、图层与蒙版等内容。本书每部分都含有为设计实例，其中剪纸风格绘画、各种海报及商业广告等设计实例。通过对本书内容的学习，读者可以根据书中课时分配在48小时内熟练掌握各种工具和功能的使用技巧，从而制作出画面效果丰富的设计作品。

随书光盘有素材及效果文件。

本书从专业的角度讲解了Adobe Illustrator CS6的基本知识和应用，从而帮助读者进一步掌握必需的概念和技巧。本书适用于多层面读者，包括初学者与专业设计人员。

图书在版编目（CIP）数据

48小时精通Illustrator CS6 / 数码创意编著.北京：电子工业出版社，2013.11

ISBN 978-7-121-19796-3

Ⅰ. ①4… Ⅱ. ①数… Ⅲ. ①图形软件 Ⅳ. ①TP391.41

中国版本图书馆CIP数据核字(2013)第046798号

责任编辑：田　蕾
文字编辑：许　恬
印　　刷：北京市大天乐投资管理有限公司
装　　订：北京市大天乐投资管理有限公司
出版发行：电子工业出版社
　　　　　北京市海淀区万寿路173信箱
邮　　编：100036
开　　本：787×1092　1/16
印　　张：16　　字　数：409.6千字
印　　次：2013年11月第1次印刷
定　　价：69.80元（含光盘1张）

凡所购买电子工业出版社图书有缺损问题，请向购买书店调换。若书店售缺，请与本社发行部联系，联系及邮购电话：（010）88254888。
质量投诉请发邮件至zlts@phei.com.cn，盗版侵权举报请发邮件至dbqq@phei.com.cn。
服务热线：（010）88258888。

前言

PREFACE

Illustrator CS6软件是Adobe公司多年来精心打造的一款专业矢量图形绘制软件，是矢量绘图领域中的佼佼者。Illustrator软件经过数次的更新换代，发展到今天的CS6版本，已经具有了专业、全面而且强大的矢量图形制作功能。

由于Illustrator在设计领域中应用十分广泛，已经成为矢量图形制作软件中的标准。Illustrator被应用于图形图像设计及出版印刷领域，用来制作平面广告、VI、CI，绘制各种漫画、插图，以及网页美工设计、多媒体创意设计等。其完善和强大的软件功能、自由便捷的操作界面和亮丽丰富的色彩为设计者提供了更为广阔的创意空间。

本书特色：本书通过对最新推出的Illustrator CS6软件的基础知识和实用技巧相结合的方法进行全面讲解，为读者提供了更好的平台，使读者能够在最短的48小时内，全面掌握和提高软件的各项应用能力。同时，本书运用实际学习需求，精心设计了讲解内容以及各项知识的学习时间规划，使读者更好地吸收学习知识点。

在基础知识讲解部分，作者还在介绍各种工具、命令的使用方法同时，配合穿插了大量常用的操作技巧提示和示范操作步骤，使读者能更好地学习。在实例讲解部分，作者力求做到由浅入深，层层深入，使读者在不断模仿实例的过程中，不断加深前面技能的巩固和新知识点的学习。

本书内容：本书以循序渐进的模式全面阐述Illustrator CS6的各项功能。

全书分24部分，学习的总课时为48小时。其中Part1～6主要讲解了Illustrator CS6新功能及绘画工具的使用；Part6～12主要讲解了图像的色彩管理及调整；Part12～19主要讲解了图层的应用及变形和滤镜的使用；Part20主要讲解了Illustrator中常用的蒙版的应用；Part21～24主要讲解了如何进行文字处理及图案的应用。

本书内容详略得当，图文并茂；实例应用，步骤清晰，知识点针对性强。本书不仅适合初学者在最短时间内掌握软件使用技巧，且适用设计人员参考使用。

由于本书作者水平有限，加上时间仓促，书中难免有不足和疏漏之处，敬请广大读者予以指正。

编　者

目录

CONTENTS

Part 1 关于Illustrator CS6

（01-02小时）

Part 2 文件的管理

（02-05小时）

Part 3 页面设置

（05-6.5小时）

Part 4 文件的显示

（6.5-08小时）

Part 5 绘制各种几何图形

（08-12小时）

Part 6 徒手绘制

（12-13小时）

Part 7 贝济埃曲线

（13-14小时）

Part 8 怎样管理色彩

（14-16.5小时）

Part 17 应用效果 （30-32小时）

Part 18 滤镜效果 （32-34小时）

Part 19 使用图层 （34-37小时）

Part 20 自然合成图像的好帮手——蒙版 （37-38.5小时）

Part 21 编辑输入文字 （38.5-40.5小时）

Part 22 改变文字格式 （40.5-44小时）

Part 23 使用符号 （44-47小时）

Part 24 使用图形样式 （47-48小时）

Part 1（01-02小时）

关于Illustrator CS6

【关于工作界面：30分钟】

浏览Illustrator CS6的工作界面	15分钟
工作界面的组成	15分钟

【高效的工作区：30分钟】

灵活的工作区	10分钟
在面板内进行外观编辑	10分钟
应用程序栏和工作区切换器	10分钟

1.1 关于工作界面

难度程度：★★★☆☆ 总课时：30分钟

Illustrator是Adobe公司开发的功能强大的工业标准矢量绘图软件，广泛应用于平面广告设计和网页图形设计领域，功能非常强大，无论对新手还是对插画专家来说，它都能提供所需的工具，从而使设计者获得专业的质量效果。

如果是从事出版印刷的设计者，选择使用Illustrator，可以设计出精美的版面。如果是专业的平面广告创意设计师，Illustrator将会成为你表达独特创意的得力助手。如果是漫画、插图设计者，Illustrator将是你不可或缺的软件。同时，它在工业设计、企业VI策划等领域也展示出了惊人的创造力。人们常常误以为图形处理软件的处理能力和优秀设计作品的创造能力与计算机图形的表现能力成正比，但是实际上图形处理软件只不过是表现设计者想象力并付诸实现的工具，而一个优秀的设计作品则是设计者基于个人的想象力和努力经过无数次失败换来的结果。

对于一个设计者来说，毫无疑问最重要的是能够创造出充满想象力的作品，但与此同时，还有一个非常重要的因素，那就是拥有一个能够实现设计的工具。很多的设计者都在学习和使用Illustrator，因为Illustrator是一款更加简便自由、更具创造性，能够丰富多彩地表现设计者想象力的强大工具，能使设计者做出更有个性、更有创意的优秀作品。

运用Illustrator更加华丽、更加动感的功能，用户能够更自由地编辑和进行更细致的图形操作，并且能够实现目前矢量图难以表现出的逼真效果。Illustrator已经超越了图形软件的界限，成为能够完美实现设计者理念的强大软件。

该软件发布之初，只拥有单调的绘图功能，经过漫长的发展，如今它已经升级到了功能完善的Illustrator CS6版本。相比以前的版本，新的Illustrator CS6增加了很多新的功能和颇具创造性的工具，为广大用户提供了更广阔的创意空间，同时更易用、更完整。

1.1.1 浏览Illustrator CS6的工作界面

学习时间：15分钟

当软件运行后，屏幕上就会出现标准的工作界面。下面就简单介绍一下Illustrator CS6的工作界面。Illustrator CS6 的工作界面如下图所示。

应用程序栏：这是Illustrator CS6新增的功能，有两个新增的按钮。
菜单栏：菜单栏的默认位置在标题栏的下方，其中有9个菜单项。
标题栏：标题栏中显示的是当前文件的名称、显示比例和色彩模式。
工具箱：工具箱是把所有绘图操作所需要的工具聚集起来的面板。
工作区：工作区是用户用来布置操作对象、绘制图形的区域。
状态栏：按住状态栏，在弹出的菜单中就会显示出4种状态信息。
面板：在Illustrator CS6中共有20多个浮动的面板。

1.1.2 工作界面的组成

学习时间：15分钟

前面我们已经浏览了Illustrator CS6的工作界面。下面分别对菜单栏、标题栏和工具箱进行详细介绍。

标题栏

标题栏显示当前文件的名称、显示比例和色彩模式。如果文件未被保存过，则标题栏将以“未标题”加上连续的数字作为文件的名称。

菜单栏

菜单栏是用来为用户提供Illustrator CS6命令的地方，如下图所示。当需要执行某项命令时，就需要在下面讲到的9个命令菜单中单击相应的菜单项，在随即出现的菜单中单击所需要的命令即可。如果命令为浅灰色，表示该命令在目前的状态下不能被执行。菜单项右侧的字母代号是该菜单项对应的键盘快捷键，使用快捷键有助于提高操作效率。

文件(F) 编辑(E) 对象(O) 文字(T) 选择(S) 效果(C) 视图(V) 窗口(W) 帮助(H)

“文件”菜单中的命令用于文件的打开、保存、输入和输出等文件管理工作，以及打印设置等操作。

“编辑”菜单中的各项命令用于复制、选取及定义图案等操作。

在Illustrator中，“对象”菜单是最复杂也是最重要的，绝大部分图形对象的管理、造型和运算命令，以及特殊的绘图命令都在这里。

“文字”菜单包括所有与文字处理相关的命令，如字形、大小和段落设置等。

简单地说，“选择”菜单中包括与处理和选取相关的命令，用户可以利用菜单中的命令快速选取希望选择的对象，如相同的颜色、线条与样式，或对象、文字和蒙版等。

使用“效果”菜单，用户可以对矢量图使用原本是以点阵图形为基础的各种Photoshop特效滤镜，最不可思议的是，这些矢量图形在经过滤镜处理后，用户依旧可以使用处理矢量图形的方法对它们进行编辑。

使用“视图”菜单中的命令不会影响到处理中的图像，使用这些命令最主要的目的是协助用户更方便、更顺利地绘图。

使用“窗口”菜单，用户除了可以显示与隐藏面板、调用各种数据库外，还可以打开多个文件，同时在各文件间做切换操作。

“帮助”菜单包括与Illustrator相关的信息，如工具、菜单和面板的功能及使用方法等。

工具箱

工具箱是把所有绘图操作所需要的工具聚集起来的面板，其中包括选择工具组、变形工具组、造型工具组、符号工具与图表工具组、网格/渐变/混合工具组，以及切割/查看工具组等，如下图所示。另外，还包括填充色块与边线色块、屏幕显示方式和颜色填充控制工具等。了解工具箱中各项工具的基本用法和技巧是学习Illustrator软件的重要部分，下面就简单介绍一下工具箱中的一些工具。

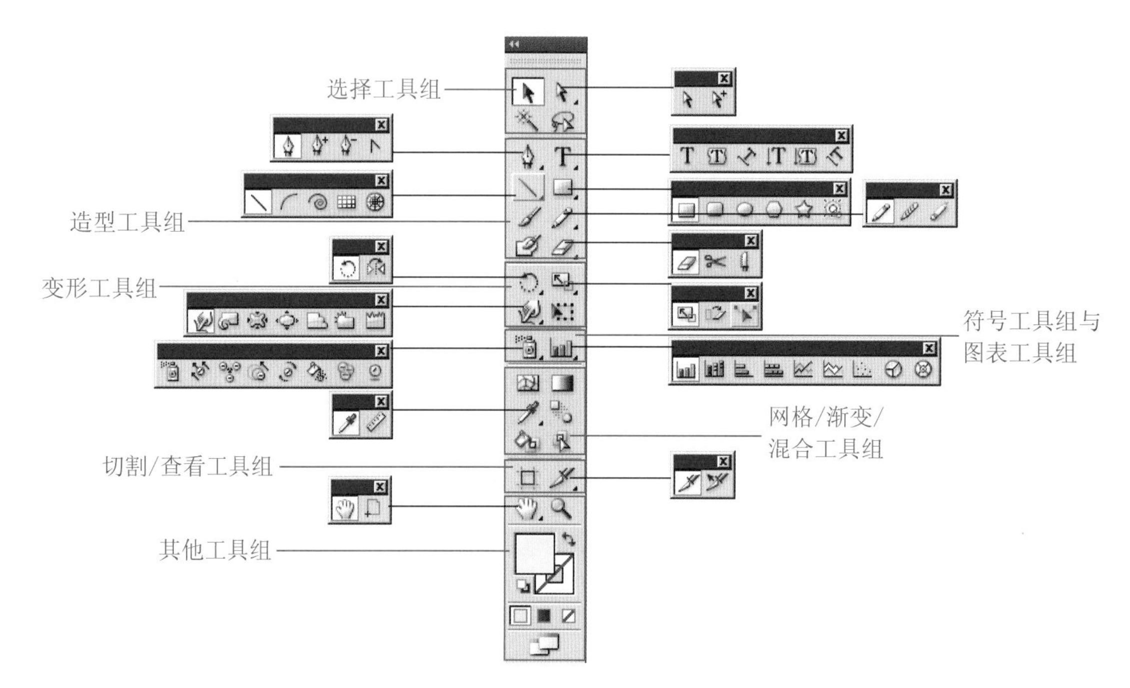

选择工具组：用来选取对象，是最常用的工具。

造型工具组：利用这些工具可以绘制基本的形状，同时也可以任意绘图，在Illustrator CS6里也提供了常用的比较好看的形状供大家使用。

变形工具组：使用这组工具可以对路径进行各种变形操作。

符号工具组与图表工具组：使用符号工具可以绘制出一系列的符号实例，或是在已存在的符号实例中加入其他符号实例，并对符号进行编辑；图表工具组共有9种图表，在页面上拖动鼠标就可以设置一个区域，用于生成各种形状的图表。

网格/渐变/混合工具组：使用网格工具可以填充多种颜色的网格，使用渐变工具可以调整对象中的渐变起点、终点及渐变的方向，混合工具用于在多个对象之间创建颜色和形状的混合效果。

切割/查看工具组：切割工具主要针对网络应用，是对比较大的图形、图像进行分割的一个工具群组；查看工具可以在工作区域内进行视图的移动，增加或减小页面的显示倍数。

其他工具组：包括填充控制、笔触填充控制、颜色填充控制和窗口显示控制工具等。

应用程序栏

在Illustrator CS6中新增加了应用程序栏。

"转到Bridge"按钮：单击此按钮可以转到Illustrator CS6新增的Bridge浏览器，支持多种文件格式的缩略图显示，关注Adobe的最新动态。

"排列文档"下拉按钮：可以让打开的多个文档以不同的方式显示，是一项新增的方便查看文档的功能。

1.2 高效的工作区

难度程度：★★★☆☆ 总课时：30分钟

1.2.1 灵活的工作区

学习时间：10分钟

Illustrator CS6中的工作区域更加灵活自如，可以自由地变化方式，方便绘图需要，提高工作效率。

Illustrator CS6启用了空间节省和自定义查看功能，工作区左侧的工具箱排成一列靠放在最左边的位置，各个调节面板以图标的形式停靠在工作区域的右侧，这样大大节省了工作区域的空间，令视图范围扩大了不少，如右图所示。

工作区两侧的工具箱和调节面板还可以自定义显示形式，根据用户的习惯调节。对于工具箱，可以按“折叠”按钮，转换双列排放或单列排放，并且还可以在工具箱顶部按住鼠标左键不放拖曳工具箱，使其呈单独的形式显示。要恢复原来的形式，将工具箱拖曳回去即可。在简洁形式下，调节面板是以图标的形式显示的，只要单击需要应用的面板图标即可打开面板，非常灵活易用，不用的时候单击面板顶部“折叠”按钮，即可关闭面板，恢复到图标形式。面板可以以单独的形式显示，也可以几个面板重叠显示，只要将需要放在一起的面板拖至另一块面板，当出现蓝色线框时，松开鼠标即可，如右图所示。

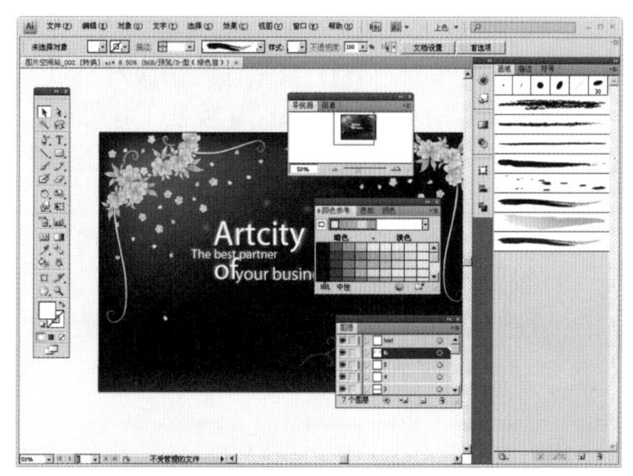

同时，工作区域的颜色可以变化，用户能够根据自己的需要，选择更暗或更亮的工作区颜色，外观也更灵活。

1.2.2 在面板内进行外观编辑

学习时间：10分钟

Illustrator CS6的“外观”面板具有更加强大的功能，它具有编辑对象的功能。打开“外观”面板后，用户可以不必再打开其他面板，如“色板”面板、“描边”面板和“效果”面板等，就可以使用这些面板中的功能，这样就解决了在几个面板之间来回切换的问题，因此节省了时间，提高了设计速度。

要找开“外观”面板，可以执行“窗口/外观”命令，也可以直接单击“外观”面板的图标，打开“外观”面板，如右图所示。

“添加新描边”按钮：单击该按钮，可以为对象添加描边效果，并且单击“描边”文本左侧的小三角按钮，在展开栏中，可以改变描边的不透明度。

“添加新填色”按钮：单击该按钮，可以为对象添加颜色，单击“填色”文本左侧的小三角按钮，在展开栏中，单击“不透明度”文本，可以改变添加的颜色的不透明度。

“添加新效果”按钮：单击该按钮，可以为对象添加滤镜等效果。

“清除外观”按钮：单击该按钮，可以将为对象修改的所有外观清除掉。

“复制所选项目”按钮：单击该按钮，会将所选择的外观复制下来。

“删除所选项目”按钮：单击该按钮，可以清除所选的外观。

1.2.3 应用程序栏和工作区切换器

在Illustrator CS6中的每个Creative Suite应用程序顶部，在其应用程序栏上均提供了菜单和选项。这样做的目的是，方便用户应用各项功能，做图时使选区和工作区域的切换更加便捷灵活。使用工作区切换器可以快速转到不同的工作区配置，以满足用户的特殊需要。使用该应用程序栏，用户还可以访问Adobe Bridge和文档排列面板。

打开Illustrator CS6，当工作区切换器显示为“基本功能”时，单击工作区切换器下拉按钮，在弹出的下拉菜单中选择一项命令，这时工作区的显示情况会发生变化，如右图所示。

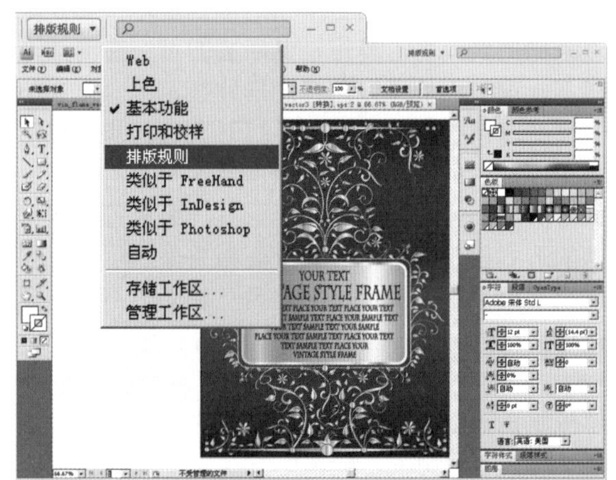

应用程序栏和工作区切换器在各个应用程序与工作区、工作区与工作区之间的切换上，比以前的版本方便很多。用户不用再执行“窗口/工作区”中的命令来选择各个工作区了，直接从这里操作就可以完成了。

要切换到Adobe Bridge程序，不用执行“文件/在Bridge中浏览”命令，直接单击“转到Bridge”按钮即可切换，提高了设计的速度。

Part 2（02-05小时）

文件的管理

【文件的输入：100分钟】

新建、打开和保存一个文件	30分钟
输入文件	20分钟
链接与嵌入图形文件	10分钟
置入Photoshop PSD格式文件	20分钟
置入文件的管理	20分钟

【文件的输出：80分钟】

输出文件	10分钟
支持 Flex 扩展功能	10分钟
文档中的多个画板和多画板导出支持	40分钟
输出文件供Photoshop使用	20分钟

2.1 文件的输入

难度程度：★★★☆☆ 总课时：100分钟
素材位置：02\文件的输入\示例图

本章中，我们将讲解建立Illustrator CS6的空白新文件、打开旧文件、保存文件，以及如何输入、输出文件等基本操作方法。

2.1.1 新建、打开和保存一个文件

学习时间：30分钟

设计一件艺术作品，要做的第一项操作就是新建一个空白文件，处理告一段落时，必须将文件结束或者保存。

01 执行“文件/新建”命令，在打开的“新建文档”对话框中进行设置，在“名称”文本框中输入文件的名称，在画板设置选项组中设置画板的大小和尺寸等参数，如下图所示。

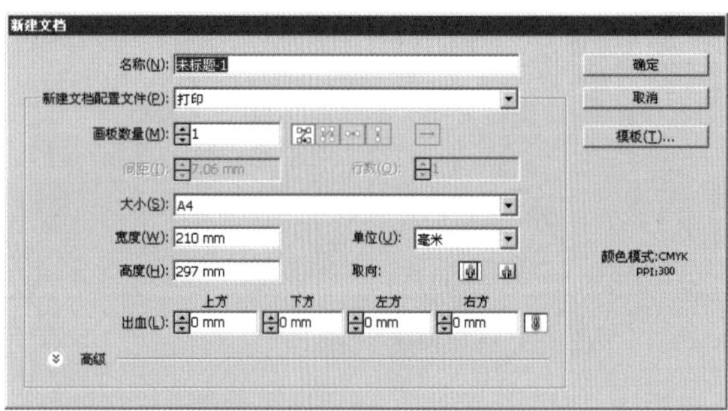

技巧提示

单击“取向”栏中的两个按钮，可以使画板纵向或横向摆放。

使用Illustrator CS6可以设计平面作品和网页作品。在设计这些作品时，要指定文件使用的色彩模式，可以选择适于平面印刷场合的CMYK色彩模式，也可以选择适于网页设计的RGB色彩模式。指定的色彩模式会影响置入的点阵图的色彩模式及一些滤镜功能的执行。

02 单击“确定”按钮，可以打开空白的绘图工作区。在工作区上方左侧就是绘图窗格标题栏，它显示了文件的名称、显示比例和色彩模式。在窗格中心的黑框区域就是绘图窗格的页面，页面的大小就是作品的大小。绘图页面之外的部分称为剪贴板，剪贴板中的内容不会被打印出来，如下图所示。

除了可以按照上述方法新建文档以外，还可以根据模板新建文档，用户可以在Illustrator CS6内置模板的基础上新建一个文档，进行编辑。所谓模板就是一套控制绘图版面、外观样式及页面布局的设置。用户可以使用默认的模板，也可以从应用程序中多种可用的设置模板中选择一种模板，下面将具体讲述根据模板新建文件的操作方法。

01 执行“文件/从模板新建”命令，如下图所示。

新建(N)... Ctrl+N
从模板新建(T)... Shift+Ctrl+N
打开(O)... Ctrl+O
最近打开的文件(F)
在 Bridge 中浏览... Alt+Ctrl+O
共享我的屏幕...
Device Central...
关闭(C) Ctrl+W
存储(S) Ctrl+S
存储为(A)... Shift+Ctrl+S
存储副本(Y)... Alt+Ctrl+S
存储为模板...
签入...
存储为 Web 和设备所用格式(W)... Alt+Shift+Ctrl+S

02 在弹出的“从模板新建”对话框中选择模板，单击“新建”按钮，如下图所示，就可以根据模板新建文件。

03 “模板”文件夹中涉及的内容很多，因此可以根据需要选择模板文件进行使用。以下两幅图形是从模板新建的图形文件，如图所示。

在Illustrator CS6中，打开文件的方式有3种：在欢迎界面中单击“打开文档”按钮、执行“文件/打开”命令及使用【Ctrl+O】组合建。执行上述任意一种操作，都会弹出“打开”对话框。

若要继续先前未完成的工作，还可以执行“文件/最近打开的文件”命令，打开最近打开过的文档，如下图所示。

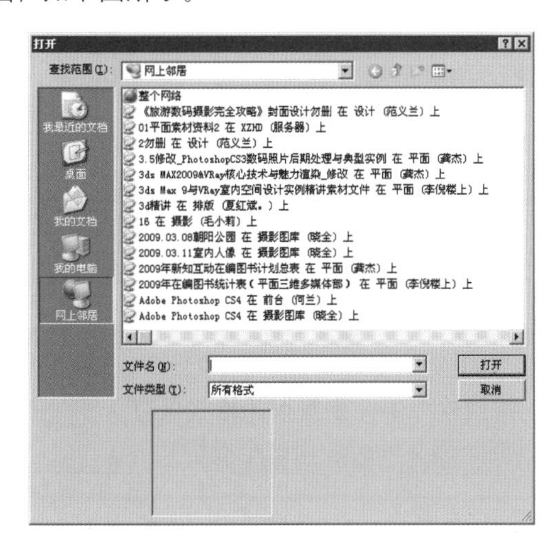

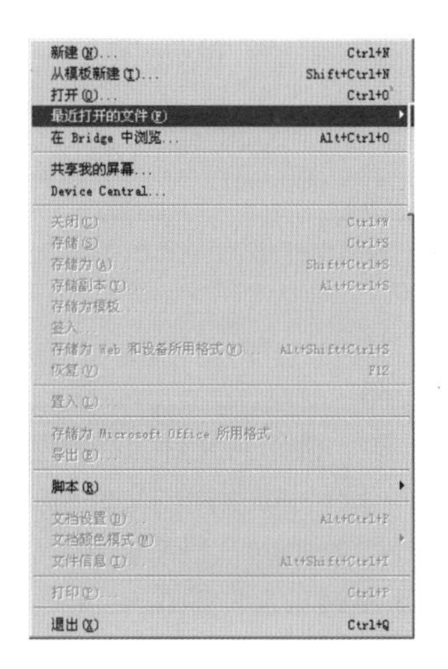

Illustrator CS6可以打开的文件格式有很多，包含AI、WMF、EPS、TXT、DOC、RTF、TIF、EMF、FH4～FH9、DXF、DWG、CDR5～CDR10、CGM、PSD、BMP、PCX、PCD、PXR、TGA、PDF、SVG、GIF、JPG、PICT和PNG等不同的矢量、点阵图形或是文字格式文件。

结束文件操作前，如果这个文件以后还要继续使用，就要保存这个文件。

01 执行“文件/存储”命令，若该文件尚未保存过，就会弹出“存储为”对话框，反之则不会显示该对话框，如下图所示。

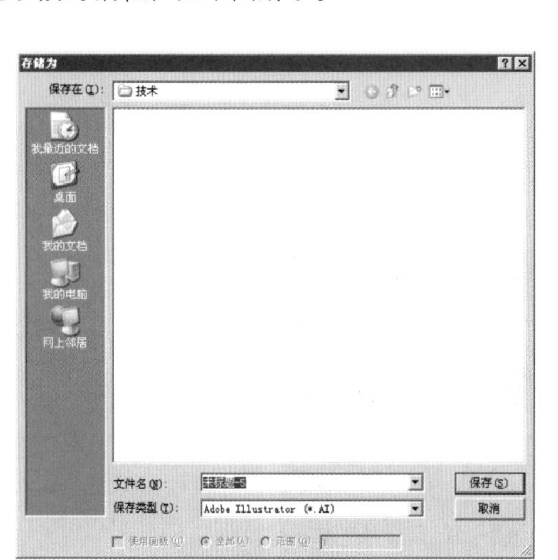

02 执行“文件/存储为”命令，也会弹出“存储为”对话框，如下图所示。

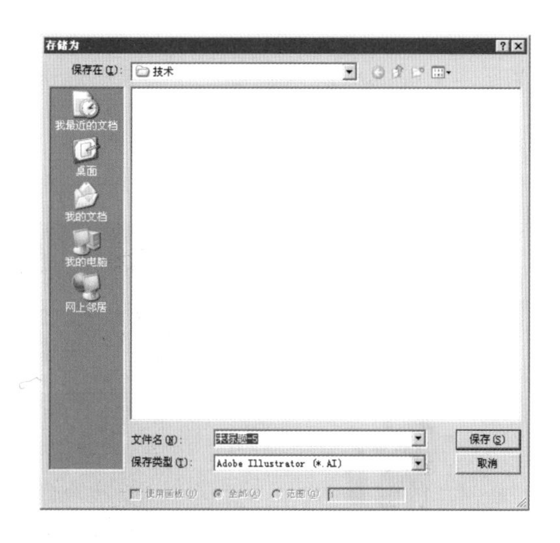

在“存储为”对话框中，用户可以指定文件存储的位置，在“文件名”文本框中输入文件的名称，然后选择“保存类型”下拉列表中的文件格式选项，Illustrator CS6为用户提供了7种文件保存类型，如下图所示。

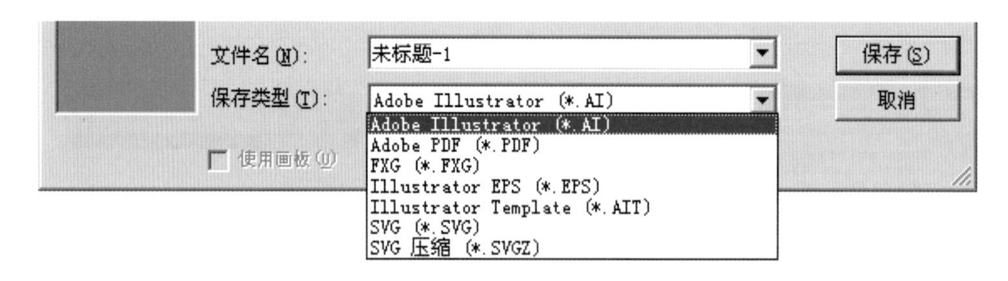

Adobe Illustrator：将文件存储为Illustrator标准的Illustrator格式，这种格式的文件扩展名为“AI”。

Adobe PDF：表示将文件保存为可携式的文件格式。

Illustrator EPS：排版用的文件格式。若要将文件置入排版软件中，则需以此格式保存。

Illustrator Template：将文件保存为模板，这样就可以在新建文件时应用这个模板文件。

SVG：矢量网页文件格式。

选择好保存类型后，单击“保存”按钮，就会根据所选文件的格式弹出不同的保存设置对话框，进行选择设置后，单击“保存”按钮就可以完成Illustrator文件的保存了。

技巧提示

编辑文件时，如果想要保持原有的文件不被更改，而更改后的文件又需要保存起来，并且需要更改文件的保存位置、文件名称或文件格式，可执行“文件/存储为”命令。若执行“文件/存储副本”命令，则是以复制的方式来保存，原文件并不会被修改。

当要关闭一个改动过，但未被保存过的文件时，会弹出一个对话框，询问对这个文件是要进行“保存”、“不保存”还是“取消关闭”等操作。

若打开旧文件且进行编辑操作后，又想恢复先前保存的文件，可执行“文件/恢复”命令，恢复到原来保存的文件状态。

如果想使输出文件在以前版本的Illustrator中可用，可为文件选择“.AI”保存类型，在下一步的设置对话框中选择Illustrator旧版本。

2.1.2 输入文件

在利用Illustrator CS6进行完稿操作时，也许会需要其他软件产生的文件协助完成效果。在这方面，Illustrator CS6考虑到了使用者的需求，可以识别的文件格式非常多，如TIFF、GIF、JPEG、EMF和PSD等。要将这些文件读入Illustrator中，可以采用直接打开、置入、粘贴和拖曳等方式。

方法一

置入文件最简单的处理方法就是直接使用与打开文件相同的方法。

01 执行“文件/打开”命令，如下图所示。

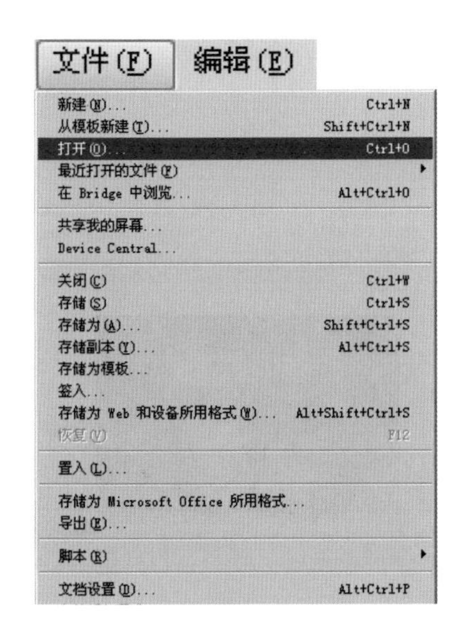

02 在“打开”对话框中选择要置入的图形，则Illustrator会将这个文件直接打开成为一个单独的Illustrator文件，如下图所示。

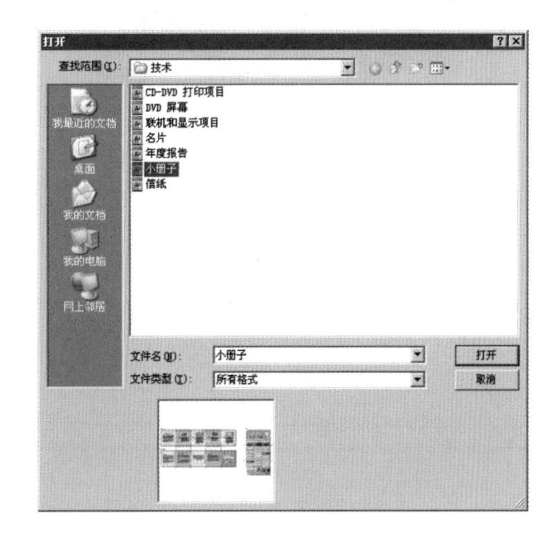

方法二

使用“复制”及“粘贴”命令也可以将文件置入Illustrator中。

01 在Photoshop中打开一个文件，按【Ctrl+A】组合键全选，然后执行“编辑/复制”命令，如下图所示。

02 再回到Illustrator中，执行“编辑/粘贴”命令，则图形被贴入窗口后嵌入到了文件中，如下图所示。

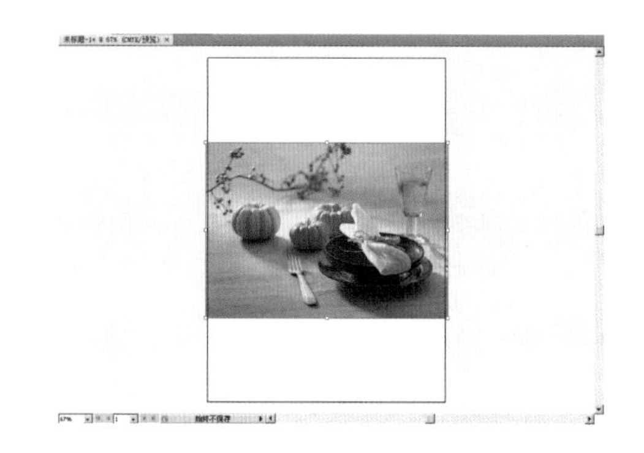

方法三

拖曳置入文件和复制粘贴操作是相同的。在启动Illustrator的同时，打开Photoshop，从Photoshop中直接将图形拖入Illustrator当前窗口。需要注意的是在使用这种方法时，限于屏幕的尺寸，要适当调整可见界面尺寸，如下图所示。

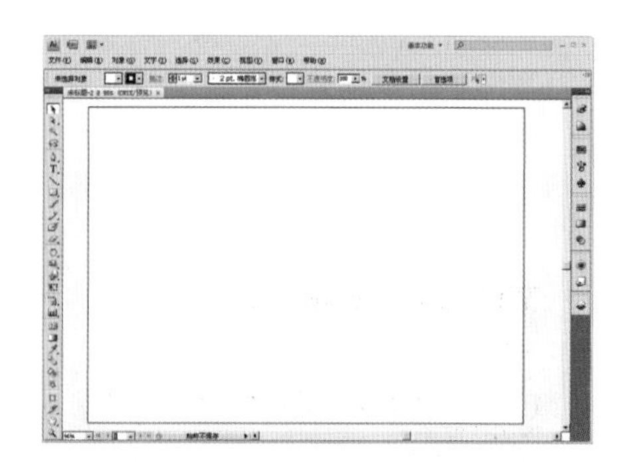

具体的方法就是在Photoshop工具箱中选择“移动”工具，拖动图形到Illustrator当前窗口中，如右图所示。

方法四

执行“文件/置入”命令，在“置入”对话框中选择要置入的文件，然后单击“置入”按钮即可。

在“置入”对话框中，有3个不同的复选框。

链接：勾选该复选框时，置入的文件与Illustrator为链接的关系，所以可以得到较小的文件。如果不勾选此复选框，则置入的文件会复制一份嵌入到Illustrator中，因此文件会很大。

模板：如果希望将置入的文件转换为模板图层中的文件，则需要勾选此复选框。

替换：在置入文件前，先选取一个已经置入的文件，当置入文件时勾选此复选框，则置入的文件会替换先前选取的文件。

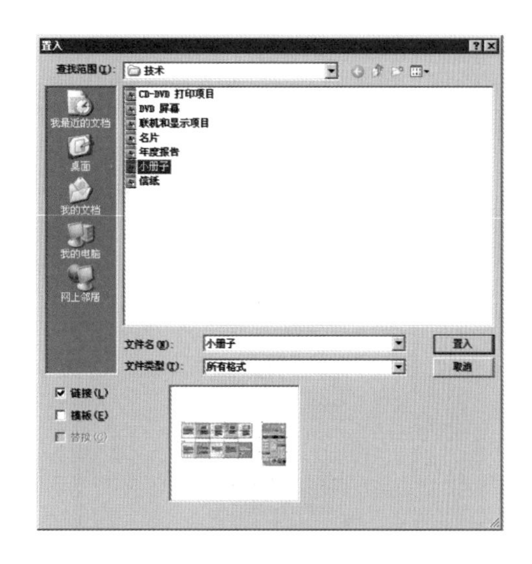

2.1.3 链接与嵌入图形文件

学习时间：10分钟

有多种方法可以将不同的文件置入Illustrator中。对于以各种不同方法读入的图形，Illustrator会分别对其进行如下的处理。

第一种情况是将读入的矢量图形转换为可处理的路径，像置入CorelDRAW文件，这些文件将变成原文件的一部分，并且与原来的文件之间没有任何的联系。不过EPS文件可以用被链接的方式处理。

第二种情况是将点阵图或是EPS文件嵌入Illustrator文件中，也就是将读入的文件复制一份到Illustrator文件中，因此Illustrator文件会变大。由于文件变大了，所以需要比较多的RAM来维持文件的操作，速度就会随着文件的变大而变慢。不过这样做不用担心链接的问题，文件都能正常打印。在执行“文件/打开”、复制粘贴命令，或是执行“文件/置入”命令（不勾选“链接”复选框）时，置入的点阵图或是EPS文件将会被嵌入到Illustrator文件中。

最后一种情况就是在执行“文件/置入”命令时，如果勾选了“链接”复选框，则Illustrator文件不会将外部文件真正地置入到文件的内部，而是产生一个低分辨率的荧屏显示模式来预览图像。源文件依旧在原来的地方，与现在的低分辨率的图像维持着一种链接的关系。这样在Illustrator中所处理的只是一个低分辨率的图像而已，直到在打印输出时，输出设备才会依照链接所指示的位置去查找原来高分辨率的文件打印或输出。这样做会使Illustrator文件比较小，省出更多的系统资源，加快处理速度。

2.1.4 置入Photoshop PSD格式文件

学习时间：20分钟

对于每一位设计者来说，使文件在Photoshop和Illustrator之间转换是经常需要进行的操作，设计者通过Photoshop扫描图像，然后对图像进行各种处理，最后再置入到Illustrator中完稿和排版。

用户可以直接置入Photoshop PSD文件完稿，无须进行图层合并。

01 在Photoshop中打开一个PSD文件，然后在“图层”面板中隐藏它的背景图层，如图下所示。

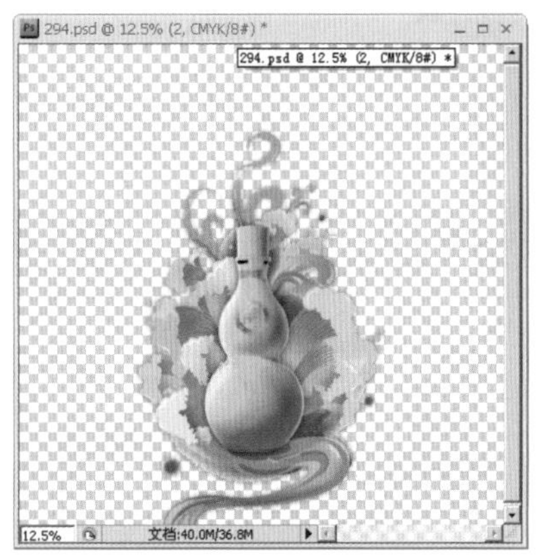

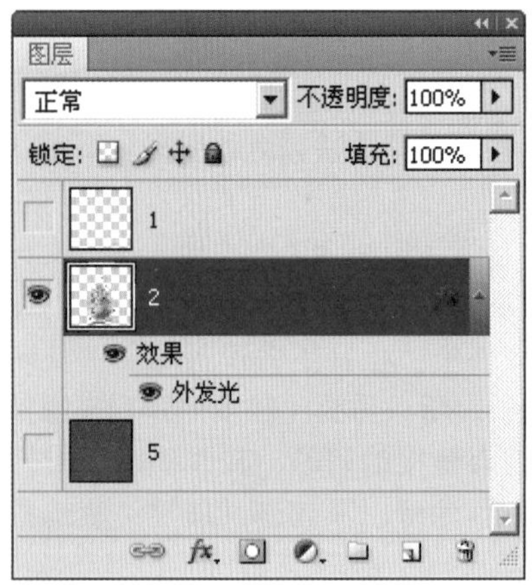

02 执行“文件/存储”命令，在弹出的“存储为”对话框中直接保存为PSD格式就可以了，如下图所示。

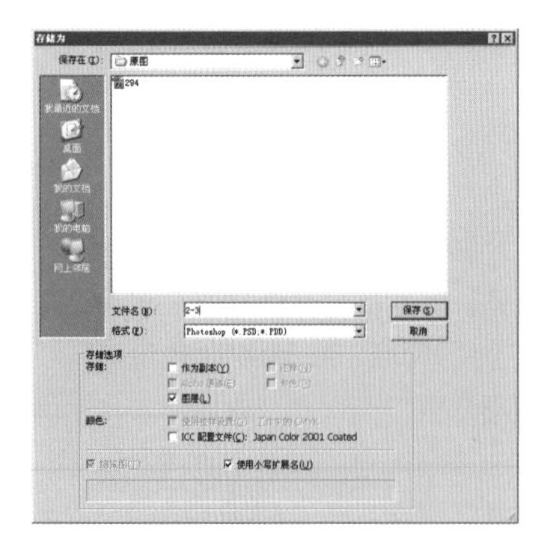

03 回到Illustrator CS6中，从模板文件中打开一个网站模板。

04 执行“文件/置入”命令，在弹出的“置入”对话框中选取刚刚保存过的PSD文件。

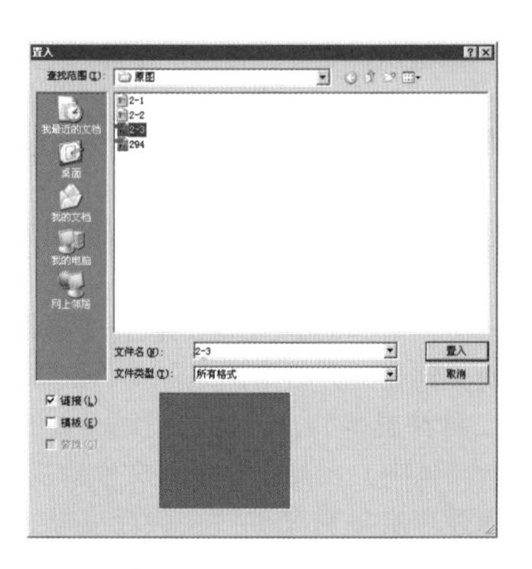

05 将图像置入Illustrator，效果如下图所示。

2.1.5 置入文件的管理

学习时间：20分钟

不管文件是以链接还是以嵌入方式处理的，都不是绝对的，可以将原有进行链接处理的文件嵌入到文件中，也可以将嵌入的文件转换为链接方式。执行“窗口/链接”命令，打开“链接”面板。“链接”面板是所有置入文件的管理面板，当置入文件到Illustrator中时，它可以帮助用户记录并管理置入的文件，显示出置入文件是链接方式还是嵌入方式，此外，还可以显示文件的各种信息。

01 打开一个PSD文件。首先执行“文件/置入”命令，在弹出的“置入”对话框中不勾选“链接”复选项，单击“置入”按钮，此时会弹出“Photoshop导入选项”对话框，在“选项”栏中选中第二个单选按钮，如下图所示。

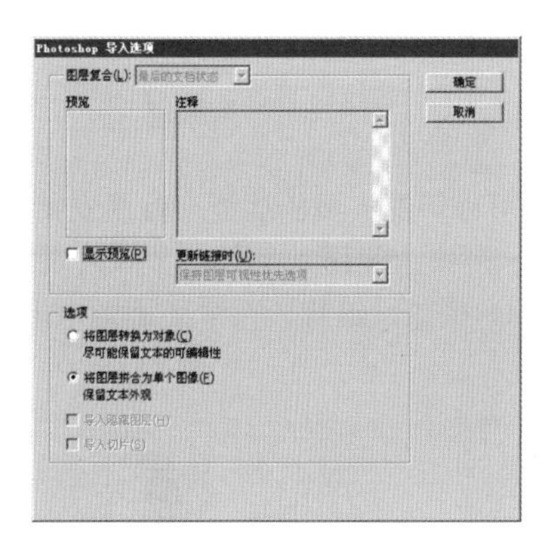

02 继续在当前文件中置入几幅TIF格式的图形文件，执行“文件/置入”命令，在弹出的“置入”对话框中勾选“链接”复选框，“链接”面板如下图所示。

03 在“链接”面板中可以查看链接信息，在面板中双击链接文件或是在面板右上角的主菜单中执行“链接信息”命令，就可以查看文件的各种信息了，如下图所示。

04 在处理复杂的作品时，可以利用“链接”面板来定位置入文件在窗口中的位置。先在面板中选择链接文件，然后单击“转至链接”按钮或是在主菜单中执行“转到链接”命令，如下图所示。

05 在“链接”面板的底部单击“编辑原稿”按钮，或是在主菜单中执行“编辑原稿”命令，就可以回到原来产生这个文件的程序中进行重新编辑，等到编辑完成并保存后，再回到Illustrator中，就可以见到该文件内容已经被重新编辑了，如下图所示。

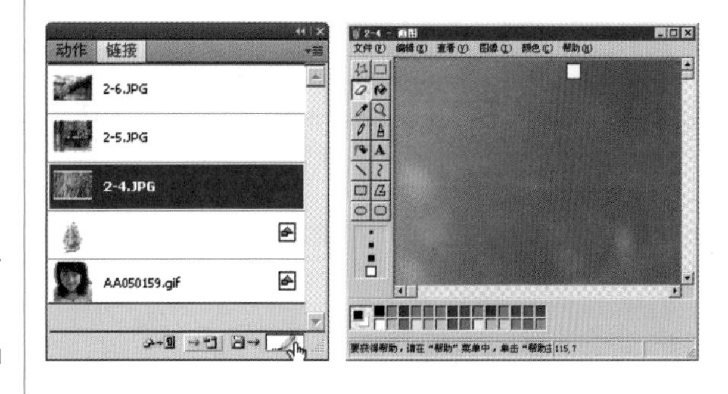

2.2 文件的输出

难度程度：★★★☆☆ 总课时：80分钟
素材位置：02\文件的输出\示例图

2.2.1 输出文件

学习时间：10分钟

当要将已经完成的文件提供给其他软件使用时，可以将文件输出成其他软件能识别的格式。Illustrator输出文件的格式有很多种，可以根据需要来选择，这些格式包括BMP、TGA、AI、EPS、PNG、DXF、SWF、JPEG和PSD等。我们可以通过执行“文件/导出”命令，或者“文件/存储为Web和设备所用格式”命令来输出图形。

2.2.2 支持 Flex 扩展功能

学习时间：10分钟

在Illustrator CS6中，新增了一项专门针对Web交互及RIA项目开发人员的功能，就是支持Flex扩展功能，此功能为用户有效地提供了更易于编辑和处理的内容。例如，使用专为Illustrator开发的“Flex皮肤设计”扩展功能，可以创建并将矢量皮肤导出成Adobe Flex格式。这样，Web交互及RIA项目的开发人员就可以随意使用Illustrator制作图像了。

2.2.3 文档中的多个画板和多画板导出支持

学习时间：40分钟

画板的定义就是包含可打印图稿的区域。在Illustrator CS6中，画板相当于Illustrator CS3中的裁剪区域，用户可以使用画板裁剪区域满足打印或置入的需要。在Illustrator CS6中，增加了可以创建多个画板的功能，可以使用多个画板来创建各种内容，例如，多页PDF、大小或元素不同的打印页面、网站的独立元素、视频故事板或者组成Adobe Flash或After Effects中的动画的各个项目。这一新功能更加丰富了Illustrator。

技巧提示

如果在Illustrator CS3文档中创建了裁剪区域，则在Illustrator CS6 中，这些裁剪区域将转换为画板。系统可能会提示用户指定转换裁剪区域的方式。

要想打开“画板选项”对话框，方法很简单，只要双击“画板工具”按钮，或是单击“画板工具”按钮，在控制面板中单击“画板选项”按钮即可。“画板选项”对话框如下图所示，对话框中的具体参数功能如下。

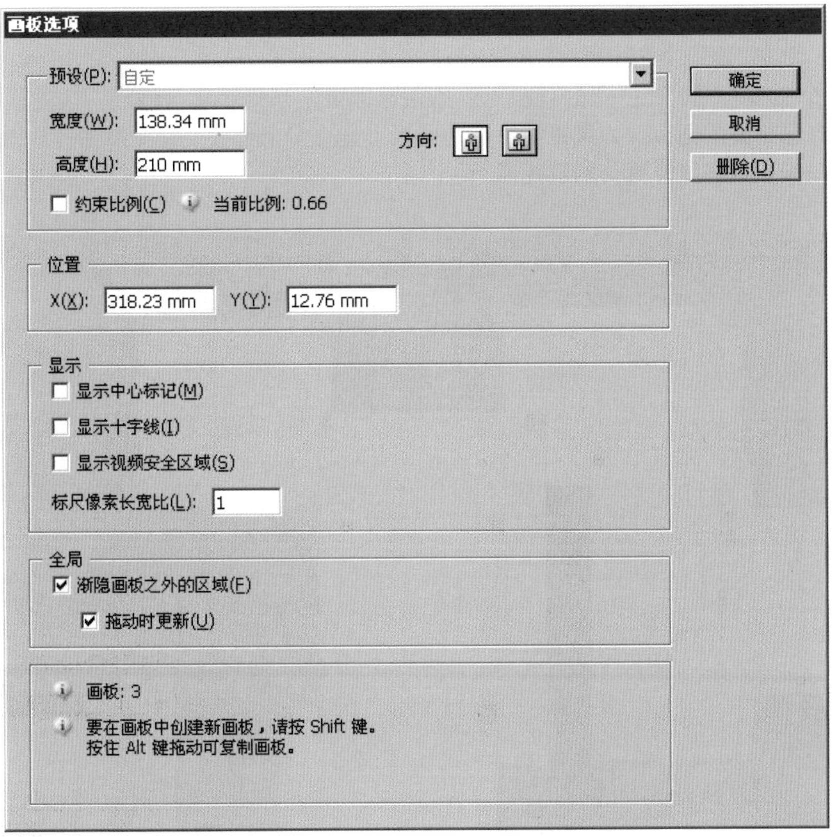

画板选项

预设(P): 自定

宽度(W): 138.34 mm

高度(H): 210 mm

方向:

约束比例(C) 当前比例: 0.66

位置

X(X): 318.23 mm Y(Y): 12.76 mm

显示

显示中心标记(M)

显示十字线(I)

显示视频安全区域(S)

标尺像素长宽比(L): 1

全局

渐隐画板之外的区域(F)

拖动时更新(U)

画板: 3

要在画板中创建新画板，请按 Shift 键。
按住 Alt 键拖动可复制画板。

确定

取消

删除(D)

预设：可以设定画板的尺寸。

宽度和高度：用户可以在文本框内输入数值，设定画板的宽度和高度。

方向：单击“横向”或“纵向”按钮，可以设定画板页面的方向。

约束比例：勾选该复选项，可以在手动调整画板大小时，保持画板的长宽比例不变。

X和Y位置：根据Illustrator工作区标尺来指定画板位置。要查看这些尺寸，可以执行“视图/显示标尺”命令。

显示中心标记：勾选该复选框，可以在画板中心显示一个点，表示画板的中心点。

显示十字线：显示通过画板每条边中心的十字线。

显示视频安全区域：显示参考线，这些参考线标识了位于可查看的视频区域内的区域。用户将需要查看的所有文本和图稿都放在视频安全区域内即可。

标尺像素长宽比：指定用于标尺的像素长宽比。

渐隐画板之外的区域：当画板工具处于现用状态时，显示的画板之外的区域比画板内的区域暗。

拖动时更新：在拖动画板以调整其大小时，使画板之外的区域变暗。如果未勾选此复选框，则在调整画板大小时，画板外部区域与内部区域显示的颜色相同。

画板：显示存在的画板数。

创建多个画板

在Illustrator CS6中，在同一个文档中最多可以创建100个大小不一样的画板，并且画板之间的显示方式各异，可以有重叠的、并排的或堆叠的等。一个画板可以存储、导出和打印，多个画板也可以一起导出、存储和打印，这样操作起来更加方便、快捷。

创建画板的方法很简单，在工具箱中新增了一个“画板工具”按钮，单击该按钮即可创建一个新的画板。用户也可以双击“画板工具”按钮，在弹出的“画板选项”对话框中，设置好新建画板的各项参数，单击“确定”按钮即可。

要创建多个画板，可以在已有的画板之外的灰色区域，当指针变为时，按住鼠标左键进行拖曳，即可创建自己想要的画板。如果想在原有的画板上建立多个画板，需要按住【Shift】键，待指针变化后，按住鼠标左键拖曳便可，如下图所示。

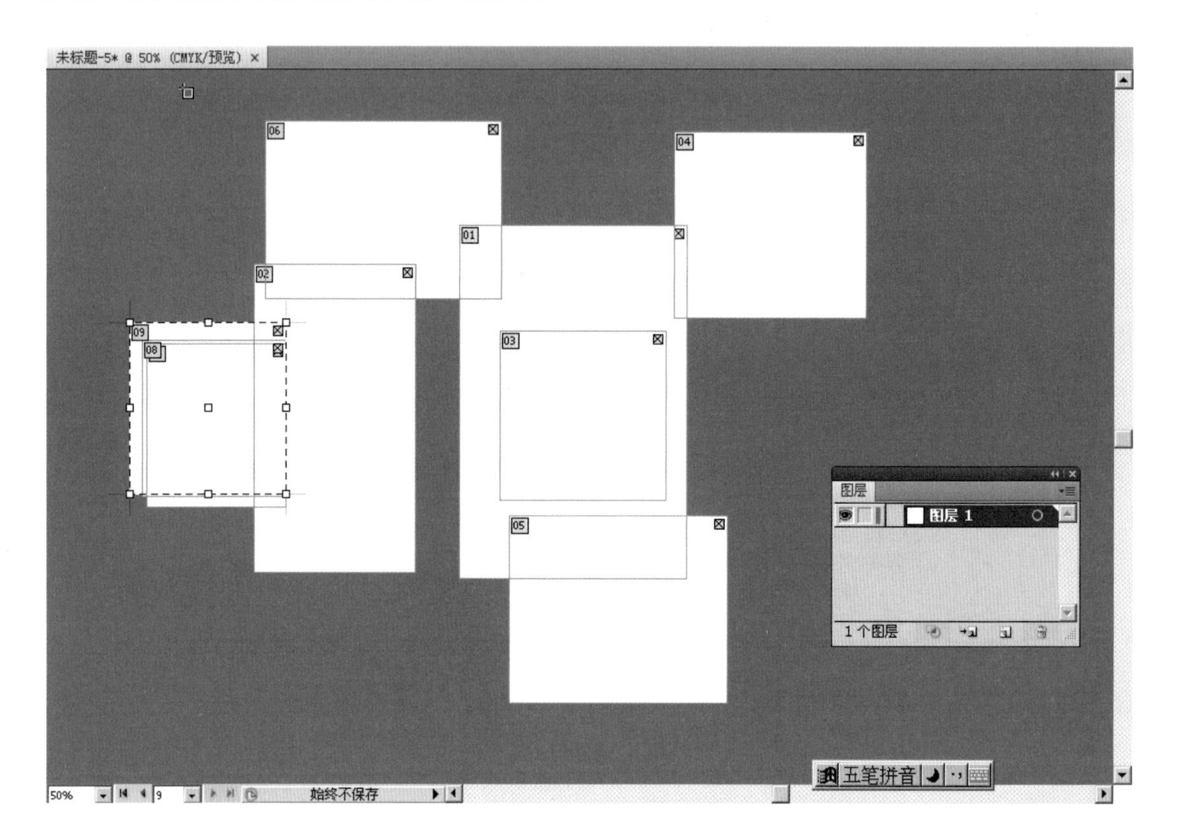

多画板导出

Illustrator CS6的导出功能要比以前的版本强大得多。以前在导出JPG文件或是生成PDF文件时，只能单页单页地进行，一页一页地导出，花费很多时间。而现在只要轻松一下，就可以将多个图层，或多个画板的文件一起导出来，还可以生成PDF多页文件，这样就为设计人员节约了不少时间。

多画板创建文档功能，使进行多页面文档的创建和导出变得更加容易。用户可以将画板导出成下列任意一种格式：PDF、PSD、PSWF、PJPEG、PPNG、PTGA或TIFF，也可以将多画板 Illustrator 文件导入到Adobe InDesign或Adobe Flash中。这样，用户就可以轻松创建多页 PDF文档了。在导出成 Flash SWF格式时，有几个画板就会导出几个文件。导出JPG格式时也是，有几个画板就会导出几个文件。

01 打开光盘素材文件“02\文件的输出\示例图\2-6.ai”文件，如下图所示为画板1、画板2和画板3的图像效果。

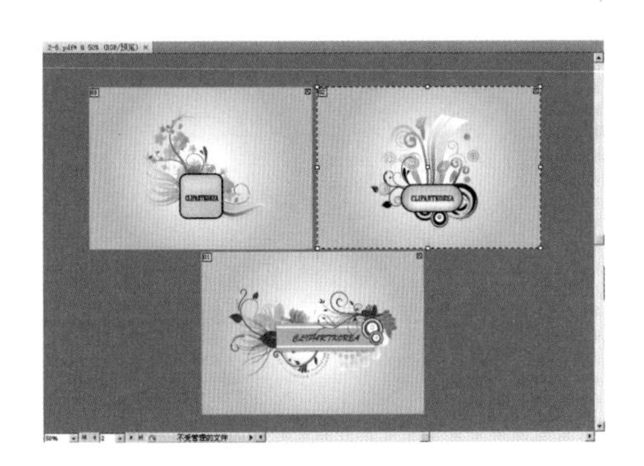

02 在“图层”面板中，将所有图层都设置为可见，将所有画板全部选中，如下图所示。

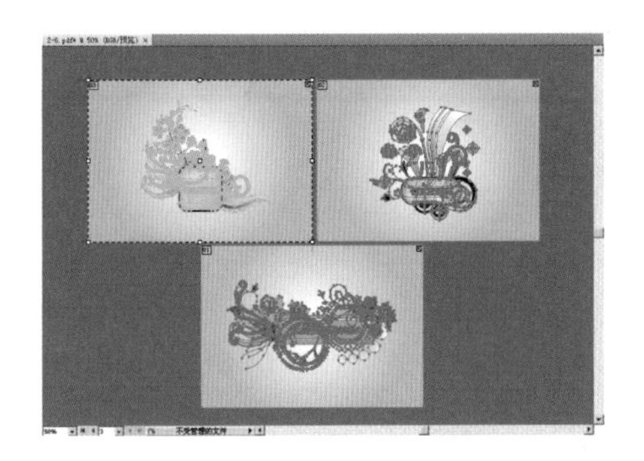

03 执行菜单“文件/导出”命令，这时会弹出“导出”对话框，在“保存类型”下拉列表中，选择JPG格式，如下图所示。

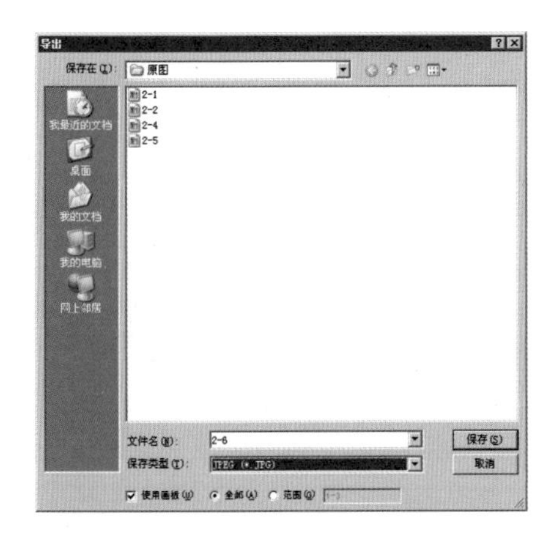

04 设置好“导出”对话框后，单击“保存”按钮，弹出“JPEG选项”对话框，设置对话框内的参数，如下图所示。

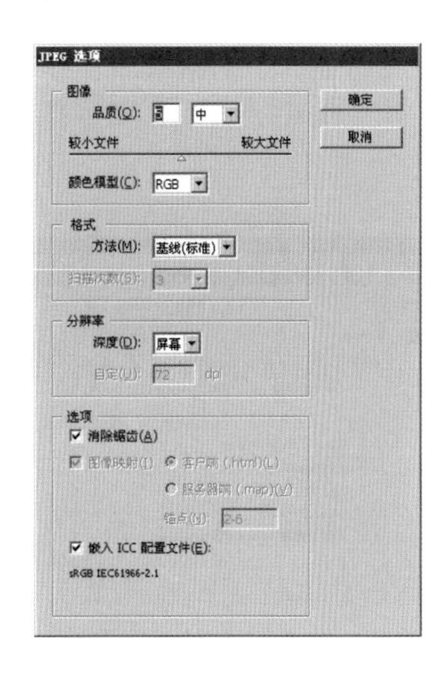

05 设置完成后单击“确定”按钮，查看一下导出的路径，生成的JPG文件如下图所示。

06 再次应用刚刚打开的光盘文件，将其中所有画板选中，执行“文件/存储为”命令，弹出“存储为”对话框，如下图所示。

07 设置好“存储为”对话框后，单击“保存”按钮，会弹出“存储 Adobe PDF”对话框，其设置如下图所示。

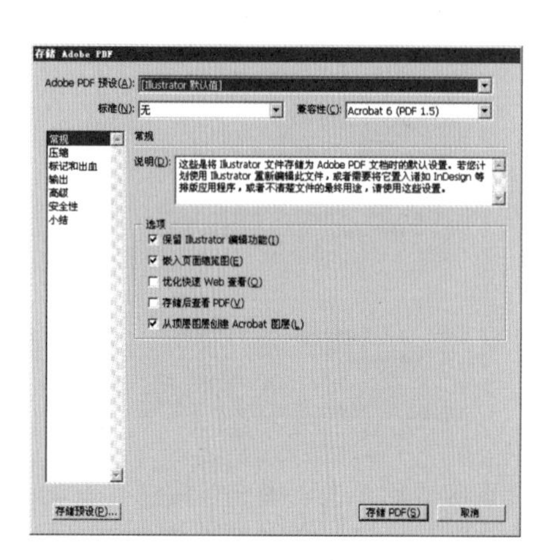

08 单击“存储PDF”按钮，生成PDF文件。查看生成的文件，如下图所示。

2.2.4 输出文件供Photoshop使用

学习时间：20分钟

有些时候，我们在Illustrator中完成的作品需要输出到Photoshop中进行重新编辑，这时就需要输出文件给Photoshop。

01 在Illustrator中编辑好图像，如下图所示。

02 执行“文件/导出”命令，在弹出的“导出”对话框中选取文件的保存位置，设置导出文件名称，选择Photoshop PSD格式，如下图所示。

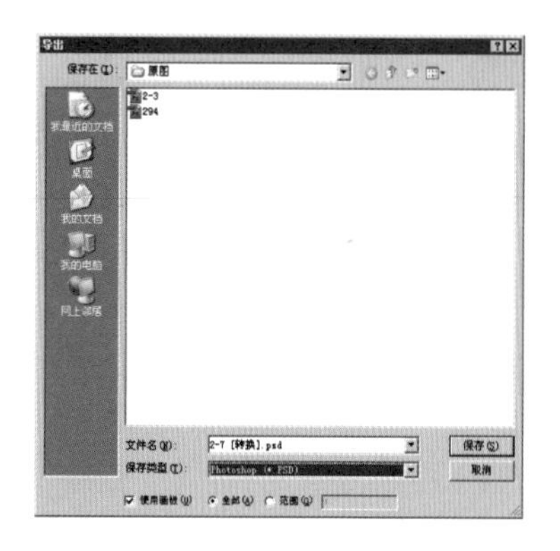

03 然后单击“保存”按钮，这时会弹出“Photoshop 导出选项”对话框，在对话框中进行设置，如下图所示。

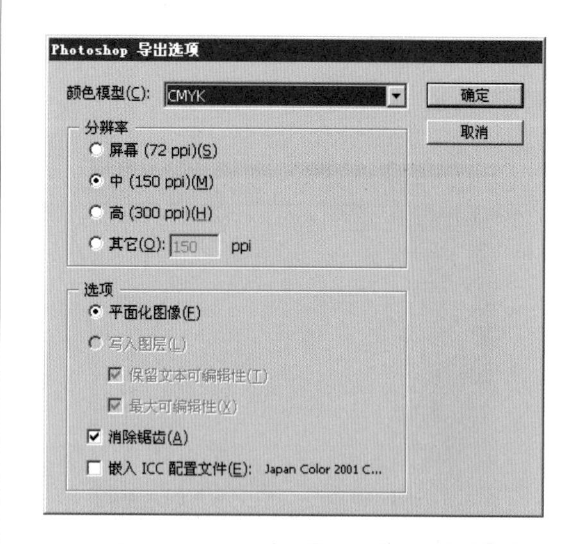

Part 3 （05-6.5小时）

页面设置

【页面的应用：60分钟】

设置页面	20分钟
标尺的应用	20分钟
网格的应用	20分钟

【对齐的应用：30分钟】

参考线的应用	20分钟
吸附对象	10分钟

3.1 页面的应用

难度程度：★★★☆☆ 总课时：60分钟
素材位置：03\页面的应用\示例图

下面介绍关于Illustrator文件的页面设置问题，其中包括页面尺寸的设置，以及测量工具、标尺、参考线和网格的使用方法。

3.1.1 设置页面

学习时间：20分钟

在打开空白文件时，页面属性采用默认设置。但是为了需要，用户还可以重新设定页面。

01 执行“文件/新建”命令，在“新建文档”对话框中进行页面设置，单击“确定”按钮新建文档，如下图所示。

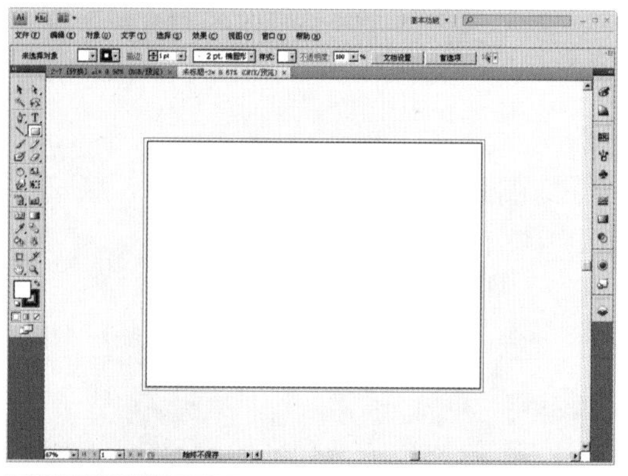

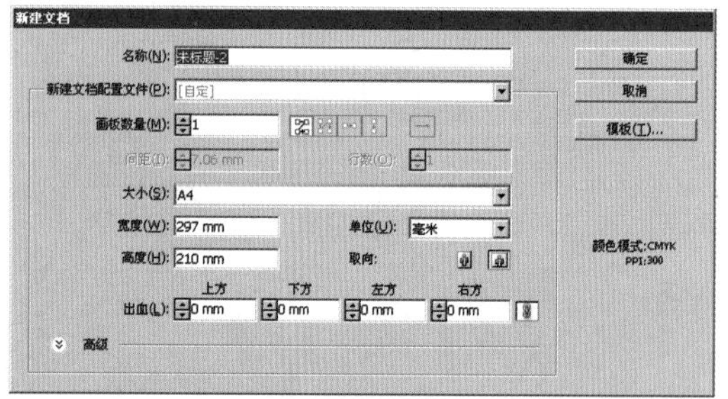

02 如果希望改变目前的页面设置参数，执行“文件/文档设置”命令，打开“文档设置”对话框，根据个人需要来进行设置，如下图所示。

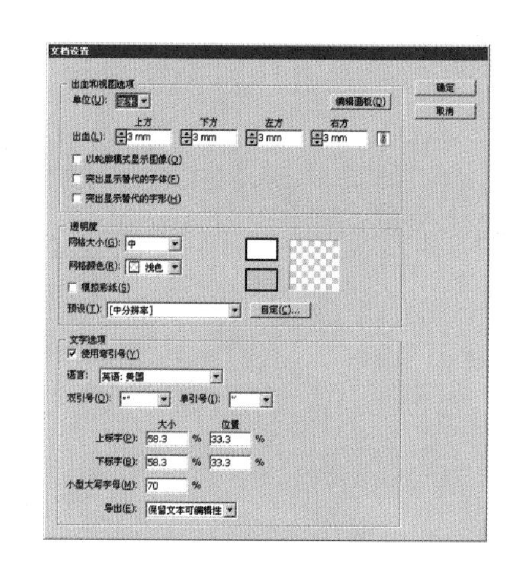

03 改变页面设置参数后的窗口如下图所示。

技巧提示

在“新建文档”对话框中，“大小”下拉列表框提供了一些标准的纸张大小。“宽度”和“高度”文本框用于设置一些特殊的尺寸。“单位”下拉列表框用于设置文件中所使用的单位。“取向”栏用于设置纸张为纵向还是横向。

3.1.2 标尺的应用

学习时间：20分钟

当用户完成一件设计作品时，应用标尺就显得很重要，因为标尺可以准确地度量作品的页面，帮助用户设计出尺寸更加准确的作品。

01 执行“视图/显示标尺”命令，即可显示页面水平与垂直标尺，如下图所示。

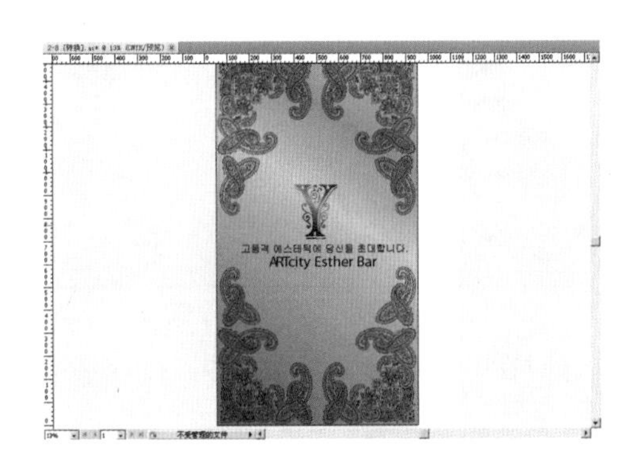

02 若要隐藏标尺，只需执行“视图/隐藏标尺”命令即可，效果如下图所示。

03 用户在完成设计时，有时需要更改标尺零点的位置，此时将鼠标移动到水平和垂直标尺交叉处按住鼠标左键并拖曳鼠标，就会拖出十字交叉的线，如下图所示。

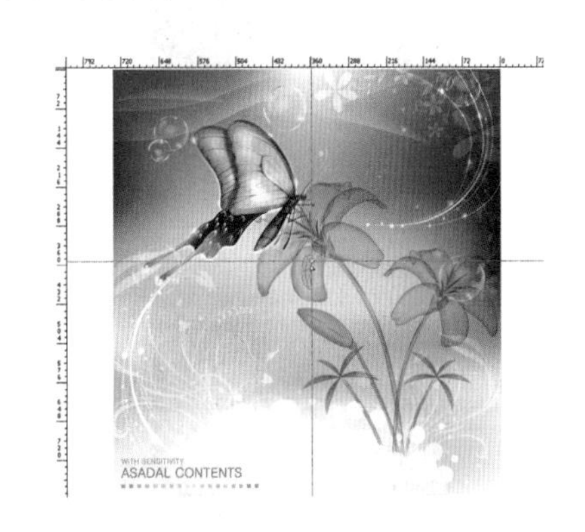

04 将交叉线拖动到欲设置为零点的位置，松开鼠标，此位置即成为新的标尺零点，如下图所示。

3.1.3 网格的应用

学习时间：20分钟

网格是一种方格纸类型的参考线，使用它可以规则地对齐页面，有助于定位文件内图形的位置。同时，用户也可以运用网格的吸附功能，让图形自动对齐到网格并编排图文，以求有规则地排列图形对象。

01 执行“视图/显示网格”命令，就会在窗口中显示网格，如下图所示。

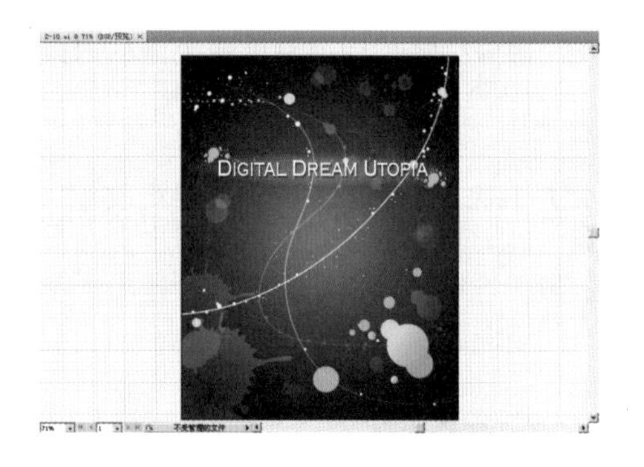

02 如果想要隐藏网格，执行“视图/隐藏网格”命令，即可隐藏网格，效果如下图所示。

03 用户也可以自行设置网格。执行“编辑/首选项/参考线和网格”命令，在“首选项”对话框的“参考线和网格”设置面板中进行参数设置，如下图所示。

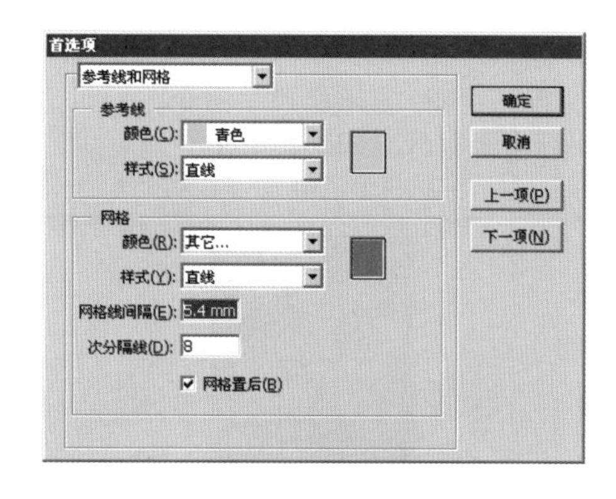

04 这时在Illustrator文件窗口中，网格线会以设置的红色显示，如下图所示 。

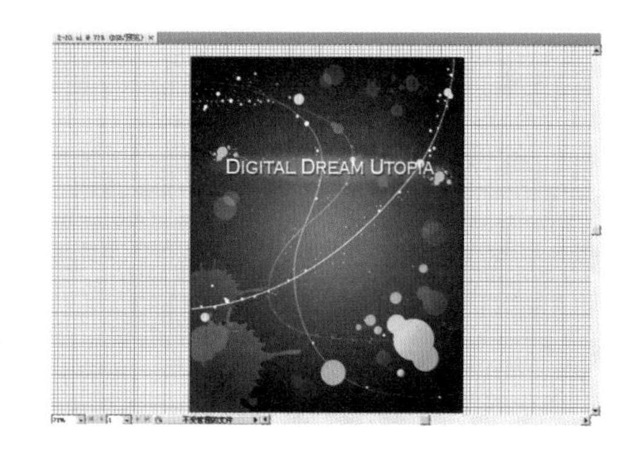

技巧提示

在设置网格时，对话框中的颜色选项表示可选择的颜色，同时也可以根据个人的喜好来自定义其他颜色。在“样式”下拉列表中可以选择网格是直线还是点线。在“网格线间隔”文本框中可以设置网格线间距。“次分隔线”文本框用于设置网格内的细线格数目。勾选“网格置后”复选框，可将网格置于图形对象的后面。

3.2 对齐的应用

难度程度：★★★☆☆ 总课时：30分钟
素材位置：03\对齐的应用\示例图

3.2.1 参考线的应用

学习时间：20分钟

参考线是一种只在屏幕上显示但不会被打印出来的线，它能为图形的对齐操作提供帮助。例如，在做一些特别需要对齐操作的设计工作（包装设计、书籍装帧设计和CI设计等）时，参考线的使用就显得很重要。

01 首先执行“视图/显示标尺”命令，显示出标尺。然后将鼠标指针移到标尺上，拖曳鼠标即可拉出参考线，如下图所示。

02 用户也可以建立图形参考线，首先选择要建立参考线的图形，如下图所示。

03 执行“视图/参考线/建立参考线”命令，即可将选取的对象转换成图形参考线，如下图所示。

04 执行“编辑/首选项/网格和参考线”命令，在“首选项”对话框的“参考线和网格”设置面板中可以重新根据需要设置参考线，如下图所示。

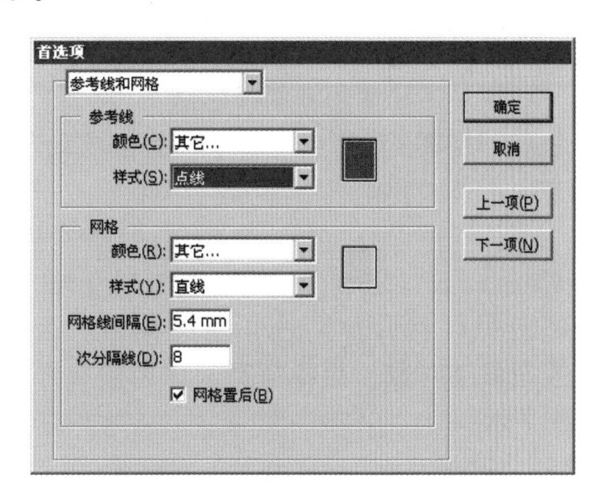

05 刚才转换成的图形参考线较原来就有了明显的变化，如下图所示。

技巧提示

当复杂的参考线影响到用户的工作时，就需要将参考线隐藏。执行“视图/参考线/隐藏参考线”命令，即可将参考线隐藏，再次执行命令就会将参考线显示出来，这样可以方便操作。

技巧提示

在默认的情况下，参考线是被锁定的，因为这样可以避免用户在操作过程中不小心移动或删除了参考线。当需要选取参考线并进行编辑时，就需要将参考线解锁，执行“视图/参考线/锁定参考线”命令，将“锁定参考线”命令前面的对勾去除就可以解锁参考线。解锁后的参考线与一般的图形对象相同，可以对它进行编辑操作，如移动、复制或粘贴等，完成操作后再次执行命令即可锁定参考线。

假如有些参考线是不需要的，可以将其删除，使用选择工具单击欲删除的参考线，然后按【Delete】键即可删除参考线。另一种操作方法就是执行“视图/参考线/清除参考线”命令，可以将页面上的所有参考线删除。

当用户解锁参考线后，再选取转换成一般图形对象的参考线，执行“视图/参考线/释放参考线”命令，即可将参考线转换成一般的图形对象。

3.2.2 吸附对象

学习时间：10分钟

Illustrator为用户提供了对齐功能，使用户能够将对象排列整齐。如果在设计一开始就将对象排列整齐，就可以节省很多时间。而要达到这个目的，就要利用吸附功能，Illustrator的吸附功能包括对齐节点、对齐网格和使用智能参考线。

执行“视图/对齐点”命令，可以启动节点吸附功能，在移动对象时会自动对齐节点，鼠标指针也会产生不同的变化。

01 在Illustrator CS6中，打开光盘素材文件“03\对齐的应用\示例图\3-4.ai”，单击“选择工具”按钮移动对象，鼠标指针是黑色箭头形状，如下图所示。

02 当指针对齐节点时，指针变成白色的箭头，提示对象已经吸附该节点了，如下图所示。

03 执行“视图/智能参考线”命令，当用户选取或移动对象时，智能参考线就会提示当前的各项信息，如下图所示。

技巧提示

对齐点时，根据鼠标的位置进行对齐，而不是根据被拖动对象的边缘。

当鼠标指针指向锚点或参考线2像素之内时，它会对齐点。对齐时，鼠标的指针从实心箭头变为空心箭头。

Part 4 （6.5-08小时）

文件的显示

【关于视图的显示：40分钟】

采用几种方式显示画面图像	20分钟
选项卡式文档视图	20分钟

【文档窗口的应用：50分钟】

调整选项卡的顺序	10分钟
浮动窗口显示	20分钟
文档布局	20分钟

4.1 关于视图的显示

难度程度：★★★☆☆ 总课时：40分钟
素材位置：04\关于视图的显示\示例图

所谓文件的显示就是在不改变文件的前提下，为用户提供观看文件的某个角度或某种方法。由于计算机屏幕的大小有限，往往不能配合文件的实际尺寸，用户设计的图形可能会比屏幕大很多，当用户在处理图形细微的部分时，就需要将文件放大。相反，也可以将文件的显示比例缩小以便查看完整的版面设计。

4.1.1 采用几种方式显示画面图像

学习时间：20分钟

Illustrator为用户提供了预览、轮廓、叠印预览和像素预览4种画面图像显示模式，以供用户在绘制图形的过程中选择不同的图像显示方式来满足不同的要求。

01 执行“视图/预览”命令后，将以预览模式显示图像，如下图所示。

02 执行“视图/轮廓”命令后，将以轮廓模式显示图像。如果再执行“视图/预览”命令，则会切换至预览显示模式，如下图所示。

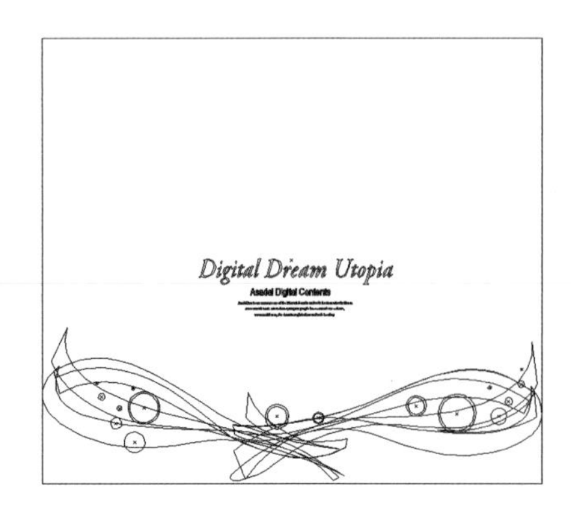

03 执行“视图/叠印预览”命令后，将以叠印预览模式显示图像，如下图所示。

04 执行“视图/像素预览”命令后，将以像素预览模式显示图像，如下图所示。

技巧提示

预览模式：在这种模式下，可以直接看到对象所设置的颜色、渐变、图案和透明度等属性，在此模式下，可以直接进行各项操作，这是最常用的操作模式。

轮廓模式：在这种模式下，可以看到比较完整的对象的路径属性，而不包含任何填充属性。利用此模式可以帮助用户更加容易地选取复杂的图形，且能加快复杂图稿的画面显示速度。

叠印预览模式：在此模式下，可以在屏幕上看到如同实际印刷时设置叠印印刷的图像效果。在此处理判断颜色采取叠印或是挖空印刷是很有帮助的。

像素预览模式：当Illustrator作品用于点阵网页设计场合时，要以像素预览的模式来显示文件，可以在屏幕上看到矢量图形被栅格化，转换成像素后的结果。

4.1.2 选项卡式文档视图

学习时间：20分钟

在Illustrator CS6中，当打开多个文件时，文件的选项卡显示方式能使用户操作起来更加便捷，即文件的名称依次排列在文档窗口中。在打开多个文件时，默认的情况就是以选项卡的方式显示。如下图所示为选项卡式的文档显示方式。

这种显示方式能使用户更加快速便捷地切换图像文件。尤其是打开了多个文件时，此方式能够帮助用户很准确地选择需要的图像文件。把指针移到选项卡上停留一会儿，就会自动弹出文件名称提示。还可以单击选项卡右侧的双三角按钮，在弹出的文件列表中单击选择需要显示的文件名称。

4.2 文档窗口的应用

难度程度：★★★☆☆ 总课时：50分钟
素材位置：02\文档窗口的应用\示例图

4.2.1 调整选项卡的顺序

学习时间：10分钟

在切换选项卡时，也可以利用快捷键，按【Ctrl+Tab】组合键可以依次按顺序切换文件选项卡，按【Ctrl+Shift+Tab】组合键可以依次按反向顺序切换文件选项卡。

4.2.2 浮动窗口显示

学习时间：20分钟

文件还可以独立显示，就是以浮动窗口状态显示。如果想要将文件选项卡的显示状态更改为浮动窗口状态，方法也是很简单的。

01 用鼠标单击界面中的选项卡标签，按住鼠标拖动到界面中，释放鼠标后，选中的文件选项卡就会以浮动窗口的方式显示，如下图所示。

02 也可以在选项卡上单击鼠标右键，在弹出的快捷菜单中选择“移动到新窗口”命令，如下图所示。

03 想要将浮动的窗口重新加入到选项卡栏中，可以拖动浮动窗口的标题栏，放置到选项卡栏中，等到出现蓝色的捕捉线时，松开鼠标，即可从浮动的窗口状态转换为选项卡状态，如下图所示。

如果想要将所有的文件选项卡都转换为浮动窗口状态，逐个拖动就太麻烦了，有更简单的方法进行。

01 执行“窗口/排列/全部在窗口中浮动”命令，或单击应用程序栏中的“排列文档”下拉按钮，选择“使所有内容在窗口中浮动”命令即可，如下图所示。

02 如果想要将所有浮动窗口都转换为选项卡状态，也不必逐个拖动，可以执行“窗口/排列/合并所有窗口”命令，如下图所示。

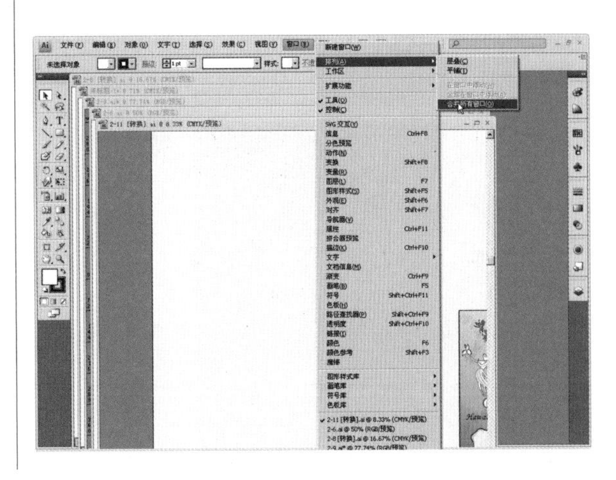

4.2.3 文档布局

学习时间：20分钟

除了默认的文件选项卡式的显示状态外，还有很多种布局方式，可以单击应用程序栏中的“排列文档”下拉按钮，弹出的下拉菜单如下图所示。选择其中的任意布局方式命令，即可调整文件的布局方式。

在Illustrator CS6中打开多个文件，然后选择“排列文档”下拉菜单中的“五联”命令，可以看到文件窗口的排列方式发生改变，效果如下图所示。

再选择“排列文档”下拉菜单中的“四联”命令，可以看到文件窗口的排列方式又发生了改变，效果如下图所示。

技巧提示

“停放”是指一组面板或面板组放在一起显示，通常以垂直方向显示。可通过将面板移到停放中或从停放中移出来停放或取消停放面板。

需要注意的是，停放与堆叠不同。堆叠是一组浮动的面板或面板组，它们从上至下连接在一起。

如果要停放面板，可将其标签拖动到停放中（顶部、底部或两个其他面板之间）。

如果要停放面板组，可将其标题栏（标签上面的黑色空白栏）拖动到停放中。

如果要删除面板或面板组，可将其标签或标题栏从停放中拖出。可以将其拖动到另一个停放中，或者使其变为自由浮动状态。

在移动面板时，可以看到蓝色突出显示的放置区域，用户可以在该区域中移动面板。

如果要移动面板，可拖动其标签。如果要移动的面板组或堆叠的浮动面板，可拖动标题栏。

在移动面板的同时按住【Ctrl】键，可防止其停放。在移动面板时按【Esc】键，可取消该操作。

需要注意的是，停放是固定的，不能移动。

Part 5 （08-12小时）

绘制各种几何图形

【矢量图形的绘制：200分钟】

绘制矩形	15分钟
绘制圆角矩形	20分钟
绘制椭圆形	10分钟
绘制多边形	20分钟
绘制空中星图形	20分钟
绘制光晕效果图形	15分钟
运用直线段工具	20分钟
运用弧线工具绘制蝴蝶	30分钟
运用螺旋线工具绘制蜗牛	15分钟
运用矩形网格工具绘制象棋盘	20分钟
运用极坐标网格工具绘制靶	15分钟

【实例应用：40分钟】

MP3广告	40分钟

5.1 矢量图形的绘制

难度程度：★★★☆☆ 总课时：200分钟

在Illustrator软件中，大部分的工具都在工具箱中，其中包括选框工具、绘图工具、修图工具和填色工具等，大部分的操作都可以通过工具箱完成。了解工具箱中各个工具的基本使用方法及技巧是我们学习Illustrator软件的重要部分。

5.1.1 绘制矩形

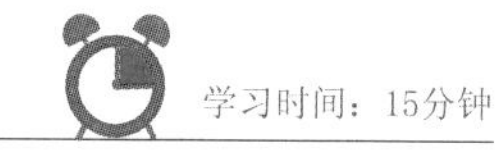

学习时间：15分钟

在Illustrator软件里，矩形分直角矩形和圆角矩形。用户使用矩形工具，可以在绘图区内绘制矩形或是正方形。选择此工具，按下鼠标左键拖曳就可以直接在绘图区内绘制出矩形。

01 打开Illustrator软件，在它的欢迎界面中单击“新建”栏中的相应按钮，如下图所示。如果没有出现欢迎界面，直接按【Ctrl+N】组合键，也可以打开“新建文档”对话框，新建一个文档。

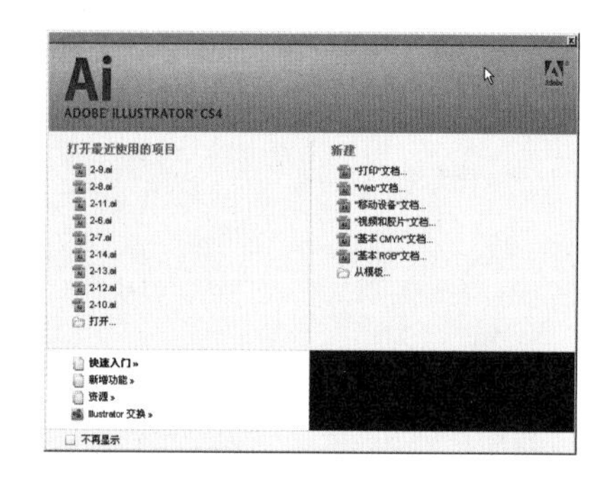

02 如果要绘制精确的矩形图形，选择工具箱中的矩形工具，在绘图区单击鼠标左键，就会弹出一个“矩形”对话框，如下图所示。

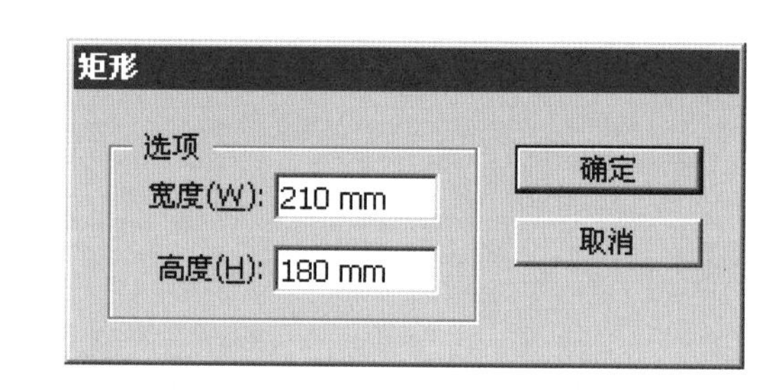

03 在“宽度”文本框中输入数值“210”，在“高度”文本框中输入数值“180”，单击“确定”按钮，软件就会按照用户定义的大小自动绘制出矩形形状，如下图所示。

技巧提示

若要绘制正方形，除了可以在“矩形”对话框中输入相应的数值进行绘制外，还可以按住【Shift】键，绘制出以鼠标单击点为起点的正方形。按住【Alt】键，可以绘制出由鼠标单击点为中心向两边延伸的矩形。按住【Shift+Alt】组合键，可以绘制出由鼠标单击点为中心向四周延伸的正方形。

5.1.2 绘制圆角矩形

学习时间：20分钟

在Illustrator软件里，使用圆角矩形工具，可以在绘图区绘制圆角矩形。设置相应的参数，还可以绘制圆形。

01 在工具箱中的矩形工具上按住鼠标左键，在展开的工具列表中选择圆角矩形工具。同样在绘图区单击鼠标左键，弹出的“圆角矩形”对话框能帮助用户绘制出精确的圆角矩形图形，如下图所示。

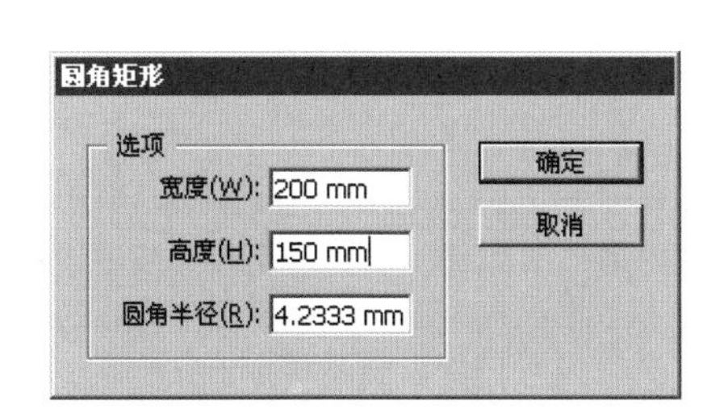

02 在“圆角矩形”对话框中，除了可以定义宽度和高度外，还可以定义圆角半径值。圆角半径值不同，生成的图形也不同，如下图所示。

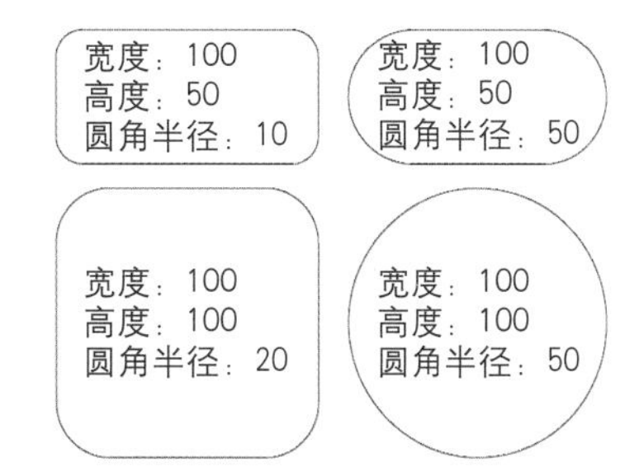

画笔工具选项栏

画笔工具选项栏如下图所示，各部分功能如下：

填色和描边：从它们的下拉列表中可以选择图形的填充颜色和描边颜色。

描边粗细和笔头：在这里可以修改矩形和圆角矩形的描边粗细，还可以设置画笔的形态，如下图（左）所示。

样式：可以在矩形和圆角矩形填充样式图库中选择一种样式，如下图（右）所示。

不透明度：调整不透明度的百分比数值，可以改变矩形和圆角矩形的不透明度。

文档设置：单击这个按钮，能够弹出“文档设置”对话框，用于设置文档的参数，如下图（左）所示。

首选项：单击该按钮，能够弹出“首选项”对话框，该功能和“编辑/首选项”命令的功能一样，如下图（右）所示。

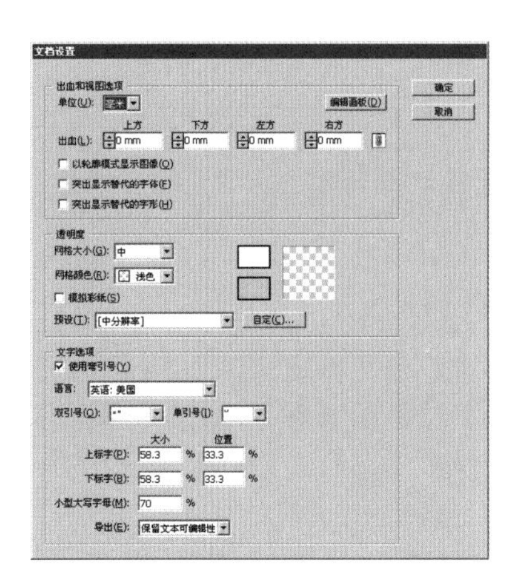

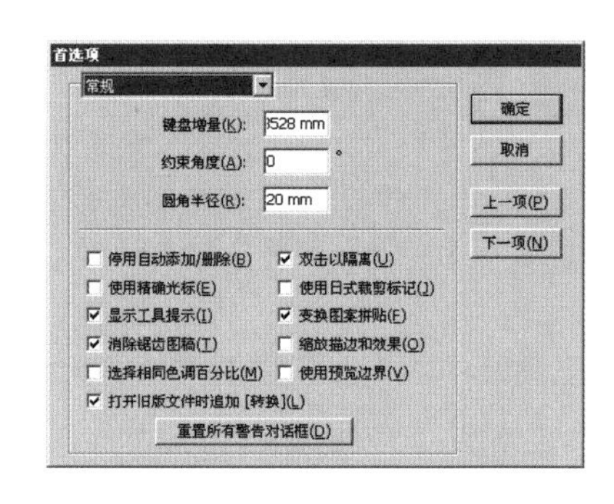

技巧提示

按住【Shift】键，可以绘制出以鼠标单击点为起点的圆角正方形。按住【Alt】键，可以绘制出以鼠标单击点为中心向两边延伸的圆角矩形。按住【Shift+Alt】组合键，可以绘制出以鼠标单击点为中心向四周延伸的圆角正方形。按上、下方向键可以改变圆角矩形的圆角半径，按左方向键可以使圆角半径变成最小值，按右方向键可以使圆角半径变成最大值。绘制矩形的技巧在绘制圆角矩形时同样适用。

5.1.3 绘制椭圆形

学习时间：10分钟

在Illustrator软件里，用椭圆工具在绘图区内可以绘制椭圆形和圆形。选择此工具，按下鼠标左键拖曳就可以直接在绘图区中绘制出椭圆形。

01 要绘制椭圆形，在工具箱中的“矩形工具”按钮上按住鼠标左键，选择椭圆工具，如下图所示，直接在绘图区中拖曳鼠标就可以绘制出椭圆形图案来。

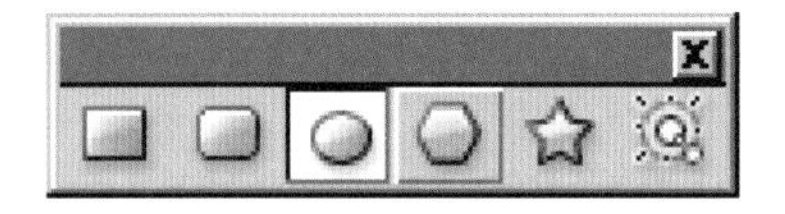

02 要想绘制出精确的椭圆形，同样先要选择椭圆工具，然后在绘图区内单击鼠标左键，弹出“椭圆”对话框，进行设置如下图所示。

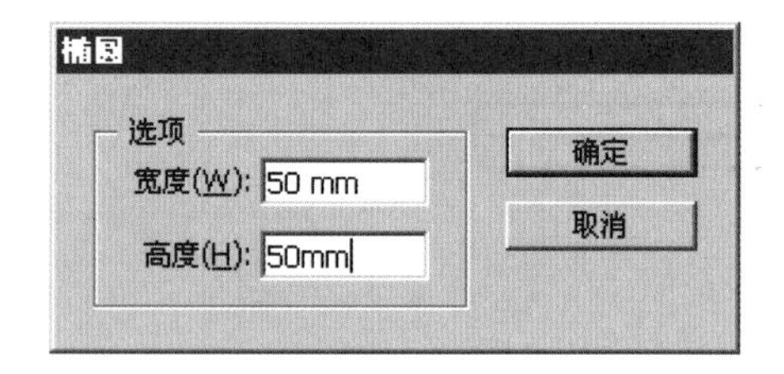

技巧提示

按住【Shift】键，可以绘制出以鼠标单击点为起点的圆形图形。按住【Alt】键，可以绘制出由鼠标单击点为中心向两边延伸的椭圆形图形。按住【Shift+Alt】组合键，可以绘制出由鼠标单击点为中心向四周延伸的正圆形图形。

“椭圆”对话框中的“宽度”和“高度”参数是指椭圆的两个不同直径的值。当宽度和高度值相同的时候，绘制出来的就是正圆形。

5.1.4 绘制多边形

学习时间：20分钟

在Illustrator软件里，多边形工具是用来绘制多边形的。多边形的边数是任意的，若设置足够多的“边数”，就能绘制出类圆形。

01 通过矩形工具，展开工具列表，选择多边形工具，拖曳鼠标，绘制出一个多边形，如下图所示。

02 选择多边形工具，用鼠标左键单击绘图区，在弹出的“多边形”对话框中可以设置多边形的“半径”和“边数”参数，绘制出精确的图形，如下图所示。

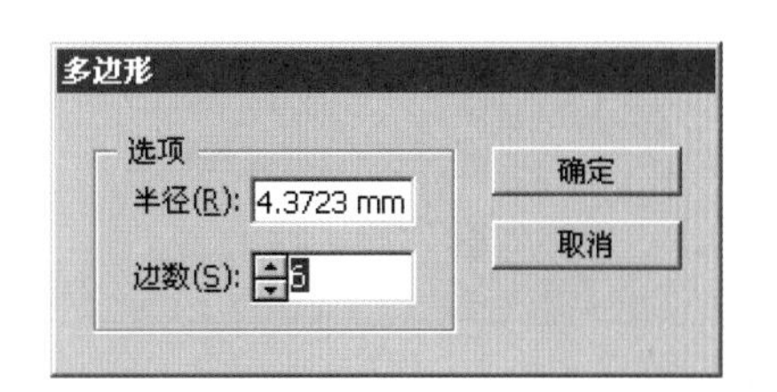

03 在“多边形”对话框中更改边数数值可以绘制出多种不同的多边形。在绘制多边形的过程中，按上方向键可以增加多边形的边数，按下方向键可以减少多边形的边数，如下图所示。

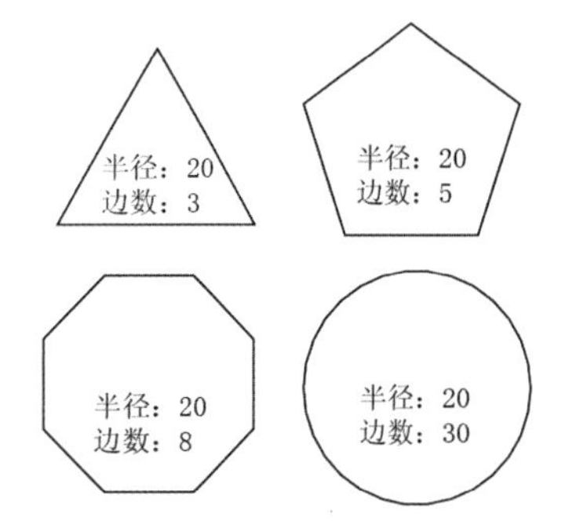

技巧提示

在绘制多边形的过程中，按住【Shift】键的同时，拖曳鼠标绘制出来的多边形的底边处于水平位置。多边形的边数数值越大，绘制出来的多边形就越接近圆形。

5.1.5 绘制空中星图形

学习时间：20分钟

在Illustrator软件里，星形工具的使用方法与多边形工具的使用方法是基本相似的。星形图形也会随着“角点数”参数的变化而有所改变。因为系统默认的星形“角点数”为5，所以如果不经过任何设置，绘制出来的星形就是五角星形。

01 新建一个横向的“A4”文档，选择星形工具，用鼠标左键单击绘图区，在弹出的“星形”对话框中设置星形的“半径1”、“半径2”和“角点数”参数，如下图所示。

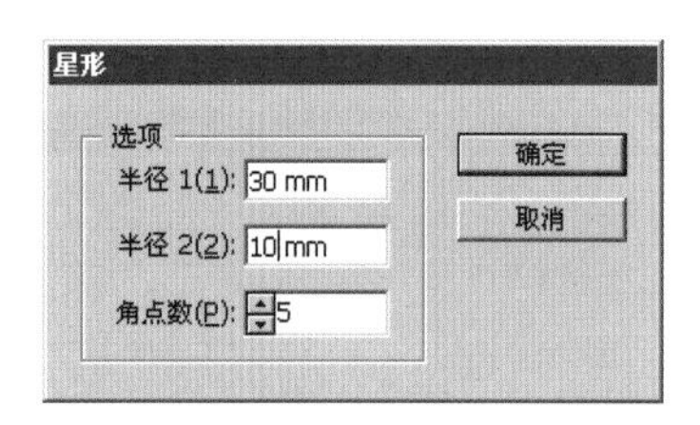

02 选中绘制好的星形图形，在控制面板（选项栏）中给星形图形填充纯黄色，“描边”设置为无，如下图所示。

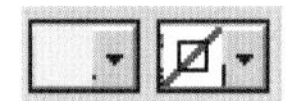

03 再次选择星形工具，用鼠标左键单击绘图区，在弹出的“星形”对话框中设置星形的“半径1”为10mm，“半径2”为5mm，“角点数”为5，如下图所示。

04 利用【Ctrl+C】和【Ctrl+V】组合键复制出多个同样的星形图形，再选择工具箱中的选择工具，将绘制好的星形图形进行位置排列，如下图所示。

05 选择工具箱中的矩形工具，绘制一个宽为250mm、高为200mm的矩形框，并在控制面板中给矩形图形填充蓝色，“描边”设置为无，如下图所示。

06 选中矩形，单击鼠标右键，在弹出的快捷菜单中选择“排列/置于底层”命令，蓝色的矩形就放置在星形图形的下方了，再将排列好的星形图形放置在蓝色矩形中的适当位置。这样，“空中星”图形就做好了，如下图所示。

技巧提示

当“半径1”参数和“半径2”参数相同时，绘制出来的图形为多边形，且多边形的边数为角点数的两倍。

“半径1”是所绘制的星形图形内侧点到星形中心的距离，“半径2”是所绘制的星形图形外侧点到星形中心的距离。

在绘制图形时，按向上的方向键【↑】可以增加星形的边数，按向下的方向键【↓】则可减少星形边数。

在绘制星形图形时，按住【Alt】键可以使星形图形的边为平直线，按住空格键可以随意移动星形图形的位置，按住【Shift】键可以绘制正星形图形。

在绘制星形图形时，按住【Ctrl】键可以使星形的内侧点到星形中心的距离不变。

5.1.6 绘制光晕效果图形

光晕工具用来绘制如阳光闪烁等一些比较强烈的光芒，使用这个工具，可以使表示眩光效果的步骤简单化，大大节省设计时间。

“光晕工具选项”对话框

双击工具箱中的“光晕工具”按钮，打开“光晕工具选项”对话框。对话框中的各参数功能如下。

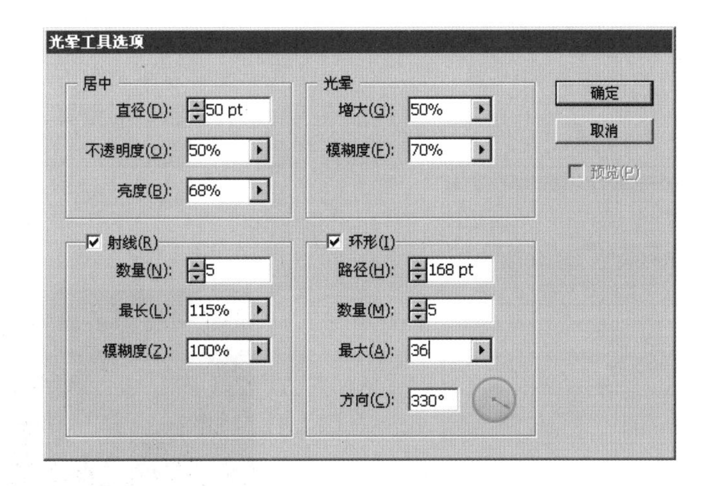

直径：更改这个数值可以调整光晕效果的整体大小。

不透明度：设置光晕效果的透明程度。

亮度：设置光晕效果的亮度效果。

“射线”栏中的数量：光晕效果中放射线的数量可以在这里修改。

“射线”栏中的最长：设置光晕效果中的放射线的长度。

“射线”栏中的模糊度：用来设置光晕效果中的放射线的密度。

“光晕”栏中的增大：用来设置光晕的发光程度。

“光晕”栏中的模糊度：设置光晕的柔和度。

“环形”栏中的路径：控制光晕效果的中心点至尾端的距离。

“环形”栏中的数量：光晕效果中光环数量的多少可以在这里进行修改。

“环形”栏中的最大：调整光晕效果中光环的最大比例。

“环形”栏中的方向：设置光晕效果的发射角度。

01 在工具箱的矩形工具列表中选择光晕工具。为了方便，可以单击工具列表右侧的按钮，这样整个工具列表就可以显示在工作区中了，如下图所示。

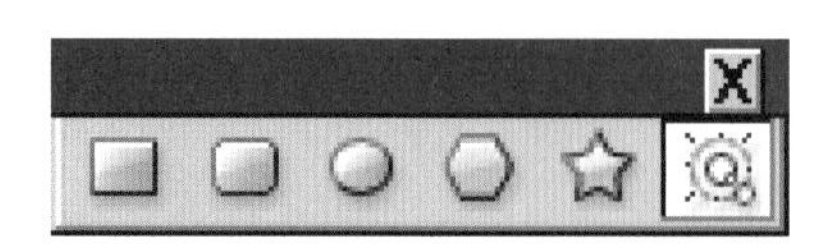

02 在选择了光晕工具后拖动鼠标，确定光晕的大小，再移动鼠标确定光晕的长度，如下图所示。

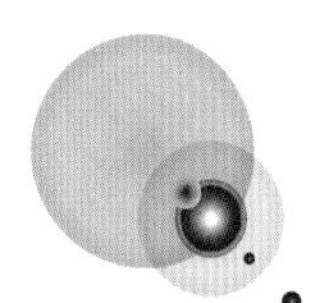

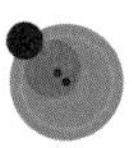

03 这时候，如果发现“光晕”不够精确，可以双击工具箱中的“光晕工具”按钮，弹出“光晕工具选项”对话框，修改相应的设置，如下图所示。

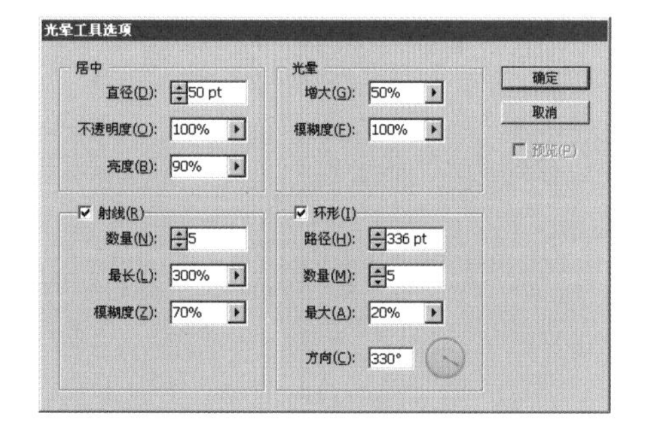

04 选择光晕工具，在绘制另一个光晕效果前，单击鼠标左键，在弹出的“光晕工具选项”对话框中先进行参数设置，如下图所示。

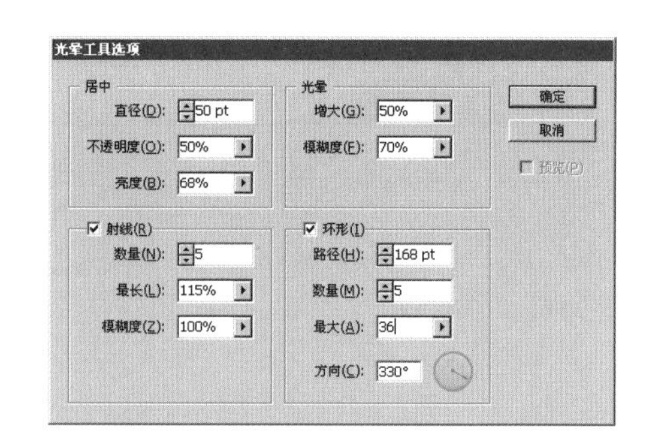

05 绘制完成后，选择工具箱中的选择工具，将绘制好的光晕效果进行位置排列。最好有部分重叠排列，如下图所示。

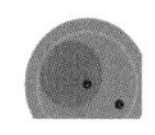

06 选择工具箱中的矩形工具，用鼠标拖绘出一个大于光晕效果图形的矩形框。选中矩形框，在控制面板上给矩形框填充黑色，“描边”设置为无色。然后在矩形框上单击鼠标右键，在弹出的快捷菜单中选择“排列/置于底层”命令，如下图所示。

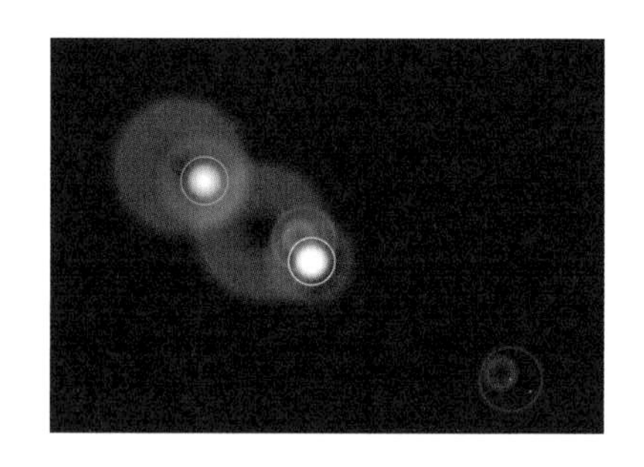

5.1.7 运用直线段工具

直线段工具的主要作用是绘制直线段，在Illustrator软件里，绘制直线段的工具还有很多，这只是其中最简单的一种工具。

01 为了能使图形的显示更明确，选择工具箱中的矩形工具，在绘图区单击，在弹出的“矩形”对话框中设置“宽度”为297mm，“高度”为210mm，并为其填充浅绿色。然后单击工具箱中的“直线段工具”按钮，当鼠标指针变成-¦-形状时，按住鼠标左键不放拖曳鼠标，如下图所示。

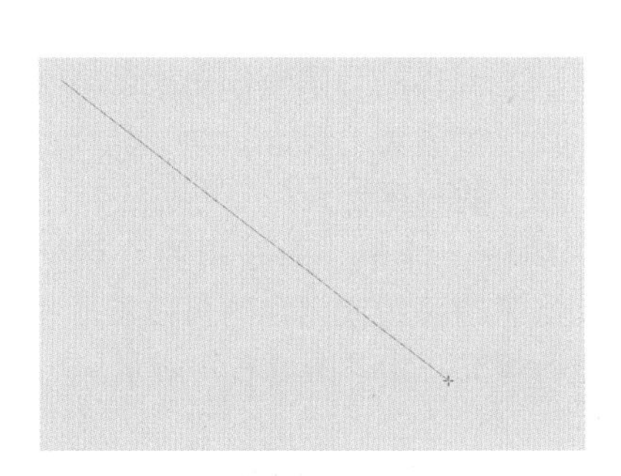

02 到适当的位置松开鼠标，这样就确定了线段的另一个端点，一条线段的绘制也就完成了，如下图所示。

03 再次单击工具箱中的“直线段工具”按钮，用鼠标左键单击绘图区，在弹出的“直线段工具选项”对话框中进行设置，以保证线段绘制的精确性，如下图所示。

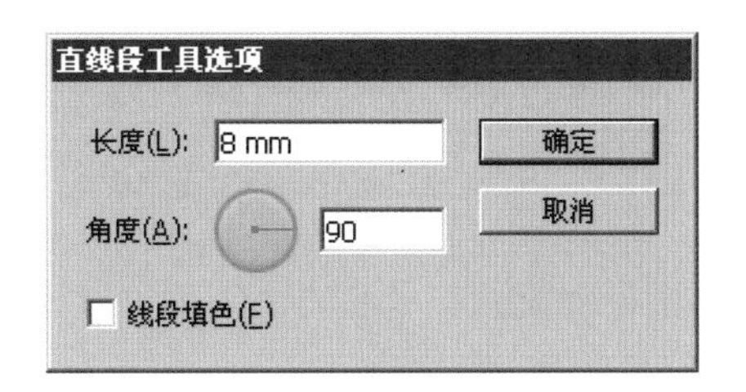

04 单击“确定”按钮后，一条垂直的线段就绘制完成了，再利用【Ctrl+C】和【Ctrl+V】组合键复制这条线段，并把它们移动到合适的位置，标上数字，就完成了标尺线段，如下图所示。

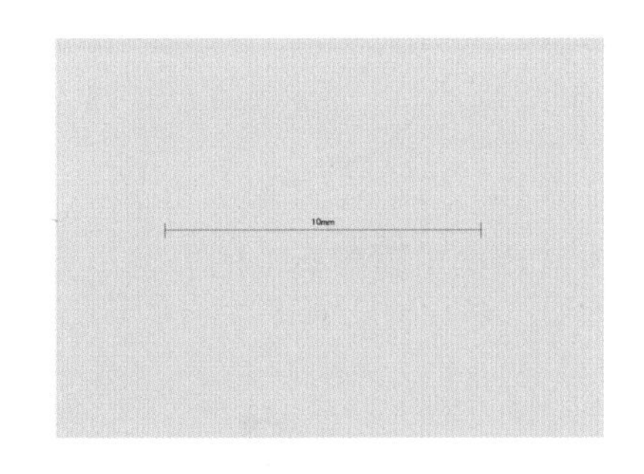

技巧提示

若选中“直线段工具选项”对话框中的“线段填色”复选框，绘制的线段将以设置的前景色填充。

在绘制直线段的时候，按住【Alt】键，能绘制出一条以单击点为中心点向两端延伸的直线段。按住【Shift】键，就能绘制出角度为45°倍数的直线段。按住主键盘区左上方的~键，可以绘制出放射式的线段图形。在绘制直线段的同时，按住空格键，可以移动正在绘制直线段的位置。

5.1.8 运用弧线工具绘制蝴蝶

学习时间：30分钟

在Illustrator软件里，使用弧线工具，可以在绘图区中绘制出弧线和闭合的弧线图形。直接选择弧线工具，按下鼠标左键不放拖曳就能绘制出一条弧线段。

“弧线段工具选项”对话框

“弧线段工具选项”对话框如下图所示，对话框中的具体参数功能如下：

X轴长度：可以输入需要的弧线或闭合弧线的*X*轴长度的数值。

Y轴长度：在这个文本框中输入需要的数值，可以绘制出需要的*Y*轴长度的弧线或闭合弧线。

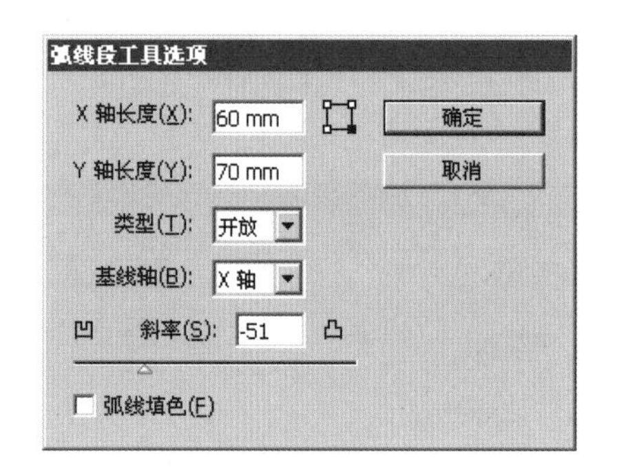

类型：选择“开放”选项，绘制出来的是弧线，选择“闭合”选项，绘制出来的弧线是闭合的，如下图（左）所示。

基线轴：基线轴的设置是选择X轴或者Y轴，绘制的弧线或闭合弧线将沿着X轴向或Y轴向进行。

斜率：通过移动下方的滑块进行设置，如果向“凹”的方向移动，则绘制出来的弧线和闭合弧线的“凹”度就大，反之，向“凸”的方向移动，则“凸”的程度就大。

弧线填色：选中“弧线填色”这个复选框时，绘制出来的弧线或闭合的弧线图形将以设置的颜色进行填充，如下图（右）所示。

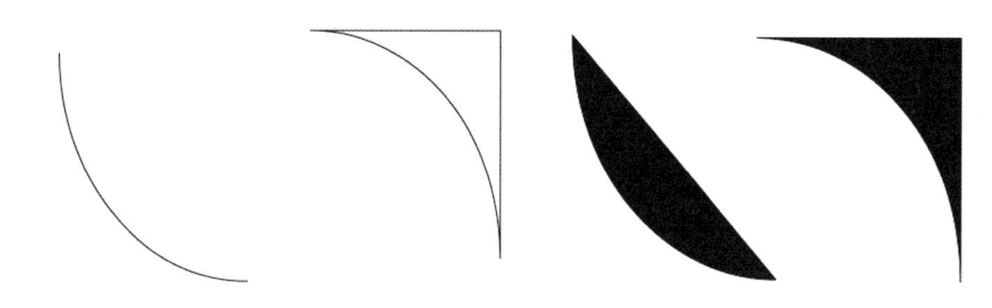

单击对话框中图标上的白色小方块，能改变绘制出来的弧线和闭合弧形的方向，如下图所示。

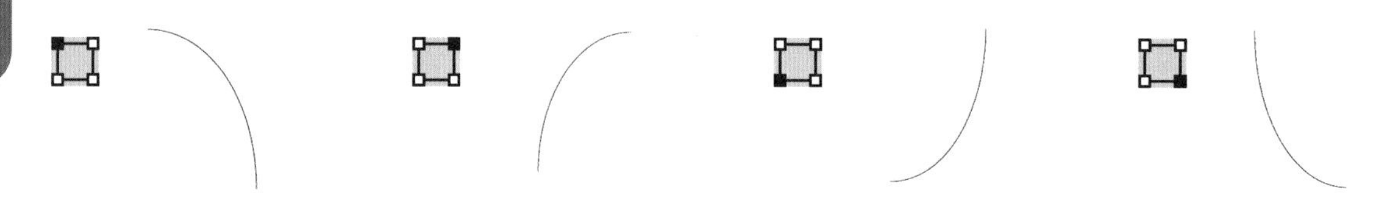

01 在工具箱中的“直线段工具”按钮上按住鼠标左键，选择弧形工具，用鼠标在绘图区中单击，在弹出的“弧线段工具选项”对话框中进行设置，如下图所示。

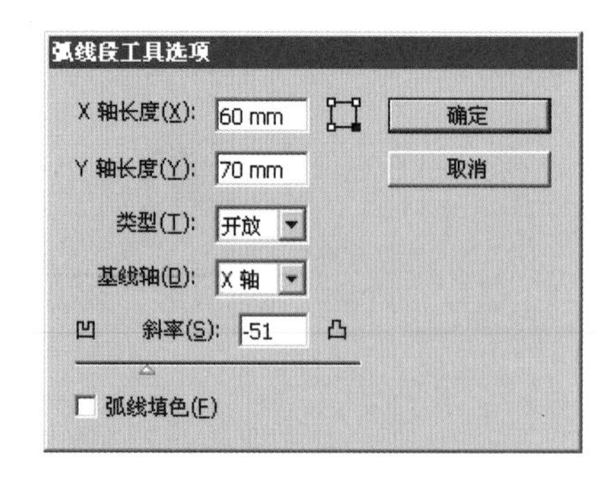

02 选中绘制好的弧线段，在控制面板上将弧线段的“描边”颜色设置为杏黄色，“填充”为无色。这样蝴蝶的触须就做好了，如下图所示。

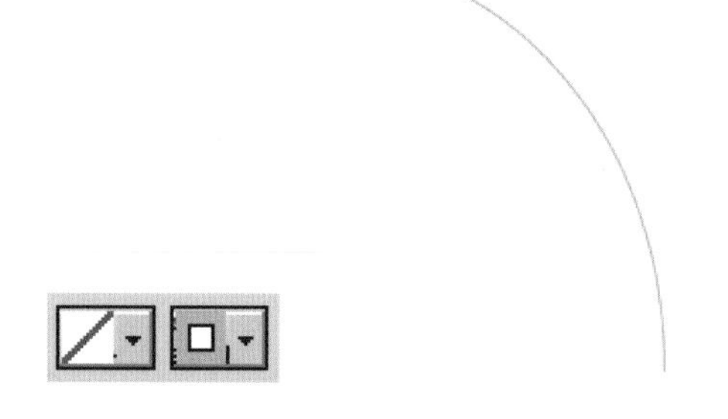

03 再选择弧形工具，按下键盘左上方的~键的同时，拖曳鼠标，绘制出多条弧线图形，这就是蝴蝶的翅膀，如下图所示。

04 选中这些绘制好的多条弧线段，在控制面板上将弧线段的“描边”颜色设置为杏黄色，“填充”设为无色，如下图所示。

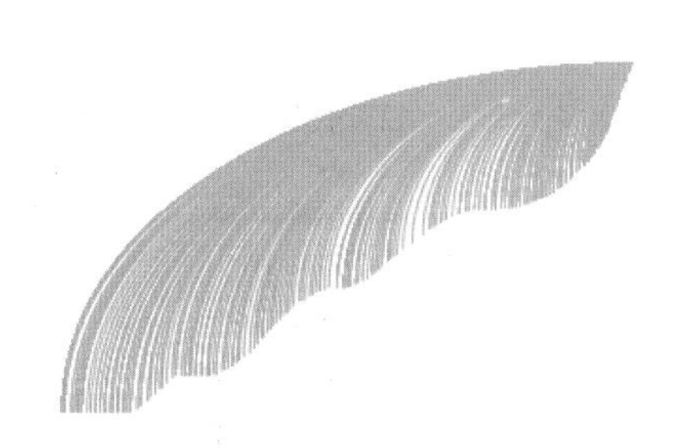

05 再用相同的方法绘制出另外一组多条弧线图形作为蝴蝶的另一扇翅膀。再选择椭圆工具，然后在绘图区内单击鼠标左键，在弹出的“椭圆”对话框中进行设置如下图所示。

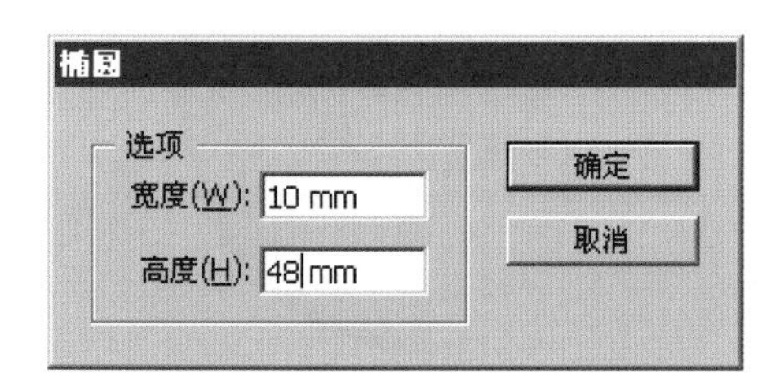

06 选中绘制好的椭圆形，在控制面板上给椭圆形填充橙色，“描边”设置为无色，如下图所示。

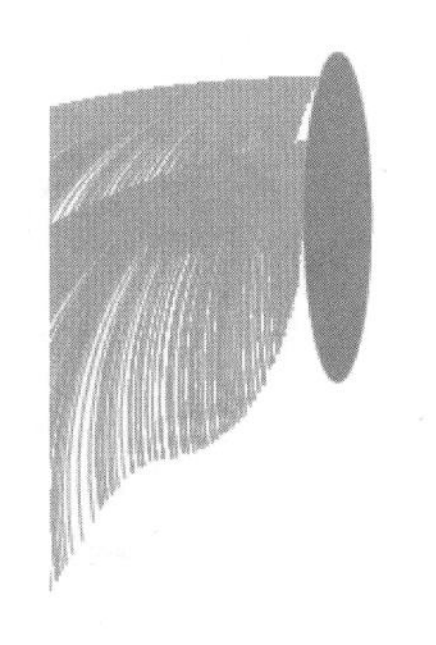

07 选择工具箱中的选择工具，将绘制好的图形进行位置排列。这样蝴蝶的一半形状就已经出来了，如下图所示。

08 选中绘制好的蝴蝶的翅膀和蝴蝶的触须图形，利用【Ctrl+C】和【Ctrl+V】组合键复制、粘贴一组图形，如下图所示。

09 然后选中复制的图形组，单击鼠标右键，在弹出的快捷菜单中选择“变换/对称”命令，在弹出的“镜像”对话框中进行设置，如下图所示。

10 用工具箱中的选择工具将镜像后的图形组移动到合适的位置，使其和另外的一组图形对称。这样一个简单的蝴蝶图形就完成了，如下图所示。

在绘制弧线和闭合弧形的时候，按住【Shift】键的同时，拖曳鼠标，就能绘制出对称的弧线和闭合弧形；按住【Alt】键，可以绘制出以鼠标单击点为对称轴的弧线和闭合弧线；按住主键盘区左上方的~键，可以绘制出多条弧线和闭合弧形；按上方向键，可以增加弧线的弯曲度，按下方向键则是减少弧线的弯曲度；按【C】键可以切换弧线和闭合弧线；按【F】键，绘制的弧线和闭合弧线可以进行翻转。

5.1.9 运用螺旋线工具绘制蜗牛

在Illustrator软件里，在工具箱中的“直线段工具”按钮上按住鼠标左键，在展开的工具列表中选择螺旋线工具，再将鼠标移动到绘图区中，按住鼠标左键不放拖曳就能绘制出一个任意的螺旋形图形。

“螺旋线”对话框

“螺旋线”对话框如下右图所示，对话框中的具体参数功能如下：

半径：确定螺旋线最外侧点到中心的距离。

衰减：指螺旋线中的每一个旋转圈与前一个旋转圈的减少比率。

段数：设置螺旋线的段数。

样式：确定螺旋线旋转的方向是顺时针还是逆时针。

在绘制螺旋线的时候，按上方向键【↑】，可以增加螺旋线的圈数；按下方向键【↓】，则是减少螺旋线的圈数。

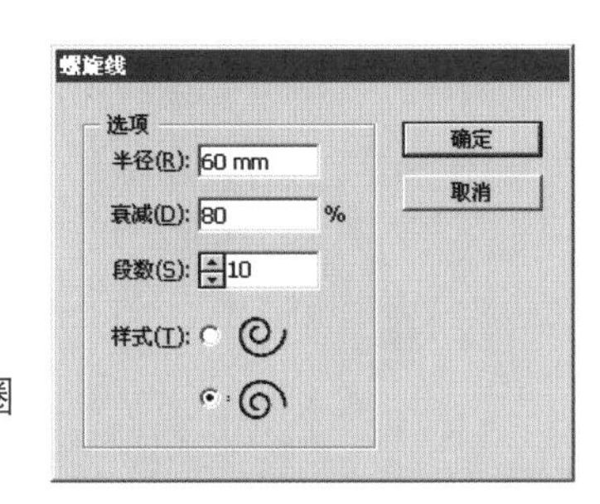

01 单击工具箱中的“螺旋线工具”按钮，然后在绘图区单击鼠标左键，在弹出的“螺旋线”对话框中进行设置，如下图所示。

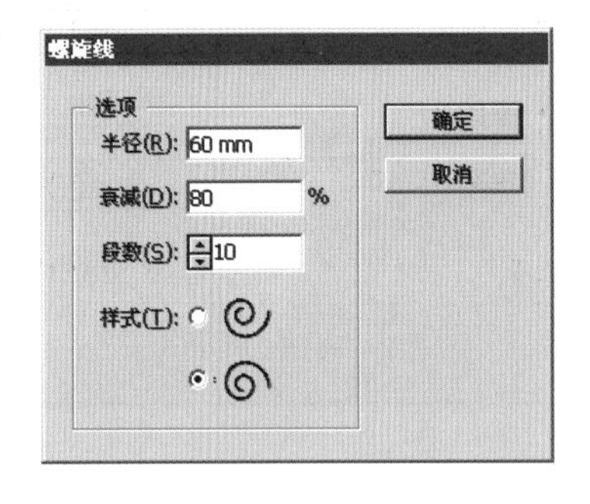

02 选中绘制好的螺旋图形，在控制面板上为螺旋图形填充天蓝色，“描边”设置为蓝色，“描边粗细”为9，如下图所示。

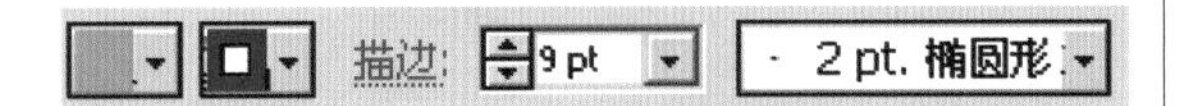

03 选择工具箱中的椭圆工具，绘制出一个椭圆形，然后再用直接选择工具对其进行形状修整。选中绘制好的图形，在控制面板中为其填充浅蓝色，“描边”设置为蓝色，“描边粗细”为9，如下图所示。

04 单击工具箱中的“螺旋线工具”按钮，然后在绘图区中单击鼠标左键，在弹出的“螺旋线”对话框中进行设置，如下图所示。

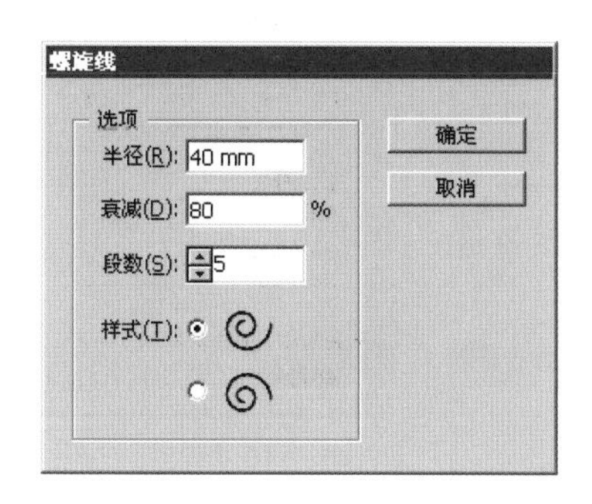

05 用选择工具对其进行缩放变形修整。利用【Ctrl+C】和【Ctrl+V】组合键复制一组修整好的图形，并将其放在合适的位置，如下图所示。

06 选择椭圆工具，绘制任意两个大小相同的椭圆形图形，并通过控制面板为其填充蓝色，“描边”设置为无色，如下图所示。

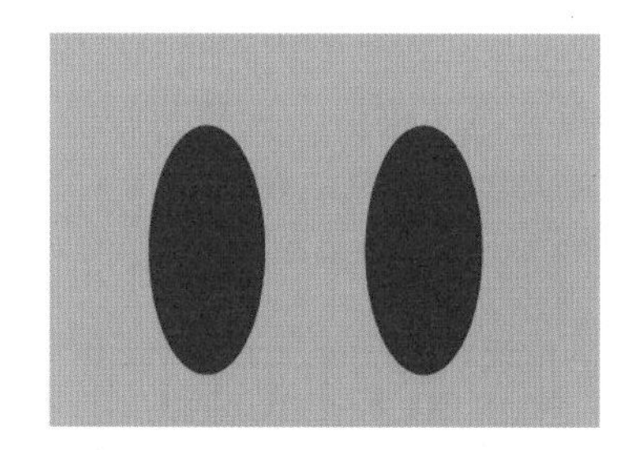

07 选择弧线工具，在绘图区单击鼠标左键，在弹出的“弧线段工具选项”对话框中进行设置，如下图所示。

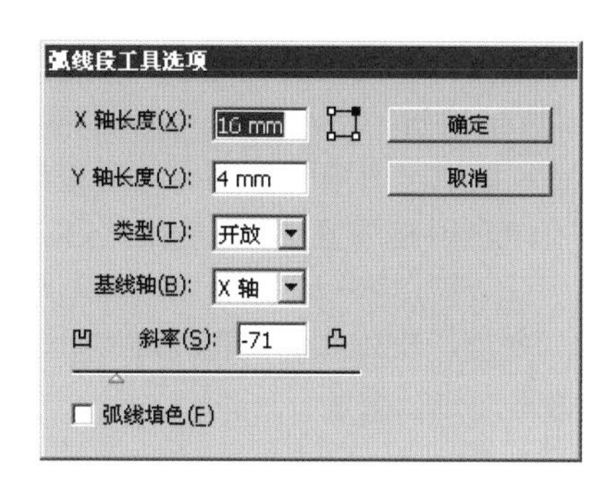

08 选择直线段工具，在绘图区拖曳鼠标绘制出合适的直线段。在控制面板上设置“描边”为蓝色，“填充”为无色，“描边粗细”为6。这样，就完成了蜗牛形状的绘制，如下图所示。

5.1.10 运用矩形网格工具绘制象棋盘

“矩形网格工具选项”对话框

“矩形网格工具选项”对话框如下图所示，对话框中的具体参数功能如下：

在“默认大小”栏中设置高度和宽度值，以确保绘制的矩形网格图形的准确性。

“水平分隔线”栏中的“数量”参数用于设置矩形网格图形的水平分隔线的数量。向“下方”移动“倾斜”滑块，网格间距将从上往下“倾斜”，数值为负。反之，将从下往上“倾斜”，数值为正。

“垂直分隔线”栏的“数量”参数用于设置矩形网格图形的垂直分隔线数量。向“左方”移动“倾斜”滑块，网格的间距将从右向左进行“倾斜”，数值为负；向“右方”移动滑块，网格的间距将从左向右进行“倾斜”，数值为正。

选中“使用外部矩形作为框架”复选框，对绘制出来的网格执行“对象/取消编组”命令后，矩形网格图形将被解组。如果不选中此复选框，取消组合后，就没有矩形框架图形了。

选中“填色网格”复选框，绘制出来的网格将以设置的颜色进行填充。

单击“宽度”文本框右侧图标中的小白块，图形将以单击的那个小白块为基点进行绘制。

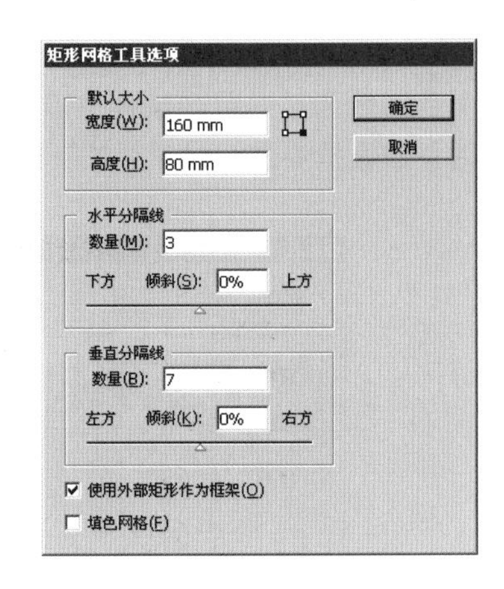

技巧提示

在Illustrator软件里，选择矩形网格工具▦，然后按住鼠标左键不放，再拖曳鼠标到合适的位置，可以很快地绘制出网格，而通过“矩形网格工具选项”对话框，可以很精确地绘制出需要的网格图形。

01 选择工具箱中的矩形工具，用鼠标在绘图区中单击，在弹出的“矩形”对话框中进行设置，绘制棋盘的外形框，如下图所示。

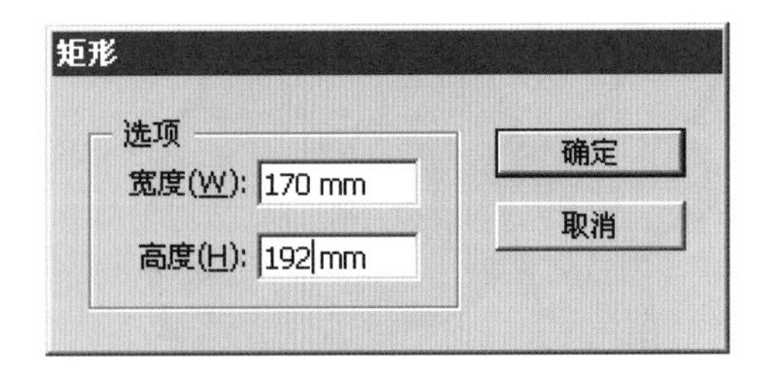

02 选中绘制好的矩形，在控制面板上将“描边”设置为咖啡色，“填充”设为无色，“描边粗细”设为5，如下图所示。

03 在工具箱中的“直线段工具”按钮＼上按住鼠标左键，在展开的工具列表中选择矩形网格工具▦，再用鼠标在绘图区单击，在弹出的“矩形网格工具选项”对话框中进行设置，如下图所示。

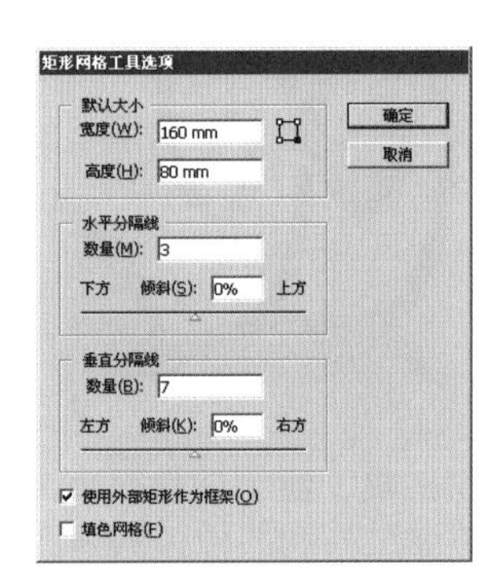

04 利用【Ctrl+C】和【Ctrl+V】组合键复制一组矩形网格图形，选中绘制好的矩形网格图形，在控制面板上将“描边”设置为咖啡色，“填充”设置为无色，“描边粗细”为5。这样，棋盘的棋格就做好了，如下图所示。

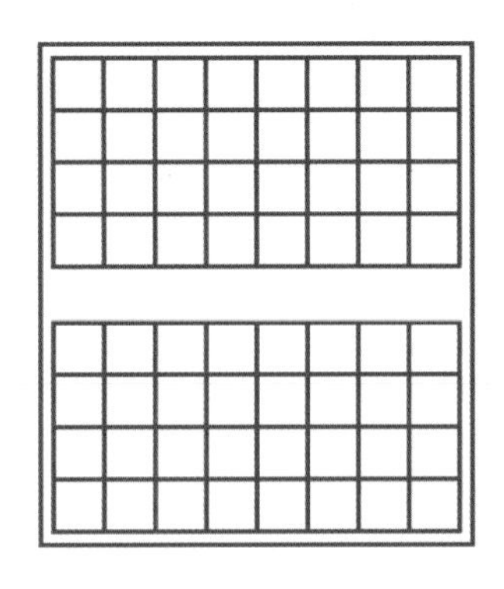

05 再用相同的方法绘制出一个矩形图形，宽为160mm、高为20mm，并用选择工具将其移动到两个矩形网格图形之间，如下图所示。

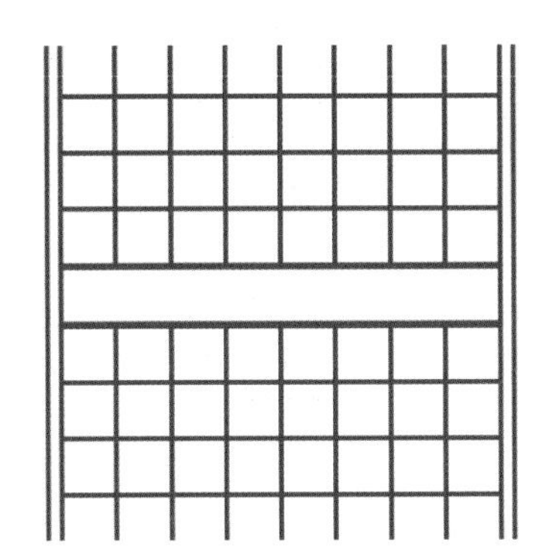

06 选择工具箱中的直线段工具，按住鼠标，再按住【Shift】键，绘制出一条45°的直线。再用同样的方法绘制出另外一条直线，如下图所示。

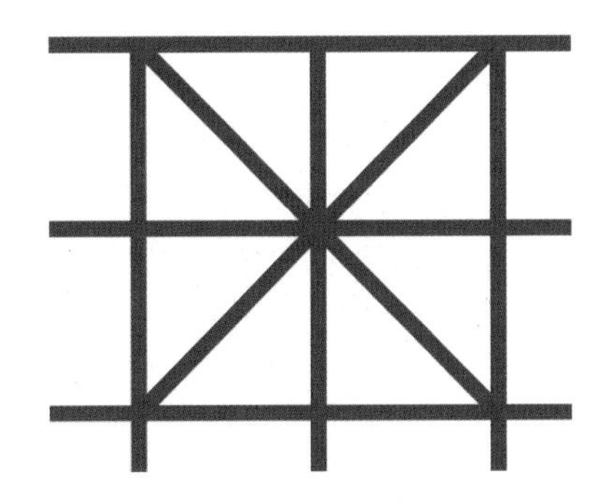

07 选择工具箱中的直线段工具，按住鼠标拖动绘制直线时，再按住【Shift】键，绘制出一条90°的直线。再用同样的方法绘制出另外的直线，如下图所示。

08 再复制3组同样的折线形状组，将它们放置在合适的位置，再在上面添加些象棋子，一个简单的棋盘就做好了，如下图所示。

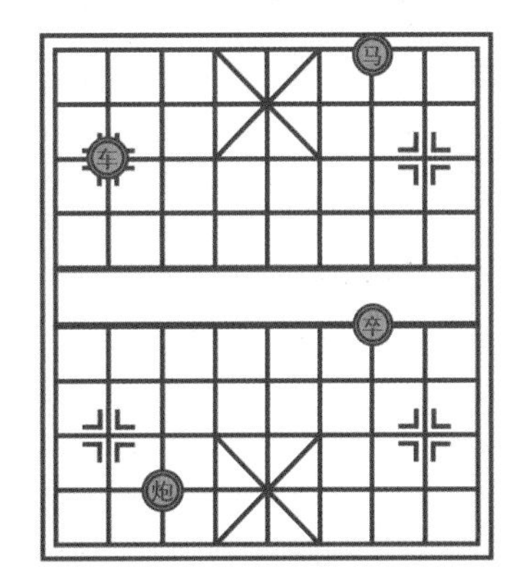

技巧提示

选择工具箱中的矩形网格工具，按住鼠标拖曳绘制时，按上方向键【↑】，可以在垂直方向增加网格的数量；按下方向键【↓】，则是减少网格的数量。按左方向键【←】，在水平方向增加网格的数量；按右方向键【→】，在水平方向减少网格的数量。

5.1.11 运用极坐标网格工具绘制靶

学习时间：15分钟

运用极坐标网格工具，可以绘制出同心圆式的放射线效果图形。选择极坐标网格工具，然后在绘图区按住鼠标不放拖曳鼠标到合适的位置，释放鼠标，就能绘制出一个极坐标网格图形。

"极坐标网格工具选项"对话框

"极坐标网格工具选项"对话框如下图所示，对话框中的具体参数功能如下：

在"默认大小"栏中可设置极坐标网格图形"高度"和"宽度"参数的大小。

"同心圆分隔线"栏中的"数量"参数用于设置极坐标网格图形分隔线的数量。"倾斜"滑块向“内”方向移动，数值为负，向“外”方向移动，数值为正。

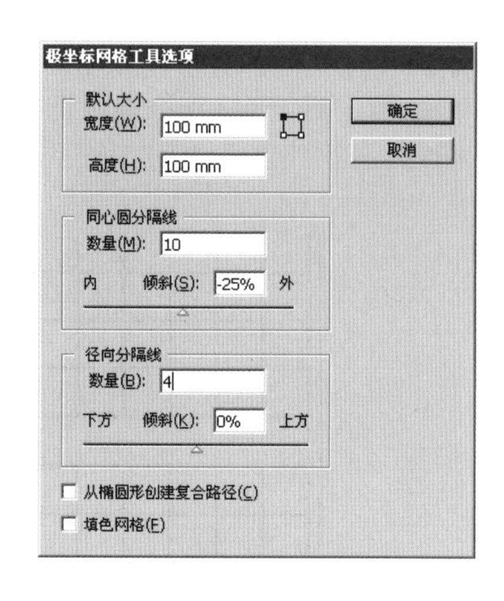

“径向分隔线”栏中“数量”参数用于设置同心圆网格中的射线分割的数量。向“下方”移动“倾斜”滑块，数值为负，按照逆时针的方向递减倾斜的射线分隔。反之，向“上方”移动滑块，“倾斜”参数为正。

选中 从椭圆形创建复合路径(C) 复选框，绘制出来的图形将以间隔的形式进行颜色填充。

选中 填色网格(F) 复选框，绘制出来的图形将以设置的颜色进行填充。

在绘制极坐标网格图形时，按住【Shift】键，可以绘制出正圆形的极坐标网格图形。

01 在工具箱的直线段工具列表中选择极坐标网格工具，用鼠标在绘图区中单击，在弹出的“极坐标网格工具选项”对话框中进行设置，如下图所示。

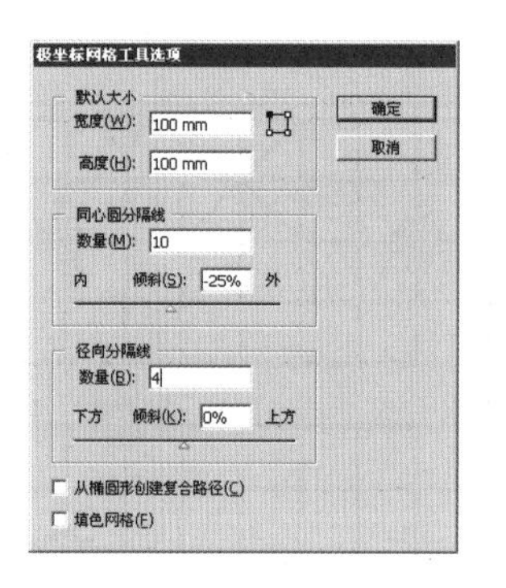

02 选中绘制好的极坐标网格图形，然后在控制面板上将“描边”设置为红色，“填充”为黄色，“描边粗细”为5。这样，一个简单的“靶”就做好了，如下图所示。

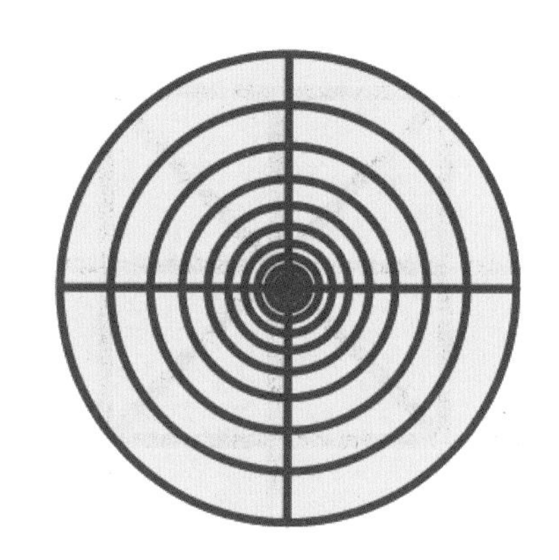

技巧提示

选择工具箱中的极坐标网格工具，按住鼠标拖曳绘制图形时，按上方向键【↑】，可以增加同心圆网格的数量，按下方向键则是减少同心圆网格的数量。按左方向键可增加同心圆网格射线的数量，按右方向键则是减少同心圆网格射线的数量。

5.2 实例应用

难度程度：★★★☆☆ 总课时：40分钟
素材位置：05\实例应用\MP3广告

演练时间：40分钟

MP3广告

◎ 实例目标

本例为了突出产品能带给我们的惊喜与新鲜，进行了主体创意，加入了新鲜有趣的元素，使整个画面充满了活力。

◎ 技术分析

本例主要使用了绘图工具中的“矩形工具”、“椭圆工具”和“钢笔工具”来制作画面中的一些图形元素，还使用了“直接选择工具”和“效果工具”来修饰图形，重点介绍了“效果工具”的使用。

制作步骤

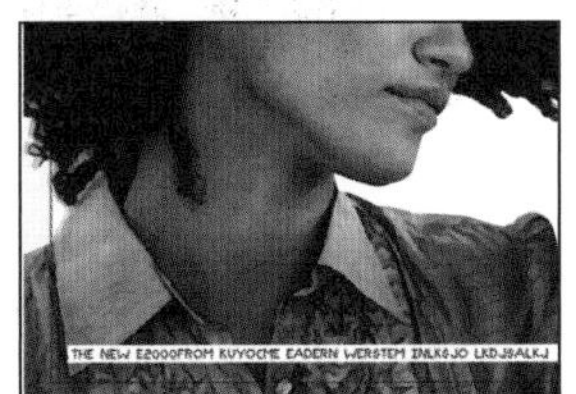

01 运行Illustrator CS6，执行文档“文件/新建”命令，在弹出的“新建文档”对话框中设置参数，单击“确定”按钮，新建文件，如下图所示。

新建文档

名称(N)：MP3广告
配置文件(P)：[自定]
画板数量(M)：1
间距(I)：7.06 mm　列数(O)：1
大小(S)：A4
宽度(W)：297 mm　单位(U)：毫米
高度(H)：210 mm　取向：
出血(L)：上方 0 mm　下方 0 mm　左方 0 mm　右方 0 mm
▼ 高级
颜色模式(C)：CMYK
栅格效果(R)：高 (300 ppi)
预览模式(E)：默认值
☐ 使新建对象与像素网格对齐(A)

02 执行“文件/打开”命令，打开光盘中的“05\实例应用\MP3广告\素材1”文件，使用“选择工具”将素材移动到画板中，按住【Shift】键进行等比调整，效果如下图所示。

03 选择工具箱中的钢笔工具，绘制曲线路径，使用直接选择工具细致调节节点，填充黑色，得到效果如下图所示。

04 选择工具箱中的椭圆工具，按【Shift】键绘制正圆，填充黑色，继续绘制同心正圆，填充白色，得到效果如下图所示。

05 继续执行同上操作，得到如下图所示的圆环，填充黑色。

06 选择工具箱中的椭圆工具，继续多次执行同上的操作，得到如下图所示的效果。

07 选择工具箱中的椭圆工具，按【Shift】键绘制正圆，填充黑色，继续绘制同心正圆填充白色，如下图所示。

08 选择工具箱中的椭圆工具，按住【Shift】键在绘制的同心圆里绘制正圆，执行“窗口/颜色”命令，在弹出的面板中设置参数，得到效果如下图所示。

09 选择绘制得到的这组素材，按组合键【Ctrl+G】群组，得到效果如下图所示。

10 选择绘制群组后的素材，按【Alt】键进行多次复制移动，并按【Shift】键进行等比例调整，分别将各组元素移动到和人物发梢交接的位置，使画面美观，效果如下图所示。

11 选择工具箱中的椭圆工具，按【Shift】键绘制正圆，填充黑色，如下图所示。

12 继续选择工具箱中的椭圆工具，按【Shift】键绘制正圆，填充白色，得到效果如下图所示。

13 选择工具箱中的椭圆工具，按【Shift】键绘制正圆，填充黑色，移动调整其位置，效果如下图所示。

14 再次选择工具箱中的椭圆工具，按【Shift】键绘制正圆，填充白色，移动调整其位置，效果如下图所示。

15 选择工具箱中的钢笔工具，绘制封闭的曲线轮廓路径，绘制完毕后选择直接选择工具对路径进行细致的调整，填充黑色，效果如下图所示。

16 继续选择工具箱中的钢笔工具 ，绘制不同的封闭曲线轮廓路径，绘制完毕后选择直接选择工具对路径进行细致的调整，填充黑色，效果如下图所示。

17 选择刚刚绘制好的这组素材图形，按组合键【Ctrl+G】进行群组，然后按【Alt】键进行多次移动复制，旋转调整角度，得到效果如下图所示。

18 选择工具箱中的文字工具，在画面中输入文字，在打开的“字符”面板中设置文字参数，得到效果如下图所示。

19 将人物添加到画面中后，结合使用“调色命令”、“文字工具”、“形状工具”等技术，完成画面整体效果，适当调整画面中图形和文字的摆放位置，使画面整体表现得更加美观，如下图所示。

12-36

20 全选画面所有元素，执行“对象/剪切蒙版/建立”命令，得到最终效果如下图所示。

Part 6（12-13小时）

徒手绘制

【绘制工具的使用：30分钟】

用铅笔工具勾绘卡通狗的轮廓 20分钟
运用平滑工具 10分钟

【实例应用：30分钟】

冰河世纪 30分钟

6.1 绘制工具的使用

难度程度：★★★☆☆ 总课时：30分钟

运用铅笔工具，可以在绘图区中绘制出任意开放的或闭合的图形。铅笔工具实现了手工绘制和计算机绘制的结合，在Illustrator软件中可以通过跟踪手绘的痕迹来创建路径。

6.1.1 用铅笔工具勾绘卡通狗的轮廓

在本节中，将要讲解利用铅笔工具，在Illustrator软件中，徒手绘制卡通狗图形。

“铅笔工具选项”对话框

“铅笔工具选项”对话框如右图所示，对话框中的具体参数功能如下：

铅笔工具选项
容差
保真度(F): 2.5 像素
平滑度(S): 0 %
选项
填充新铅笔描边(N)
保持选定(K)
编辑所选路径(E)
范围(W): 12 像素
确定
取消
重置(R)

保真度：设置此参数的数值，可以更改绘制时路径偏离鼠标指针的程度。数值越大，路径就越远离鼠标指针，反之，路径就离鼠标指针近。

平滑度：数值越大，绘制出来的弧线路径就越平滑，反之，绘制出来的弧线路径就越粗糙。

保持选定：若选中此复选框，绘制完成后的图形路径将立刻被选取。

编辑所选路径：选中此复选框，可以对选择的图形路径进行编辑。

范围：设置两条路径能够连接起来的距离范围。

01 选择工具箱中的铅笔工具，将鼠标移动到绘图区，当鼠标指针变成形状时，按住左键不放进行移动，将有一条虚线跟随着鼠标指针，如下图所示。

02 拖曳鼠标，勾勒出卡通狗的外轮廓，绘制完成后松开鼠标，这样，就完成了图形的绘制，如下图所示。

03 绘制出来的图形并不光滑，形状也有些走样，这时候，选中绘制好的图形，然后使用铅笔工具在需要修改的地方拖动，以达到需要的形状，如下图所示。

04 单击工具箱中的“铅笔工具”按钮，绘制出卡通狗的脑袋、耳朵和尾巴等轮廓图形。再用椭圆工具绘制出眼睛和鼻子的轮廓。这样，一个卡通狗的轮廓图就完成了，如下图所示。

技巧提示

使用铅笔工具不仅可以绘制出闭合的路径，还可以绘制出开放的路径，并可以根据需要进行修改。修改路径时，既可以将闭合的路径修改为开放的路径，也可以将开放的路径修改为闭合的路径。

在修改路径的时候，如果铅笔工具没有被放置在选中的图形路径上，拖曳鼠标的时候就会绘制出一条新的路径。如果修改的路径的终点位置没有在原来的路径上，那么原来的路径将被损坏。

使用铅笔工具得到的路径图形与绘制时移动鼠标的速度相关。若鼠标在某一点停留的时间较长，系统会自动在该处增加一个锚点，反之，如果鼠标移动的速度过快，系统就会忽略改变的线条方向。

6.1.2 运用平滑工具

学习时间：10分钟

运用平滑工具在对路径进行平滑处理，使其变得更加柔和的同时，可以保持路径原来的形状不变，使节点减少。在使用这个工具之前，要确定需要被平滑的路径已经被选中，然后才能利用平滑工具在需要平滑的位置拖曳鼠标。

01 同样是为了显示得更清楚些，先用矩形工具绘制一个矩形框，并填充颜色。选择工具箱中的铅笔工具，勾勒出一个花瓣的形状轮廓，如下图所示。

02 选中花形轮廓，然后在工具箱中的铅笔工具列表中选择平滑工具，在需要平滑的位置拖曳鼠标，如下图所示。

6.2 实例应用

难度程度：★★★☆☆ 总课时：30分钟
素材位置：06\实例应用\冰河世纪

演练时间：30分钟

冰河世纪

◎ 实例目标

本例主要将绘制的图形和渐变色结合在一起制作出冰川山河的画面背景，利用卡通素材，最终得到轻松可爱的卡通效果。

◎ 技术分析

本例主要使用了工具箱中的“钢笔工具”和“渐变色”来绘制加工画面中的一些图形元素，得到背景图案，还使用了“描边面板”进行制作卡通文字，重点介绍了使用“钢笔工具”绘制图形效果。

制作步骤

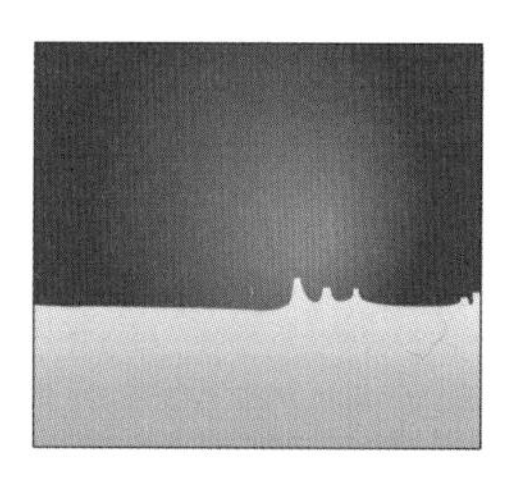

01 新运行Illustrator CS6，执行“文件/新建”命令（或按组合键【Ctrl+N】），在弹出的“新建文档”对话框中设置参数，单击“确定”按钮，新建文件，如下图所示。

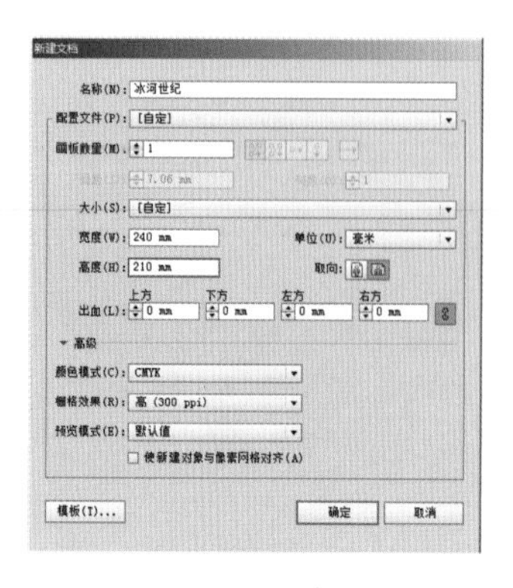

02 使用矩形工具，在画面中单击绘制两个大小合适的矩形图形。在“渐变”面板中设置参数，效果如下图所示。

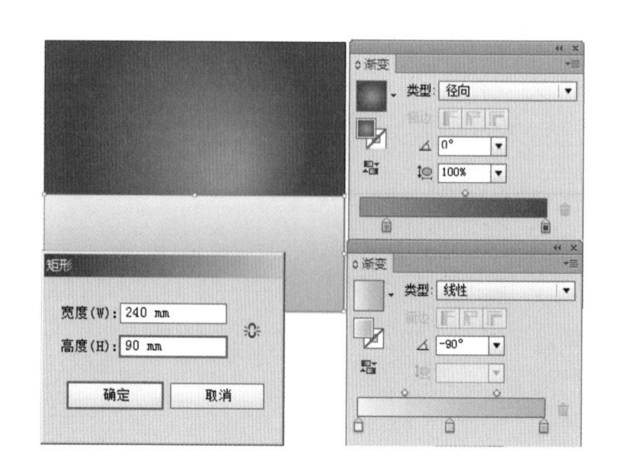

03 选择工具箱中的钢笔工具，绘制出冰山的轮廓路径。用直接选择工具进行调整，效果如下图所示。

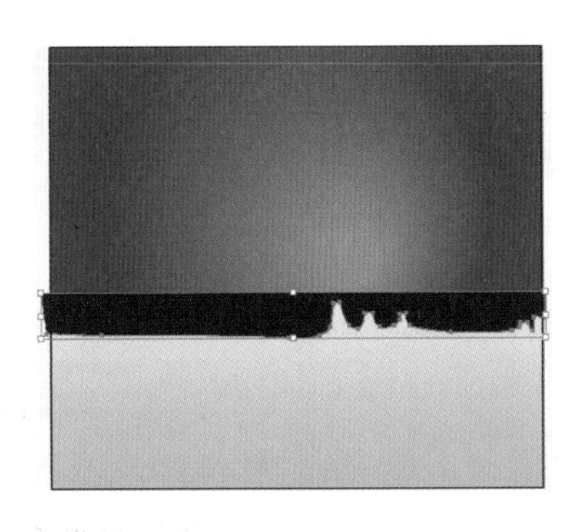

04 选取绘制好的路径及要裁切的矩形，执行“窗口/路径查找器”命令，单击“减去顶层”按钮，得到效果如下图所示。

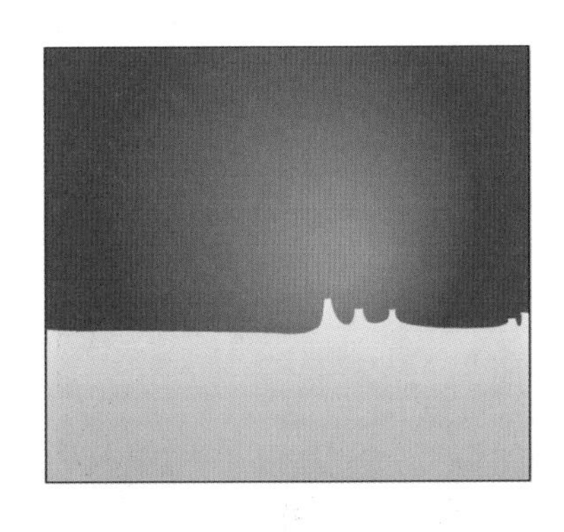

05 制作雪山山顶效果。选择工具箱中的钢笔工具，绘制雪山顶，并使用直接选择工具进行局部调整，填充颜色，直至得到效果如下图所示。

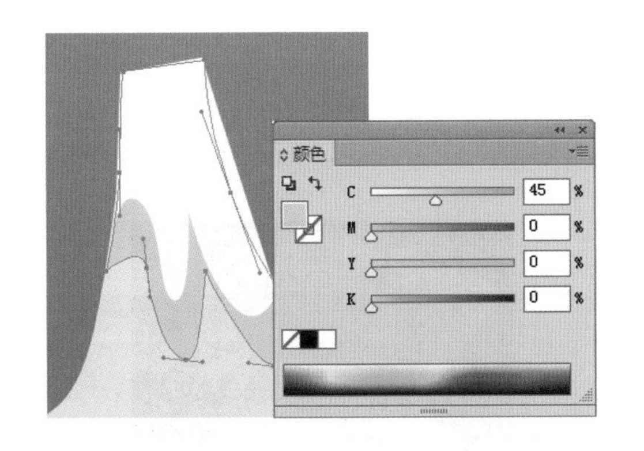

06 重复以上步骤，绘制出其他雪山顶，如下图所示。

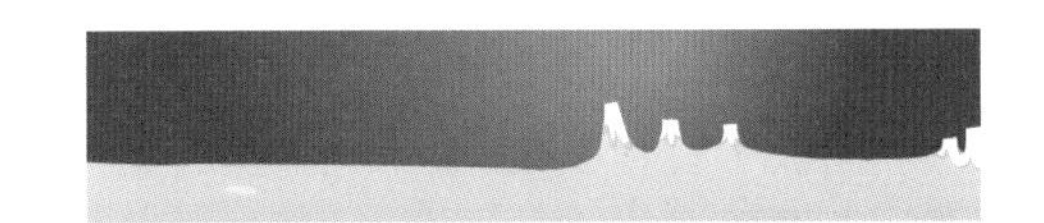

07 制作路径。选择钢笔工具，在画面中绘制路径，填充颜色，如下图所示。

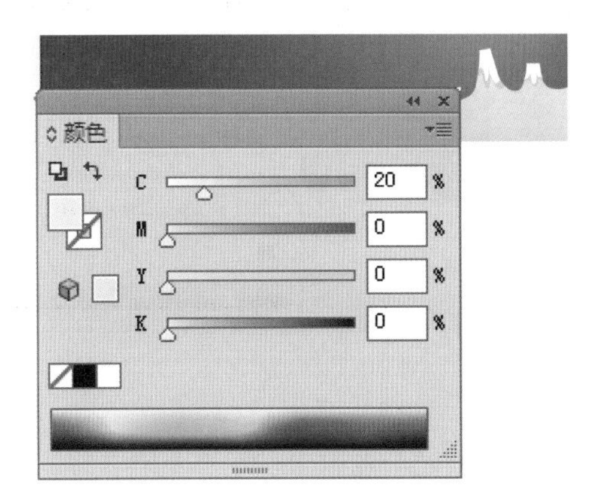

08 裁掉多余部分。选择路径及地面，单击“窗口/路径查找器”面板中的“分割”按钮，将裁切后的路径执行“对象/取消编组”命令后，将多余部分删除，得到效果如下图所示。

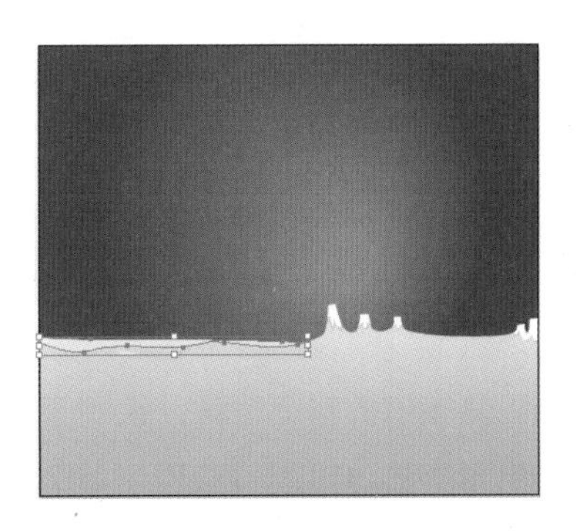

09 绘制字符。选择工具箱中的钢笔工具，在画面上方绘制字符，效果如下图所示。

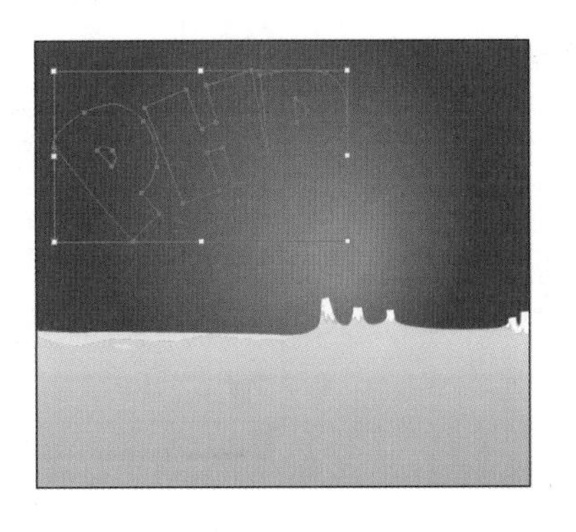

10 执行“窗口/描边”命令，在弹出的“描边”面板中设置参数，添加描边颜色后的效果如下图所示。

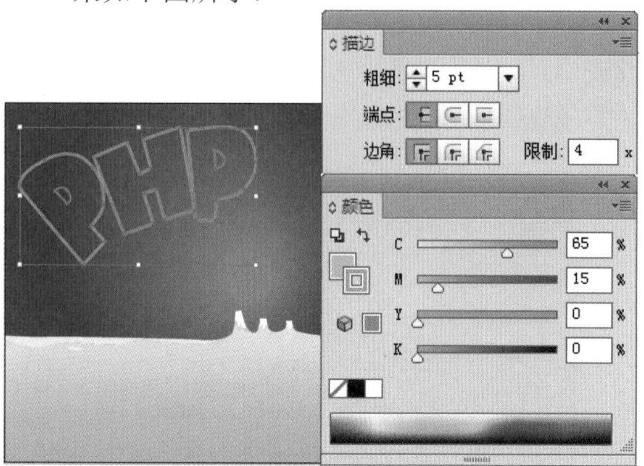

11 填充颜色。执行“窗口/颜色”命令，在弹出的“颜色”面板中设置填充颜色的参数，效果如下图所示。

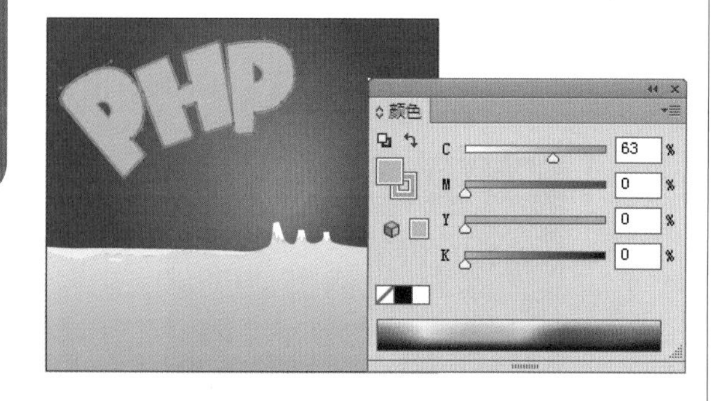

12 选择工具箱中的钢笔工具，绘制字母高光部分，填充颜色后得到的效果如下图所示。

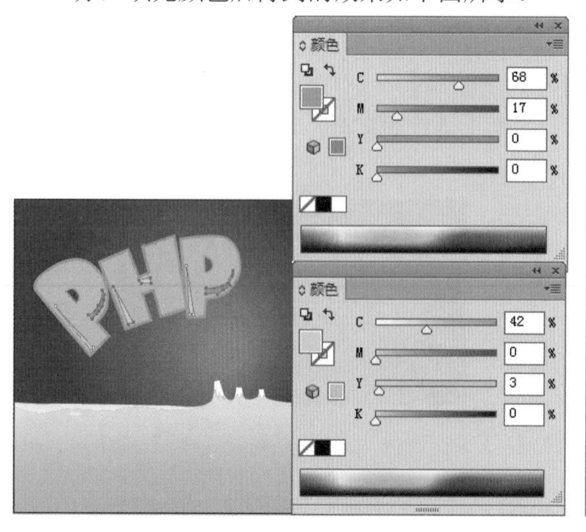

13 绘制雪顶路径。选择工具箱中的钢笔工具，绘制出雪顶路径，在打开的“颜色”面板中设置颜色参数，在“描边”面板中设置描边参数，效果如下图所示。

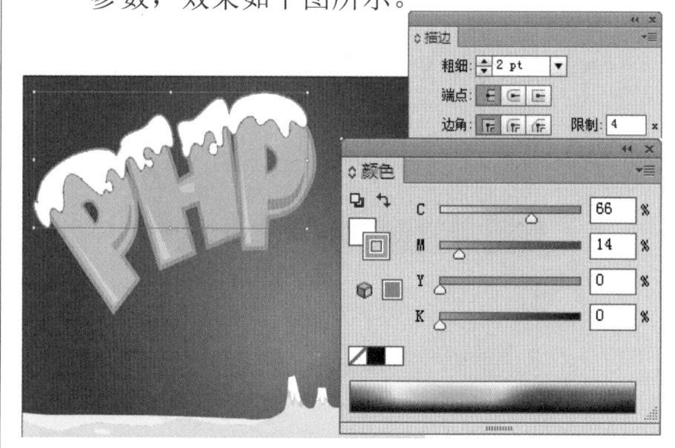

14 执行“文件/置入”命令，置入光盘中的“06\实例应用\冰河世纪\素材1”和“06\实例应用\冰河世纪\素材2”文件，将其放置到画面中，按【Shift】键等比例缩放图形并放置到适当位置，如下图所示。

15 执行“文件/置入”命令，置入光盘中的“06\实例应用\冰河世纪\素材3”，选取工具箱中的文字工具，在刚置入的图形上适合的位置键入文字，最后可适当调整画面中图形摆放的位置，令画面更加美观，得到最终效果如下图所示。

Part 7 （13-14小时）

贝济埃曲线

7.1 绘制与应用曲线

难度程度：★★★☆☆ 总课时：30分钟
素材位置：07\基础知识讲解\示例图

贝济埃曲线是用来表示矢量线条的一种概念，路径的绘制方法多种多样，其应用也非常广泛，且路径工具具有较强的灵活性和编辑性。

7.1.1 贝济埃曲线节点和路径

学习时间：15分钟

路径是由两个或多个节点组成的矢量线条，在每两个节点之间组成一条线段，在一条路径中包含多条线段和曲线。而路径又是在贝济埃曲线的概念上建立起来的。

利用工具箱中的工具绘制出来的路径有两种：一种是开放式的路径，比如说线条就属于开放式的路径，它的起点与终点不重合；另一种是闭合式的路径，圆形就属于闭合的路径，它没有起点和终点。

01 为了使其显示得更加清楚明确，使用矩形工具绘制一个矩形框，并为其填充颜色作为背景色。然后再选择工具箱中的椭圆工具，按住【Ctrl】键，在绘图区绘制出两个正圆形，如下图所示。

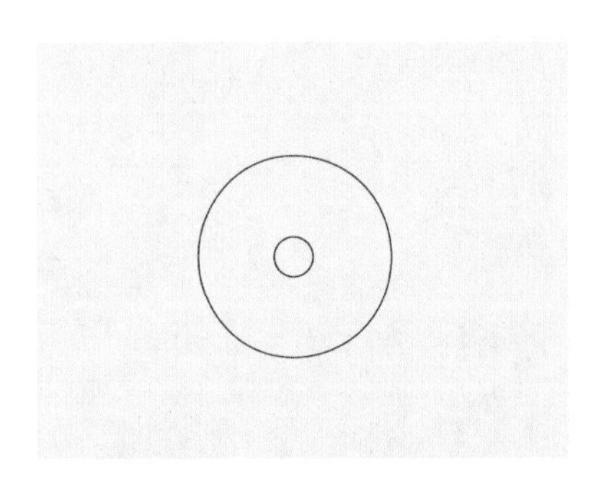

02 选择工具箱中的铅笔工具，绘制出一个风扇叶片的轮廓图形，并使用直接选择工具选择圆滑型节点和曲线型节点，对其进行调整，如下图所示。

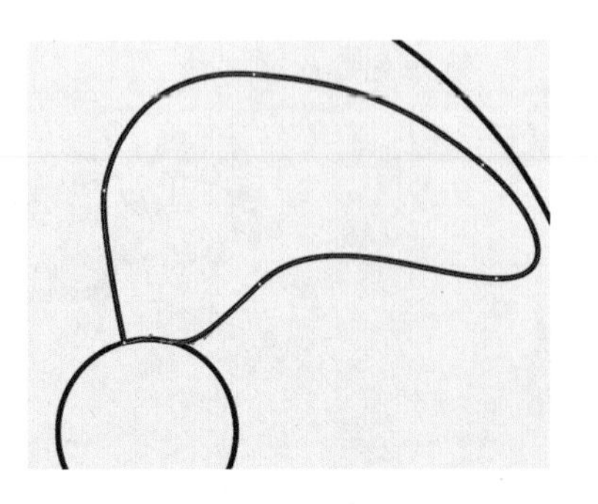

03 将调整好的图形利用【Ctrl+C】和【Ctrl+V】组合键复制两个，并将它们放置到合适的位置，使其组成一个风扇头的形状，如下图所示。

04 选择工具箱中的圆角矩形工具，绘制出一个圆角矩形作为风扇的底座（用户也可以用铅笔工具勾画出一个底座形状），如下图所示。

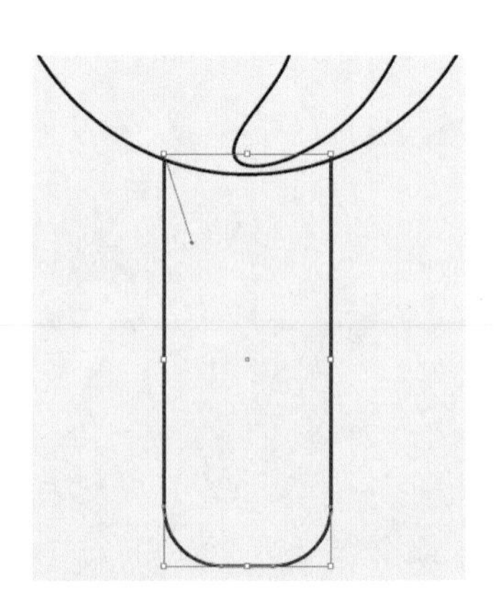

05 选中绘制好的圆角矩形图形，使用直接选择工具选择直线型节点和符合型节点，对其进行调整，如下图所示。

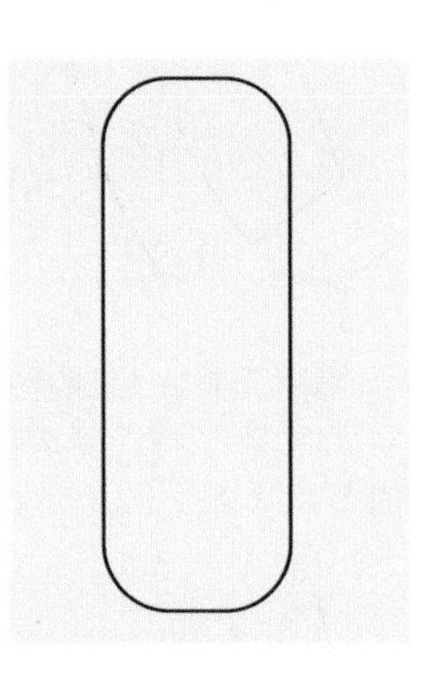

06 再使用工具箱中的椭圆工具绘制出风扇的按钮形状轮廓，并将它们放置在合适的位置。这样就完成了风扇轮廓的简单制作，如下图所示。

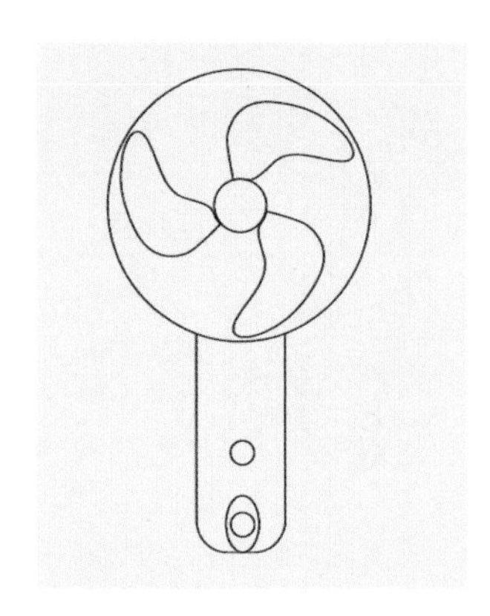

技巧提示

圆滑型节点：节点两侧有两个控制柄，如下图所示。

曲线型节点：虽然也有两个控制柄，但是这两个控制柄是独立的，调整其中一个控制柄，另外一个不会受到任何影响，如下图所示。

直线型节点：这种节点两边没有任何控制柄，如下图所示。

符合型节点：这种节点两边仅有一个控制柄，是直线和曲线相交后产生的节点，如下图所示。

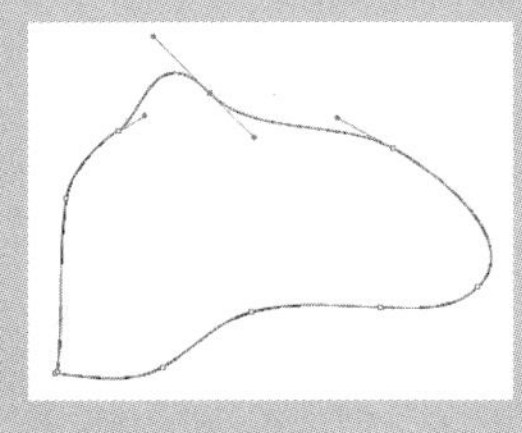

圆滑型节点

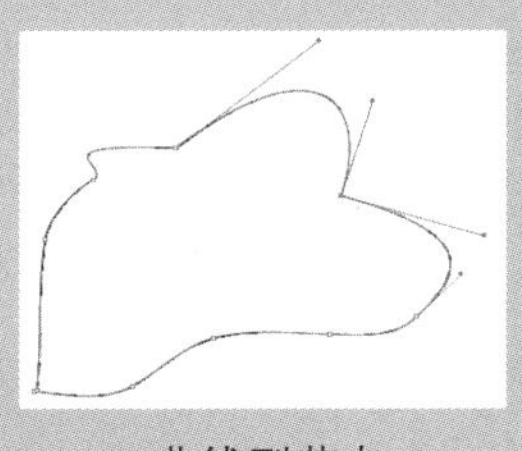

曲线型节点

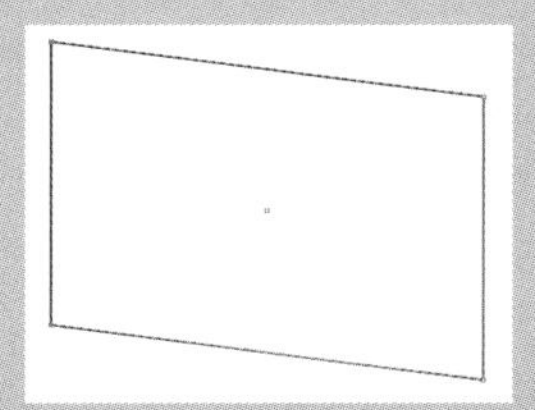

直线型节点

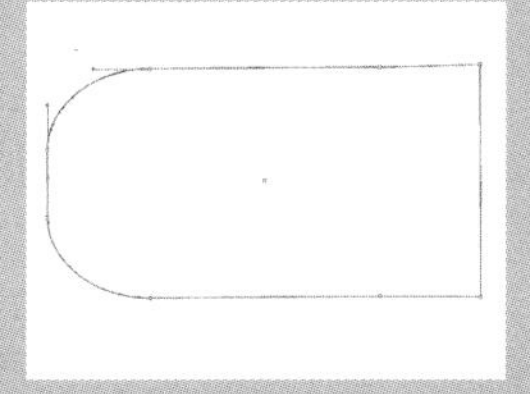

符合型节点

7.1.2 用钢笔工具绘制文字

学习时间：15分钟

在绘制路径的时候，往往不可能一步到位，所以在钢笔工具列表里除了为户提供了钢笔工具外，还提供了添加锚点工具，删除锚点工具和转换锚点工具，它们的作用就是用来编辑锚点，使绘制的路径达到理想的效果。

01 选择工具箱中的钢笔工具，当鼠标指针变成形状时，在绘图区中单击鼠标左键确定节点，勾画出“妹”字的一半“女”字的外形轮廓路径，如右图所示。

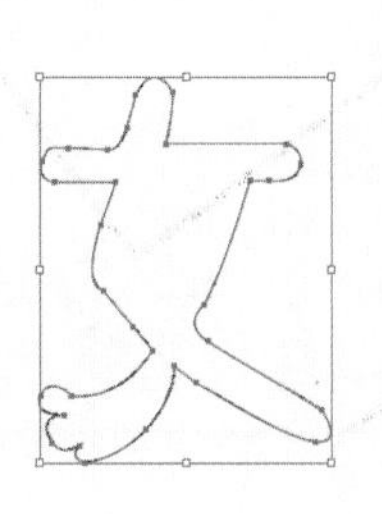

02 在工具箱的钢笔工具组中选择添加锚点工具，用删除锚点工具和转换锚点工具配合直接选择工具，对“女”字外形轮廓路径进行编辑，如下图所示。

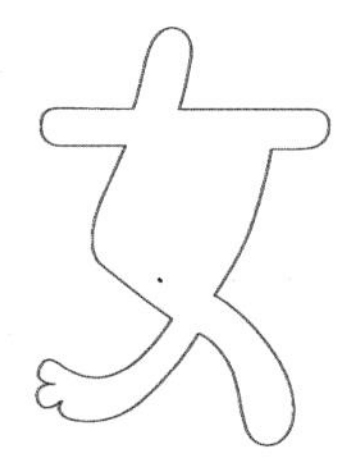

03 再用钢笔工具勾画出“女”字的内轮廓路径，并先用转换锚点工具单击需要转换为直线型节点的圆滑型节点。平滑的路径就转换成折线路径了，如下图所示。

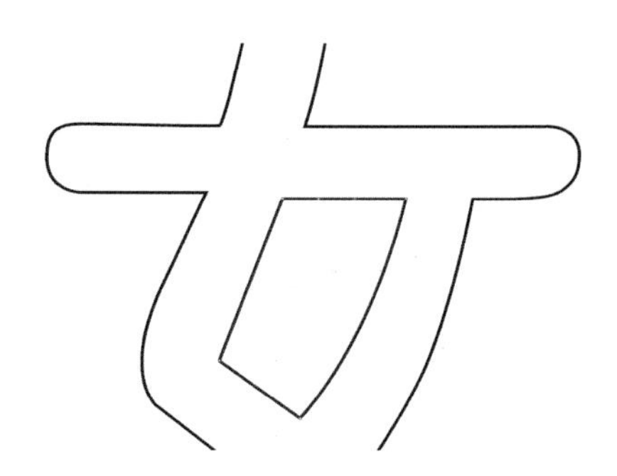

04 再选择删除锚点工具，将鼠标放置到需要删除的节点上，单击鼠标左键，并用同样的方法删除其他不需要的节点，如下图所示。

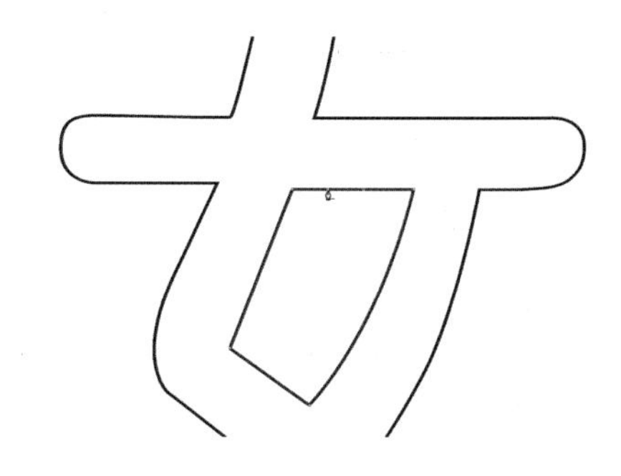

技巧提示

选择钢笔工具绘制图形时，单击鼠标左键确定第2个节点时，同时按住【Shift】键，可以绘制出水平、垂直或角度为45°倍数的直线。

绘图工具的鼠标指针一般都有两种形态，如果要想将绘图工具的鼠标指针转换为另外一种形态，直接按【Caps Lock】键就能完成转换操作。

05 再选择工具箱中的转换锚点工具，单击需要转换的节点，然后按住鼠标左键拖曳方向控制点和控制柄，将路径调整成需要的样式，如下图所示。

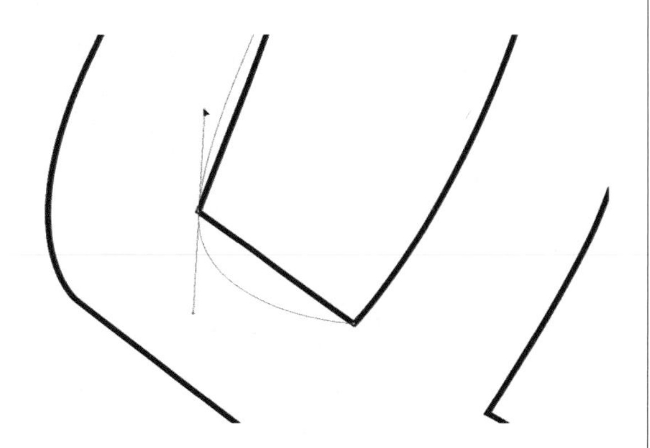

06 再用同样的方法调整路径的其他部分，调整的时候要注意添加锚点工具、删除锚点工具、转换锚点工具和直接选择工具的配合使用，如下图所示。

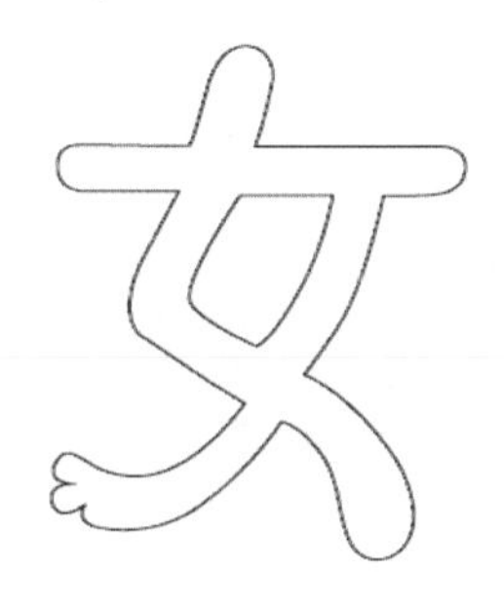

07 再用钢笔工具在绘图区单击鼠标左键确定节点，勾画出“妹”字另外的一半“未”字的外形轮廓路径，如下图所示。

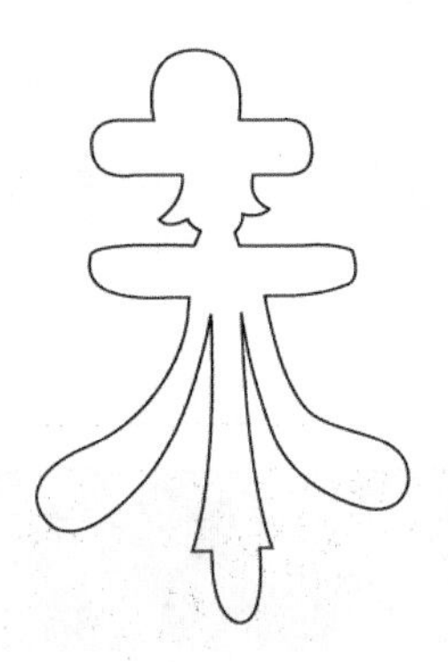

08 用同样的编辑路径的方法将这个形状进行调整，使其更平滑，并将其放置在合适的位置。这样就完成了一个文字的外形轮廓的绘制，如下图所示。

技巧提示

要连接两条开放的路径，先用钢笔工具单击其中一条路径的一个端点，当鼠标变成形状时，用鼠标单击另外一条路径的端点就能将两条开放的路径连接起来。用同样的方法还能将开放的路径连接成为闭合的路径，如图a所示。

添加锚点：在路径中的每两个节点之间用鼠标单击就能添加一个新的节点。在直线路径上添加的节点是直线型节点，在曲线路径上添加的是圆滑型节点，如图b所示。

删除锚点：在路径中用鼠标单击需要删除的节点，就可以将这个节点删除。删除节点后的路径会自动地调整形状。删除节点后就能减少路径的复杂程度，也能节省图像最后输出的时间，如图c所示。

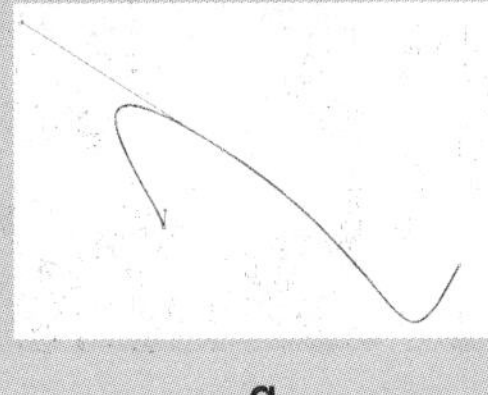

a

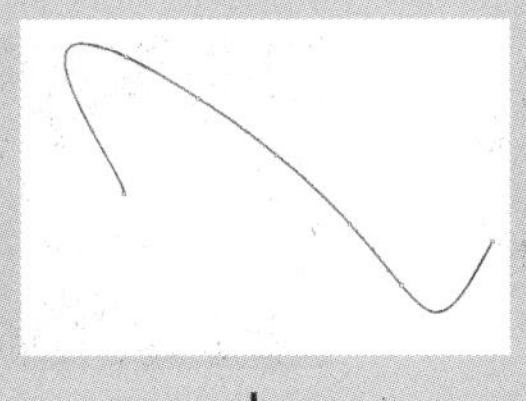

b

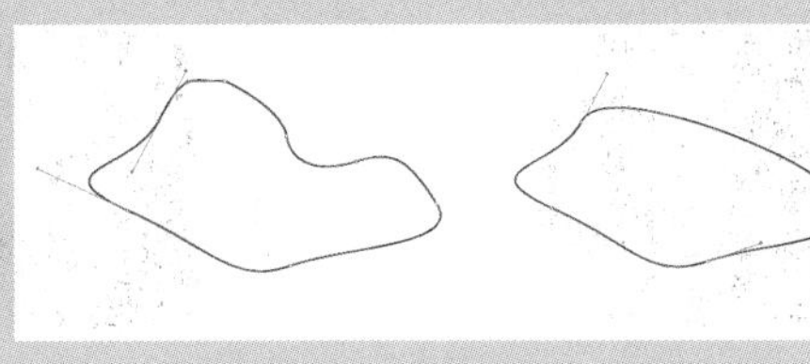

c

转换锚点：选择转换锚点工具后，当鼠标变成形状时，用鼠标左键单击需要转换的节点，就可以将圆滑型的节点转换成直线型的节点，如下图（左）所示。在直线型节点上单击鼠标，再拖曳鼠标就能将直线型节点转换成圆滑型节点，如下图（右）所示。

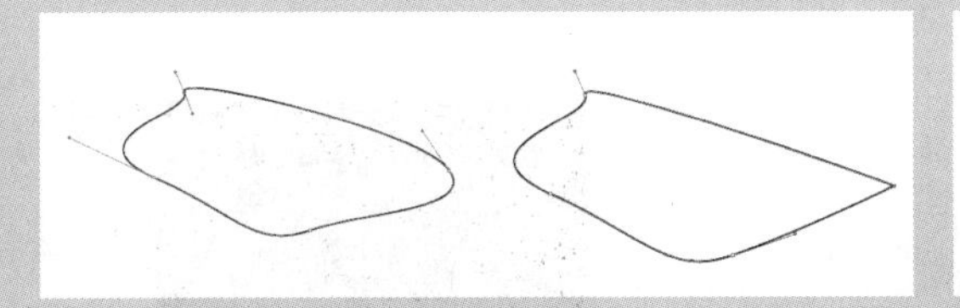

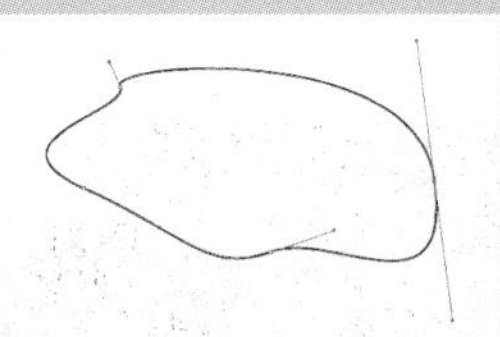

若想快速选择钢笔工具，可以直接按【P】键；要选择添加锚点工具，按【+】键；选择删除锚点工具，按【−】键；选择转换锚点工具，按【Shift+C】组合键。

按【Alt】键可以在选择了钢笔工具的情况下切换到选择转换锚点工具，同样在添加锚点工具和删除锚点工具之间也可以按【Alt】键进行切换选择。

7.2 实例应用

难度程度：★★★☆☆ 总课时：30分钟
素材位置：07\实例应用\笔记本电脑广告

演练时间：30分钟

笔记本电脑广告

◎ 实例目标

本例以渐变朦胧的光线作为背景，制作了一个笔记本电脑的广告，体现了产品柔美时尚的特点。

◎ 技术分析

本例主要使用了绘图工具中的“矩形工具”、“椭圆工具”和“钢笔工具”来制作画面中的一些图形元素，还使用了“渐变”和“透明度”来修饰图形，重点介绍“渐变”的使用。

制作步骤

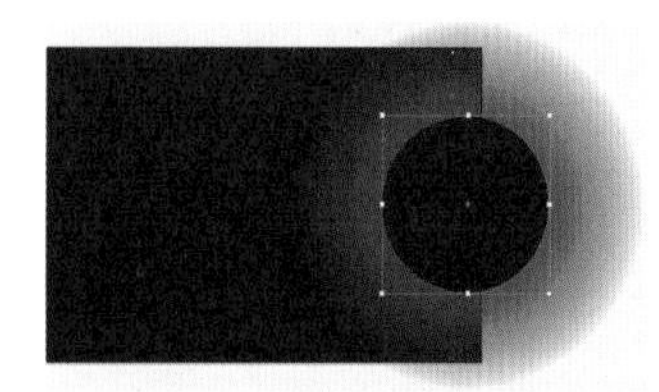

01 执行“文件/打开”命令，打开光盘中的“07\实例应用\笔记本电脑的广告\素材2”文件，单击控制面板中的“打开”按钮，效果如下图所示。

02 选择打开的素材，执行“窗口/渐变”命令，在弹出的面板中设置参数，双击滑块设置渐变色，如下图所示。

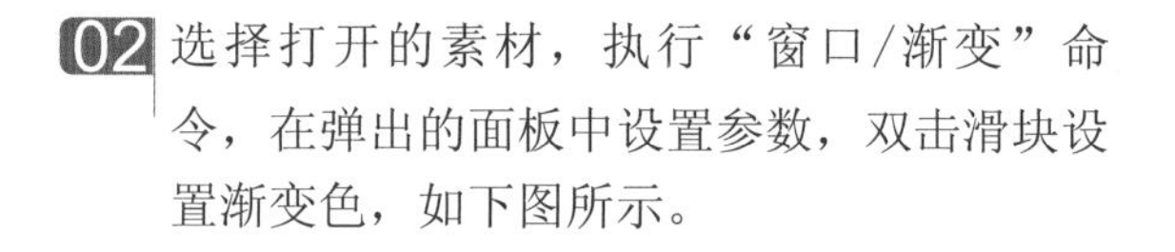
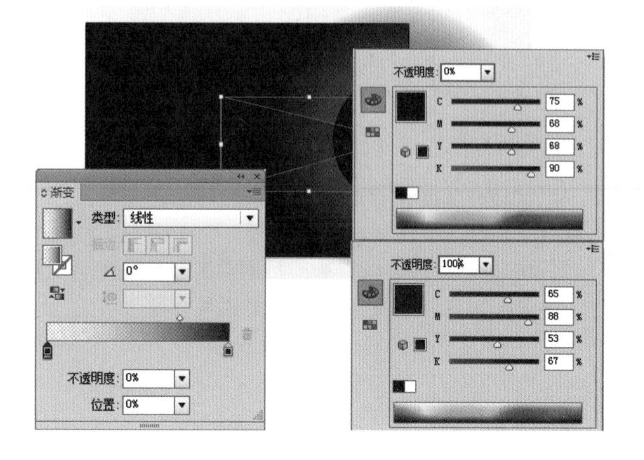

03 执行“文件/置入”命令，置入光盘中的“07\实例应用\笔记本电脑广告\素材1”文件，并单击控制面板的“嵌入”按钮，按住【Shift】键进行等比例的大小调整，效果如下图所示。

04 选择工具箱中的钢笔工具，在画面中绘制笔记本电脑的轮廓路径，使用直接选择工具细致调节节点，如下图所示。

05 选择绘制好的路径及置入的素材，执行“对象/剪切蒙版/建立”命令，效果如下图所示。

06 选择绘制得到的正圆，执行“窗口/渐变”命令，在弹出的面板中设置参数得到效果如下图所示。

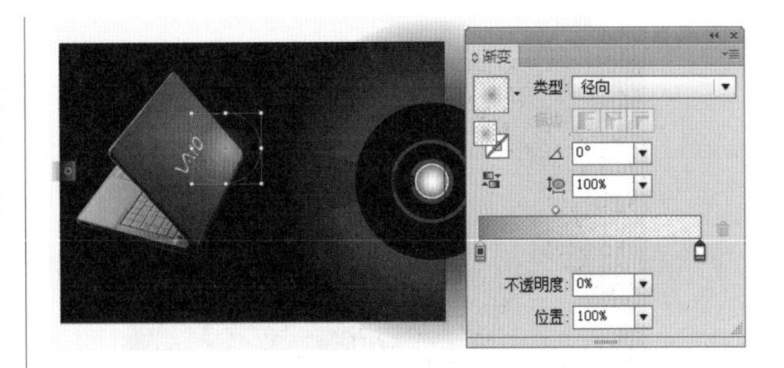

07 继续选择工具箱中的椭圆工具，在电脑素材的下方绘制椭圆，执行“窗口/渐变”命令，设置参数后按组合键【Ctrl+[】将其置于笔记本电脑素材下方，得到效果如下图所示。

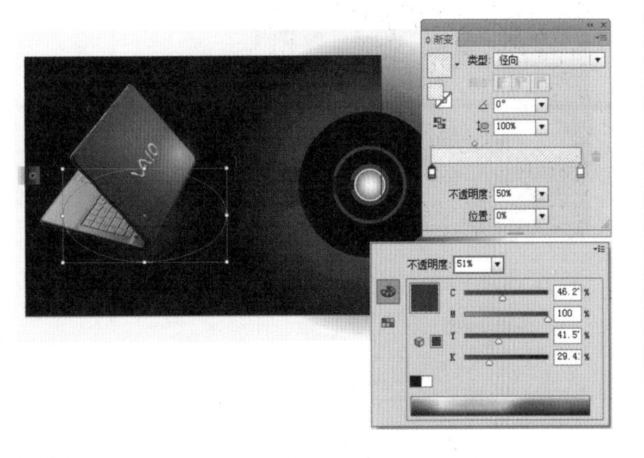

08 选择工具箱中的椭圆工具，继续在电脑素材的下方绘制椭圆，执行“窗口/渐变”命令，设置参数，按组合键【Ctrl+[】将其置于电脑素材下方，得到效果如下图所示。

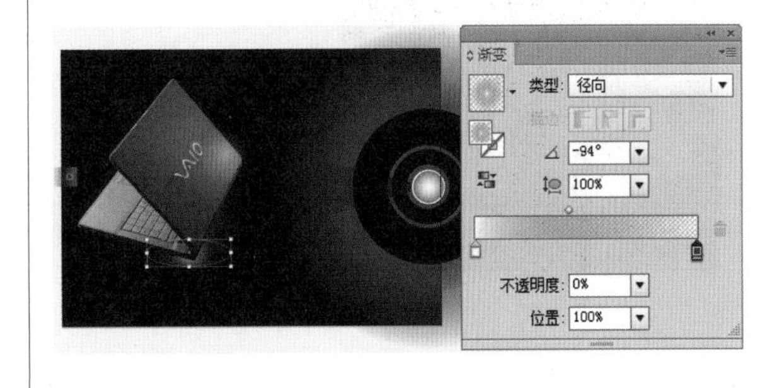

09 选择工具箱中的钢笔工具，在画面中绘制封闭的曲线路径，选择绘制的封闭曲线路径，使用直接选择工具进行细致的节点调节，使整条曲线更加流畅，如下图所示。

10 选择绘制得到的曲线路径，执行“窗口/渐变”命令，在弹出的面板中设置参数，效果如下图所示。

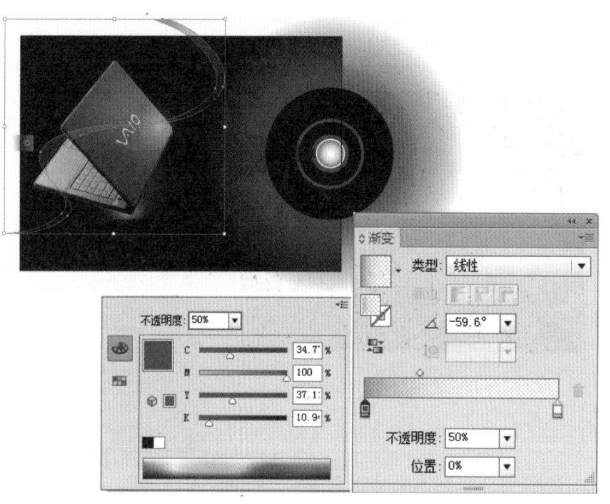

11 继续选择绘制的曲线路径，执行“效果/风格化/羽化”命令，设置参数得到效果如下图所示。

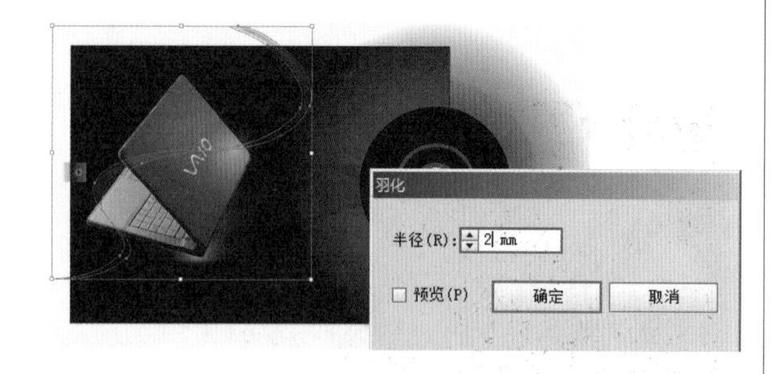

12 选择工具箱中的钢笔工具，在画面中绘制另外一条封闭的曲线路径，执行“窗口/渐变”命令，在弹出的面板中设置参数，得到效果如下图所示。

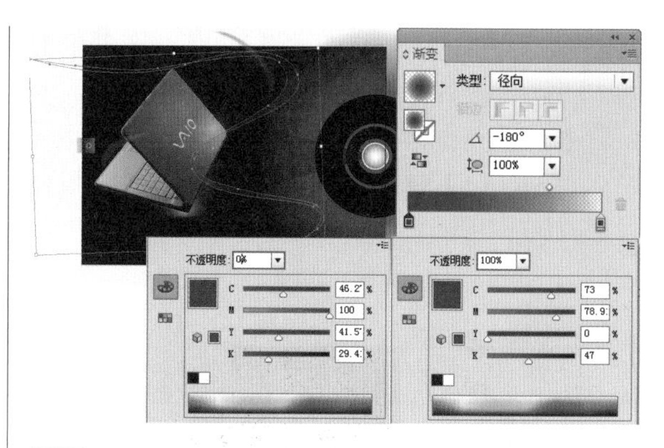

13 选择工具箱中的文字工具 T，在画面中输入文字，按【Shift】键进行等比例的大小调整，得到效果如下图所示。

14 调整画面整体效果，适当调整画面中图形和文字的摆放位置，使画面整体效果更加美观，全选后执行“对象/剪切蒙版/建立”命令，得到最终效果如下图所示。

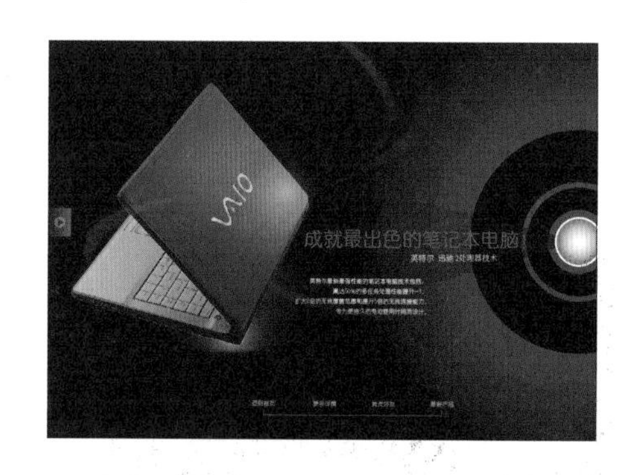

Part 8（14-16.5小时）

怎样管理色彩

【色彩的应用：120分钟】

显示“颜色”面板	10分钟
色彩模式	30分钟
“色板”面板	15分钟
特别色	10分钟
编辑色板颜色	10分钟
色板管理	10分钟
实时上色	20分钟
“分色预览”面板	15分钟

【实例应用：30分钟】

红色风暴	30分钟

8.1 色彩的应用

难度程度：★★★☆☆ 总课时：120分钟
素材位置：08\基础知识讲解\示例图

若想在使用Illustrator CS6设计作品时将颜色进行最佳的应用，就需要有系统地规划与管理颜色。为了顺利达到这样的目的，在本章中我们将使用“颜色”面板来调配颜色，并使用“色板”面板来保存和管理这些颜色。

8.1.1 显示“颜色”面板

学习时间：10分钟

颜色是绘图软件中永恒的主题，任何一幅成功的作品在颜色处理上都有独到之处，Illustrator CS6为用户提供了“颜色”面板来做到这一点。使用该面板，不仅可以对操作对象进行内部和轮廓填充，还可以创建、编辑和混合颜色。用户可以在颜色库中选择颜色。执行“窗口/颜色”命令，可以将“颜色”面板显示出来，也可以单击工具箱下方的颜色按钮□，或是按【F6】键显示“颜色”面板。

“颜色”面板

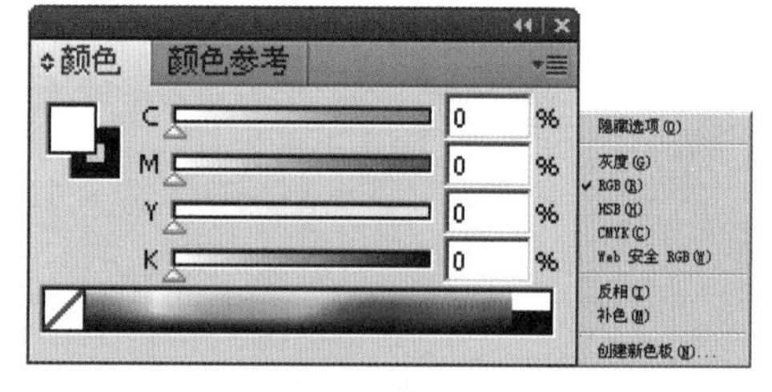

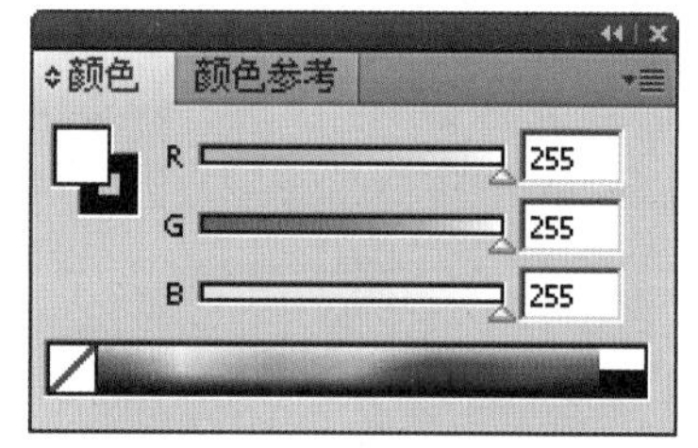

“颜色”面板如右图所示。

单击“颜色”面板右侧的倒三角按钮，会弹出主菜单，菜单中的“灰度”、“RGB”、“HSB”、“CMYK”和“Web安全RGB”等命令可以用于不同的色彩模式之间的切换，勾选某个命令，即可相应地切换到该种色彩模式。如果在选择一种颜色以后，选择“反相”或是“补色”命令，颜色就会相应地转换为反色或补色。

在处于非CMYK色彩模式时，面板中有时会出现黄色的三角形感叹号，这是一种警告标识，它表示该颜色不可以用CMYK的油墨打印。与此同时，三角形的上方会出现一种与该颜色最为接近的替换色，用户可以用该替换色代替原有的颜色。

8.1.2 色彩模式

学习时间：30分钟

在“颜色”面板的主菜单中，有5种可供选择的色彩模式类型，首先要讲到的是“灰度”模式。

01 执行“文件/打开”命令，在弹出的“打开”对话框中打开光盘素材文件“08\基础讲解部分\示例图\8-1”，如右图所示。

02 利用选择工具 框选该图形，然后在“颜色”面板右侧的主菜单中选择“灰度”色彩模式，如下图所示。

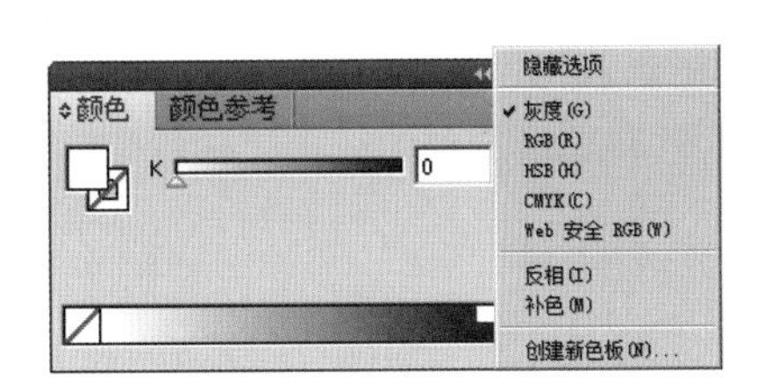

03 在“颜色”面板中调节灰色三角按钮到不同的位置，或者在后边的文本框中直接输入百分比的值进行调节，当输入数值分别为“20%”和“80%”时，图像将会有不同的颜色变化，如下图所示。

Illustrator CS6很适合用于制作网页，因此RGB模式也是一种经常用到的色彩模式，RGB模式是以红、绿、蓝三原色为基础所建立的色彩模式，每一种颜色的值都在0～255之间，此模式为加法模式，成分越高则混合出来的效果越亮。

01 执行“文件/打开”命令，在文件弹出的“打开”对话框中打开光盘素材文件“08\基础讲解部分\示例图\8-2”。利用选择工具 框选该图形，如下图所示。

02 然后在“颜色”面板右侧主菜单中选择RGB模式，如下图所示。

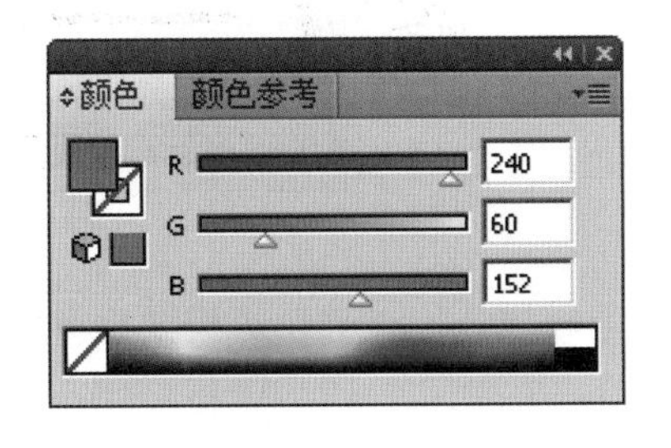

03 在“颜色”面板中调节3个色值的三角滑块到不同的位置，图像将会出现不同的颜色变化，如下图所示。

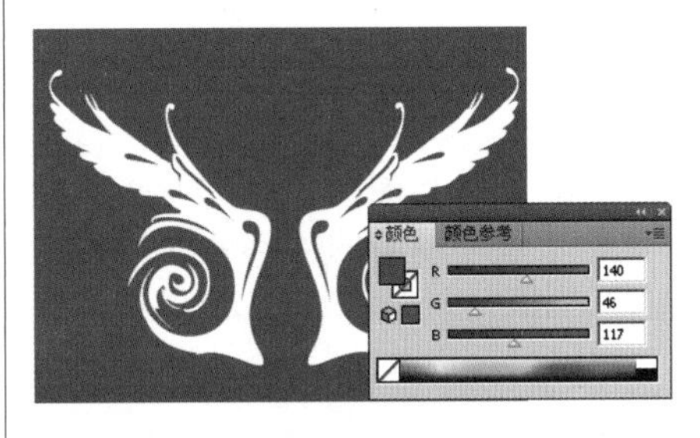

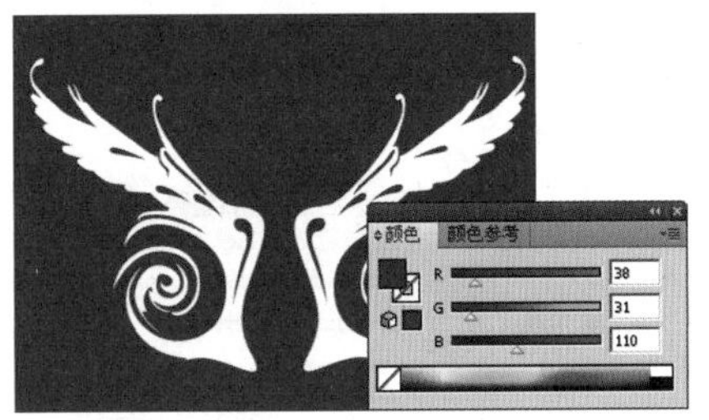

技巧提示

要将成品印刷在纸上的时候，如果设计人员使用的是RGB模式的颜色，则计算机屏幕上所见的颜色与将印刷的颜色结果有很大的不同，当某个颜色无法被CMYK印刷色所接受的时候，在面板中就会出现一个惊叹号及一个小色块，这说明目前的颜色属于不可打印的颜色。这时可以单击惊叹号或者小色块，将目前无法打印的颜色转换为最接近的CMYK印刷颜色。同样的情况如果发生在作品要转换成网页安全色的情况下，只要单击旁边的小色块，就可以将RGB颜色转换为最接近的网页安全色了。

在实际应用中，HSB色彩模式是很少被用到的，但它却是最容易描述和了解的颜色表达方式。

H：表示色相，在色域中是以360°圆周来测量色相的，红色在0°位置，黄色在60°位置，绿色在120°位置，青蓝色在180°位置，蓝色在240°位置，洋红在300°位置，不同的色相角度代表不同的色相值。

S：表示饱和度，指的是颜色的饱和度，表示颜色的鲜艳程度。饱和度在100%时，会产生纯度最高的色相，颜色的饱和度为0%时，是灰色、白色、黑色和其他灰色调。

B：表示明度，是指色彩的明暗程度。

01 执行“文件/打开”命令，在弹出的“打开”对话框中打开光盘素材文件“08\基础讲解部分\示例图\8－3”。在“颜色”面板右侧的主菜单中选择HSB色彩模式，如下图所示。

02 用选择工具框选该图形，然后调节“颜色”面板中的H参数值，图像的色相就会随着数值的变化而变化，如下图所示。

03 在“颜色”面板中恢复最初的设置，然后调节S参数值，图像的饱和度就会随着数值的变化而变化，如下图所示。

04 再次在“颜色”面板中恢复最初的设置，然后调节B参数值，图像的明度就会随着数值的变化而变化，如下图所示。

当设计用于平面设计印刷的作品时，应该使用CMYK色彩模式，这种色彩模式是青色、洋红色、黄色与黑色4种色素相混合的色彩模式。

01 执行“文件/打开”命令，在弹出的“打开”对话框中打开光盘素材文件“08\基础讲解部分\示例图\8－4”。在“颜色”面板右侧的主菜单中选择CMYK色彩模式，如右图所示。

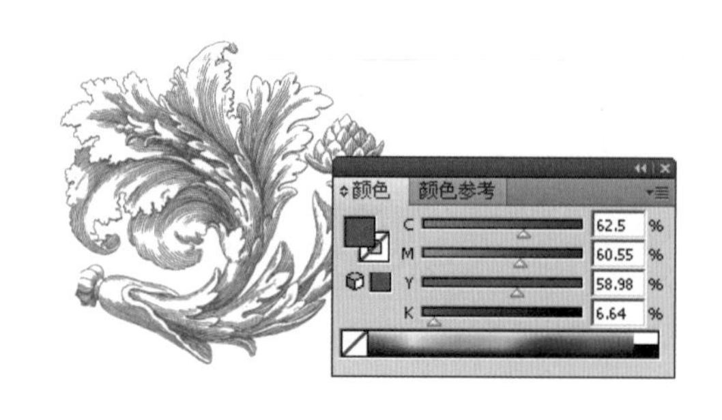

02 用选择工具 框选该图形，然后调节“颜色”面板中C参数值，图像的颜色就会随着数值的变化而变化，如下图所示。

03 在“颜色”面板中恢复最初设置，然后调节M参数值，图像的颜色就会随着数值的变化而变化，如下图所示。

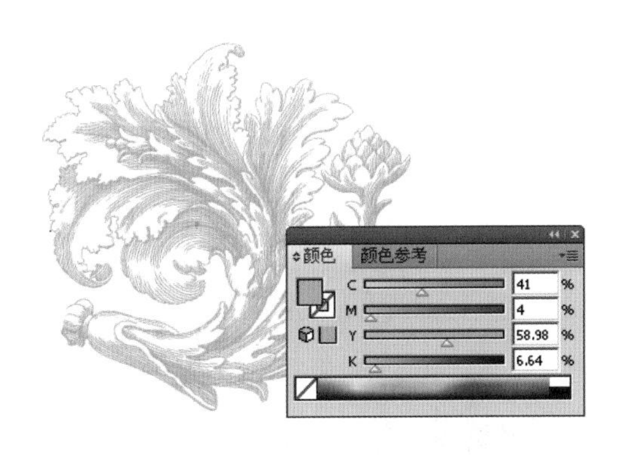

04 在“颜色”面板中恢复最初设置，然后调节Y参数值，图像的颜色就会随着数值的变化而变化，如下图所示。

05 在“颜色”面板中恢复最初设置，然后调节K参数数值，图像的颜色就会随着数值的变化而变化，如下图所示。

前面讲过Illustrator CS6非常适合用于网页设计，需要使用网页上专用的安全色彩。

01 执行“文件/打开”命令，在弹出的“打开”对话框中打开光盘素材文件“08\基础讲解部分\示例图\8－5”，如下图所示。

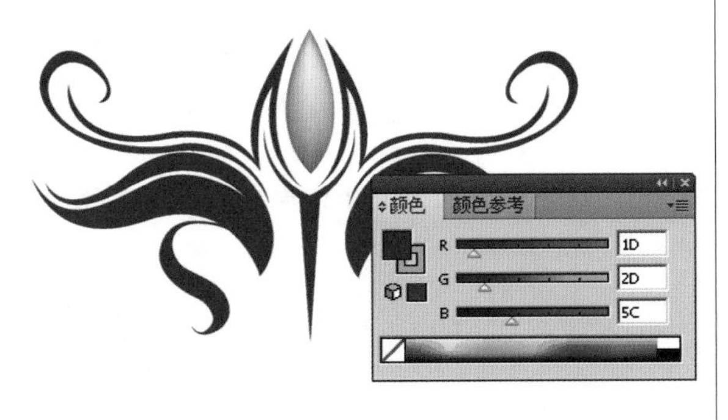

02 在“颜色”面板中，每个颜色色值被均分为5等分，当调整R参数值在第1个刻度上时，被选中图形显示的颜色将会发生相应改变，如下图所示。

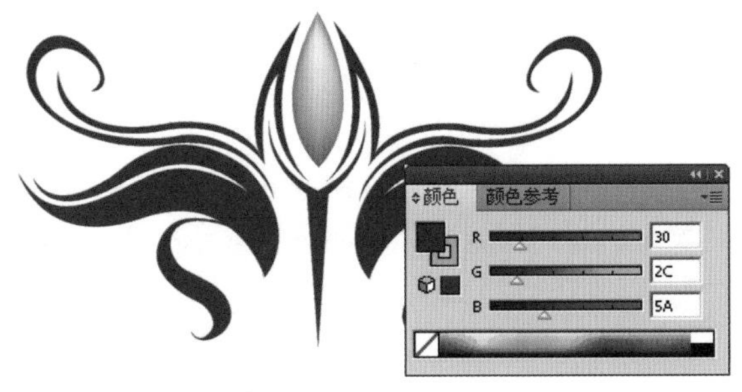

03 调整G参数值在第2个刻度上时，被选中图形显示的颜色将会发生相应改变，如下图所示。

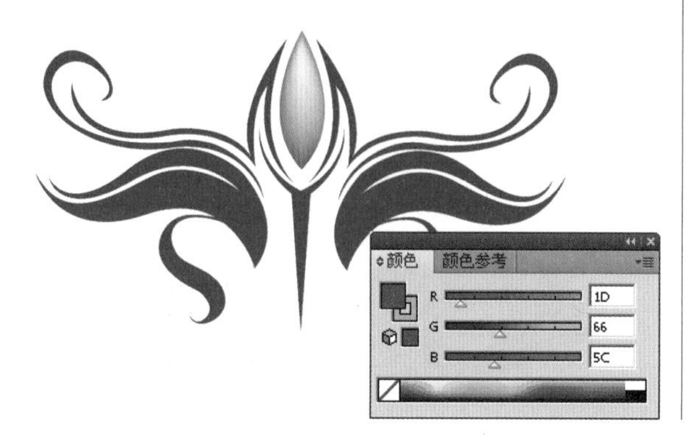

04 调整B参数值在第3个刻度上时，被选中图形显示的颜色将会发生相应改变，如下图所示。

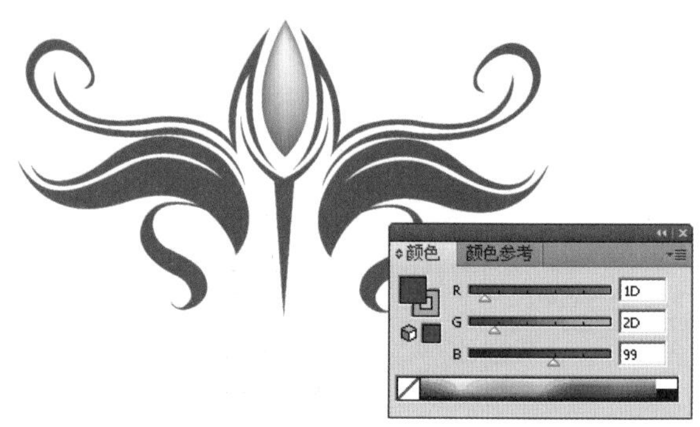

在“颜色”面板中的右侧主菜单中选择“反相”命令，表示将目前的颜色反相，转换为类似负片效果。如果选择主菜单中的“补色”命令，是将调色板上的颜色转换为其互补色。一个颜色的“反相”和“补色”有时候会很相似，但是在大多时候会得到不同的转换结果。

01 执行“文件/打开”命令，在弹出的“打开”对话框中打开光盘素材文件“08\基础讲解部分\示例图\8－6”。然后使用选择工具框选图中的一部分，在“颜色”面板的主菜单中执行“反相”命令，如下图所示。

02 恢复图像到打开状态，使用选择工具继续框选图中的一部分，在“颜色”面板的主菜单中执行“补色”命令，如下图所示。

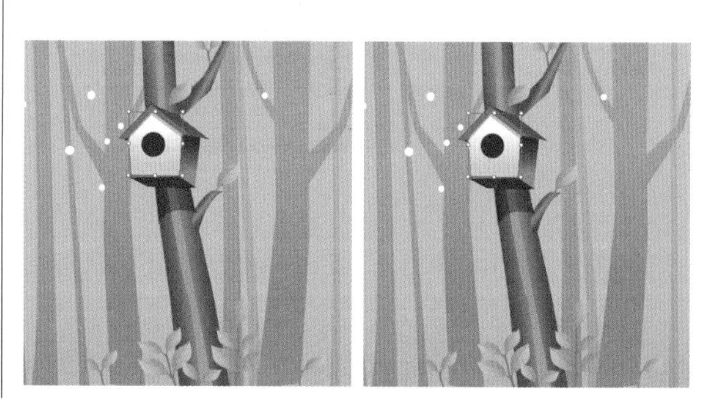

8.1.3 “色板”面板

“色板”面板中包括基本的颜色、图案及渐变色等，如下图所示。它的主要作用是保存颜色。我们可以将在“颜色”面板中调好的颜色先保存到“色板”面板中，等到需要的时候就可以再调出来使用。

执行“窗口/色板”命令，可以打开“色板”面板。“色板”面板中包括单色、渐变与图案3种类型，用户可以依照需要设置显示类型，以方便快速使用。

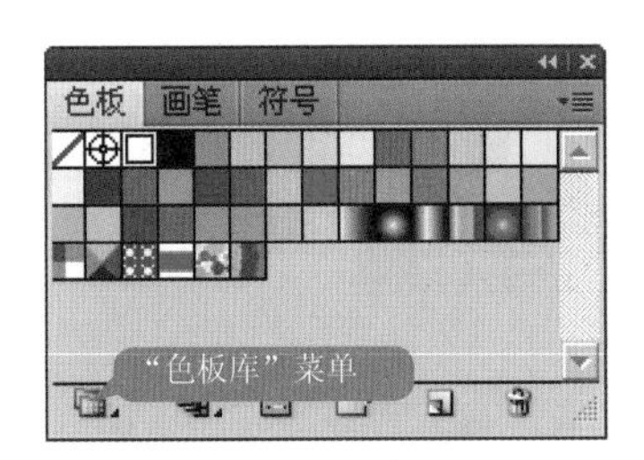

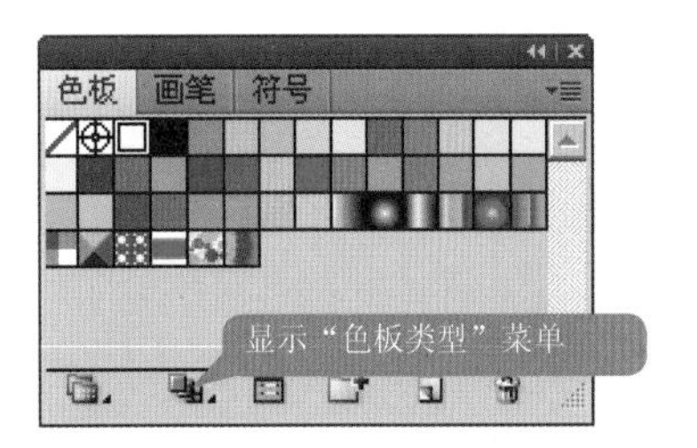

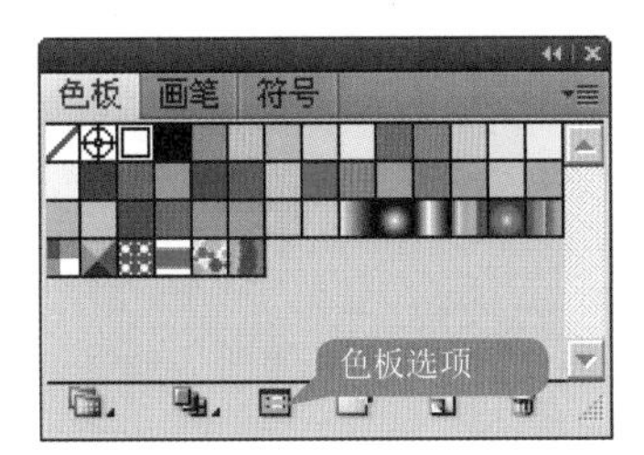

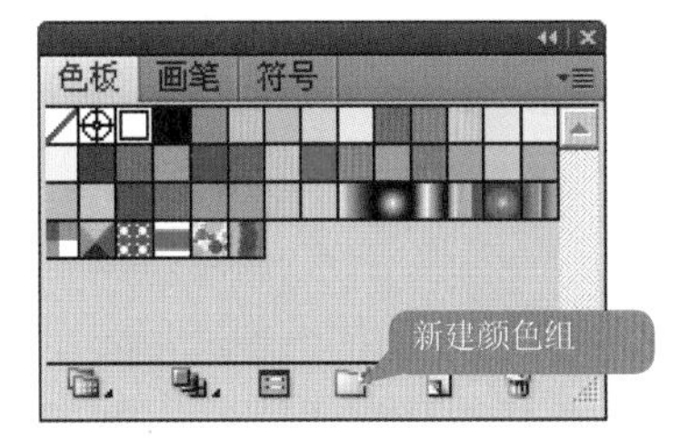

为了方便使用，Illustrator CS6为用户提供了5种色板显示方式，即小缩览图视图、中缩览图视图、大缩览图视图、小列表视图和大列表视图。只要在“色板”面板上按住右侧倒三角形按钮，然后在弹出的主菜单中选取不同的显示方式即可。

01 小缩览图视图所占的空间较小，适合显示大量的色彩，如下图所示。

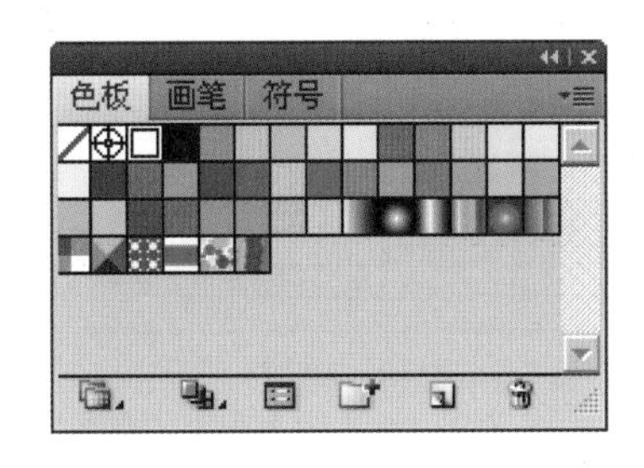

02 大缩览图视图能够显示比较大的色块，适合复杂的色板使用，如下图所示。

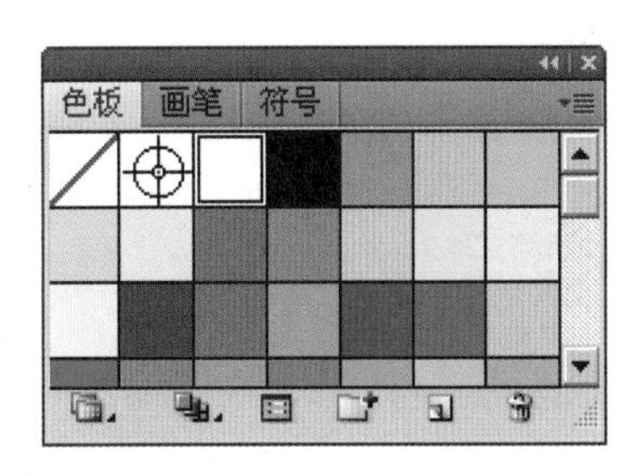

03 列表视图能够提供最完整的色彩信息，如下图所示。

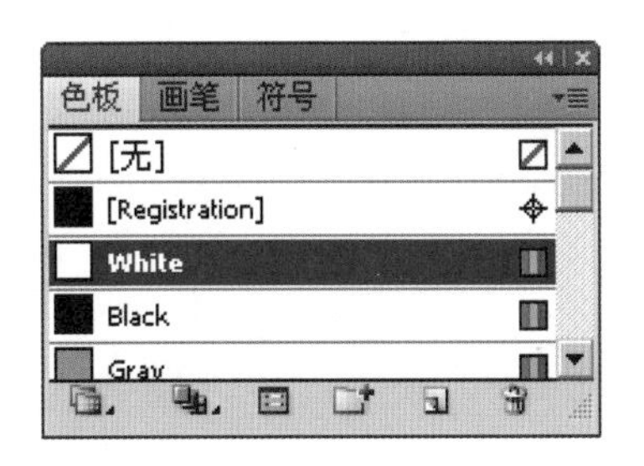

若在“颜色”面板中已经将颜色调好，但不会立刻使用到这个颜色时，就可以先将颜色保存到“色板”面板中，等需要的时候再使用。

01 首先我们在“颜色”面板中调节颜色，如右图所示。

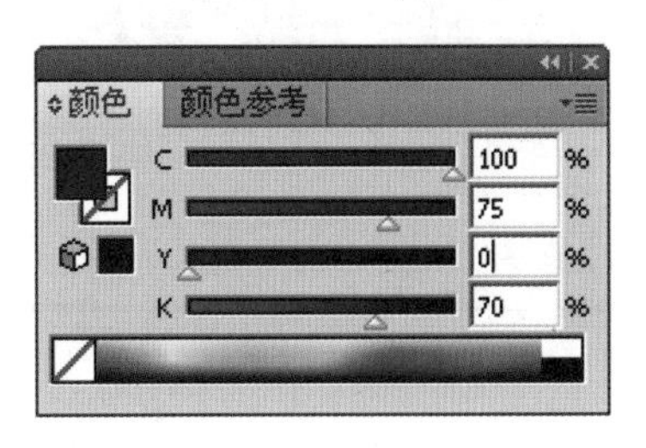

02 在“色板”面板中，用鼠标单击底部的“新建色板”按钮，此时面板中就会新增一个色板图案，如右图所示。

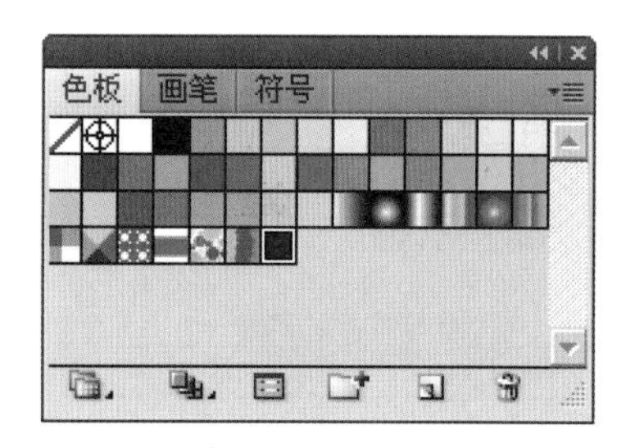

8.1.4 特别色

Illustrator CS6为用户提供了许多特别色库，用户可以打开特别色库直接使用，也可以将其添加到“色板”面板中稍后使用，勾选“窗口/色板库”子菜单中的命令，就可以调出Illustrator CS6所提供的特别色库，在特别色库中系统提供了森林、海滩、网站、肤色和蜡笔等类别的颜色，当用户在绘制这些方面的画面时，就可以很方便地使用这些颜色，从而加快绘制的速度，同时使绘制的作品在使用颜色方面更加准确，如下图所示。

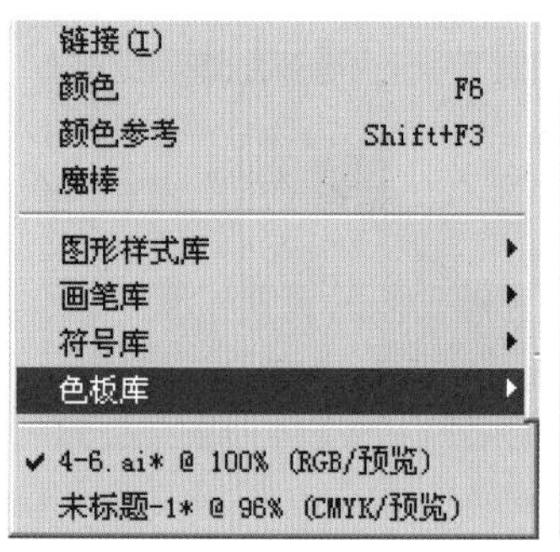

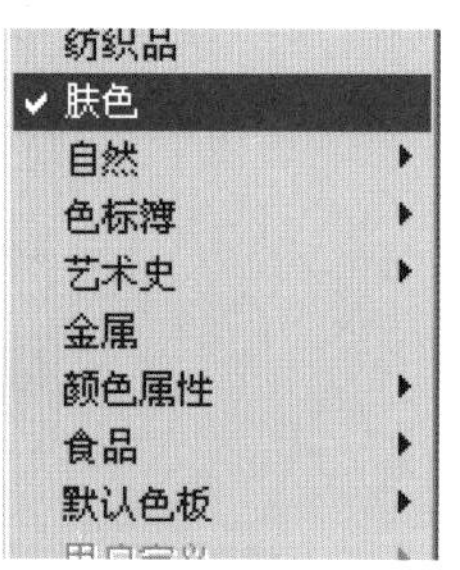

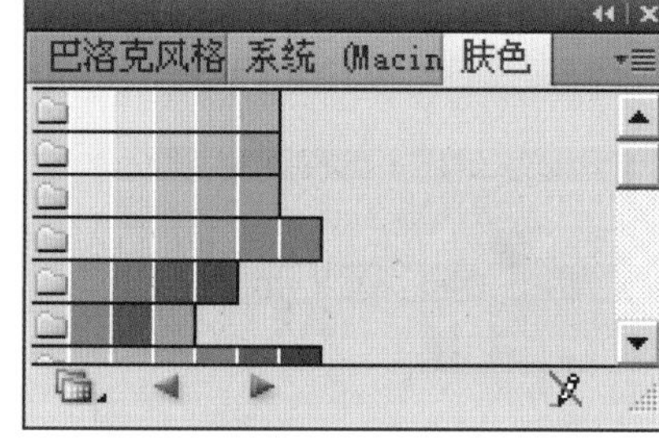

技巧提示

关于使用特别色：

在四色印刷的场合下，所有的颜色在最后印刷时都必须以CMYK四色来进行分色印刷输出，这是因为印在纸上的色彩都是以油墨打印的，所以每一个用到的颜色都会被分成CMYK的色彩成分，虽然印刷色已经能够提供相当多的色彩，但是在某些情况下，使用印刷四色并不能满足我们对色彩的需求，例如，某些颜色根本无法通过印刷四色混合而成，或者在某些情况下，我们需要一个非常精确的颜色，而印刷色的结果通常是不够精确的，这时候就需要使用特别色来解决问题。

特别色除了可以独立使用外，还可以添加到“色板”面板中去，方便以后的使用。在“色板库”子菜单中选择一类特别色，弹出相应的面板，选择所需要的颜色，然后单击该面板右侧的倒三角按钮，在弹出的主菜单中选择“添加到色板”命令，那么所需要的颜色就将自动增加至“色板”面板中，如下图所示。

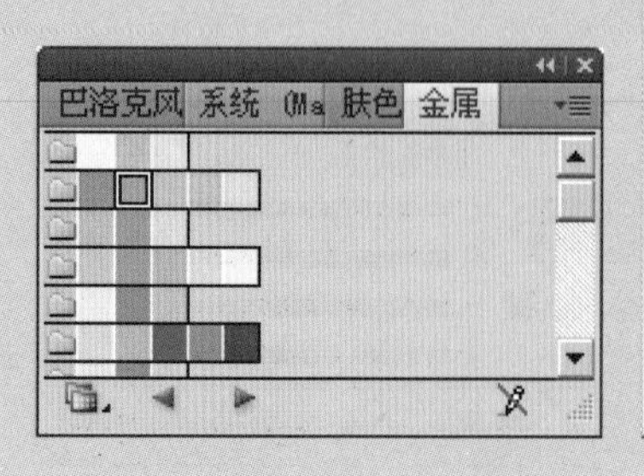

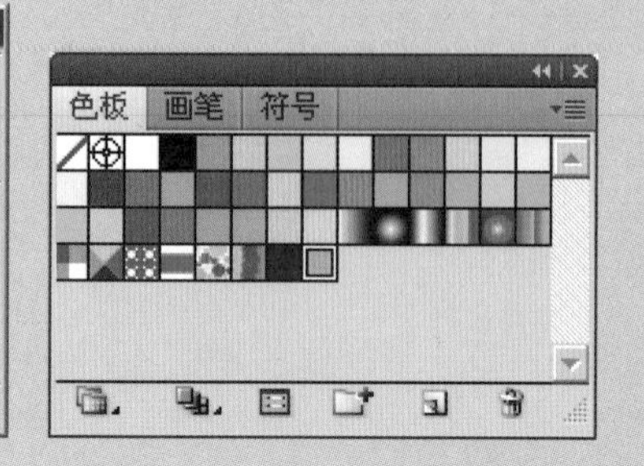

8.1.5 编辑色板颜色

有时候在绘制一幅作品时，我们需要的颜色在“色板”面板上可能没有，这时候可以在“色板”面板上编辑我们所需要的颜色。

01 执行菜单“窗口/色板”命令，在弹出的“色板”面板中单击下方的“色板选项”按钮，就会弹出“色板选项”对话框，如下图所示。

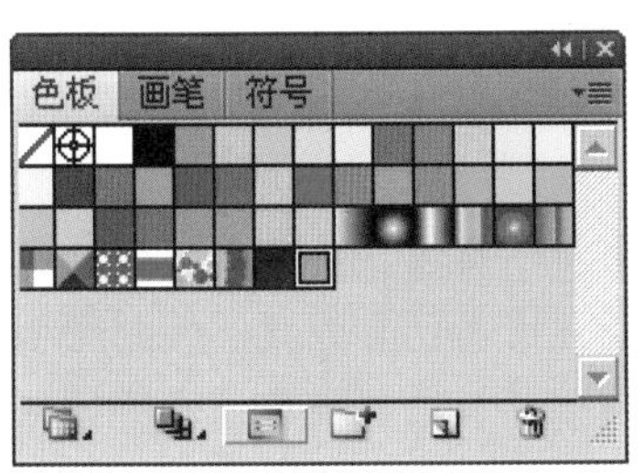

02 这时候就可以在“色板选项”对话框中进行设置，如下图所示。

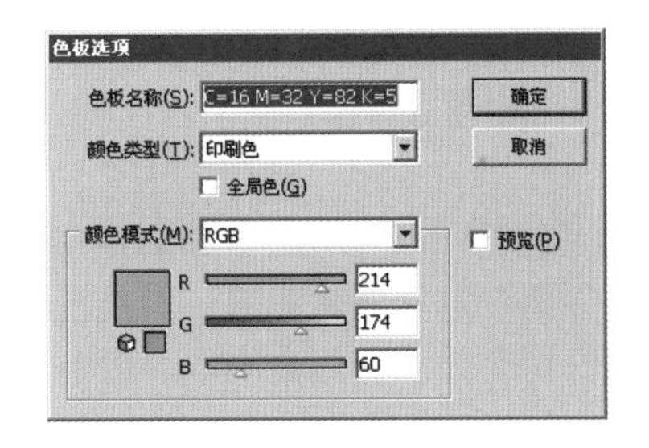

色板选项

“色板选项”对话框如下图a所示。对话框中的具体参数功能如下：

色板名称：用来重新设定色板的名称。

颜色类型：用来选择将色板重新设置为印刷色或是专色。

全局色：在对话框中若选中此复选框，色板颜色会产生两个变化，首先，色板颜色在“颜色”面板上的调色方式将改变为浓淡百分比的调色方式，而非原本的色彩模式调色方法，其次，所有应用这个色板颜色的对象颜色与色板本身会产生一种色彩的链接关系，一旦色板颜色产生变化，所有应用这个颜色的对象也随之变化，如下图b所示。

颜色模式：在其下拉列表中进行选择，可以更改色板的色彩模式，通过下方的参数滑块可以重新调整色彩的值，如下图c所示。

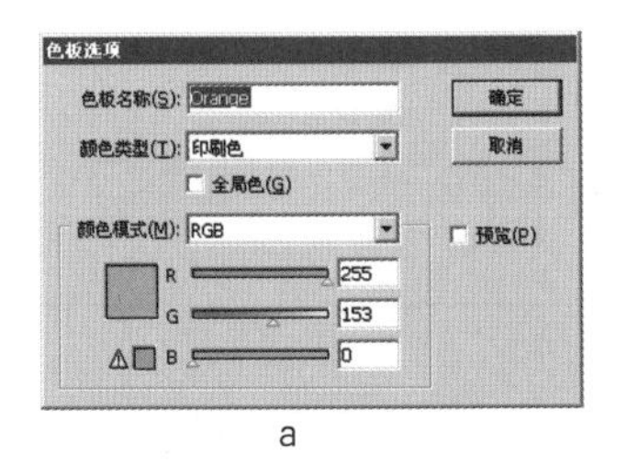

a

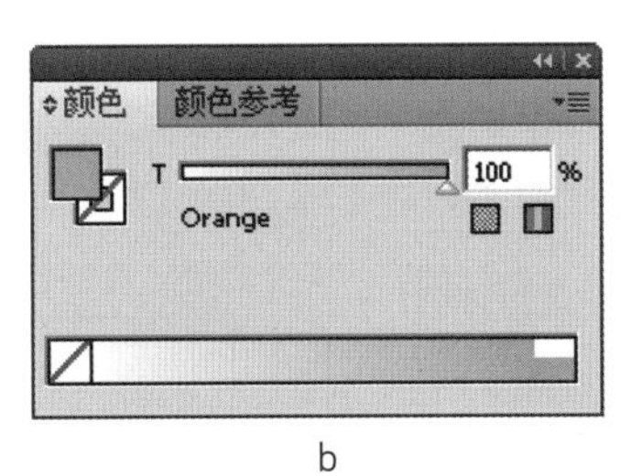

b

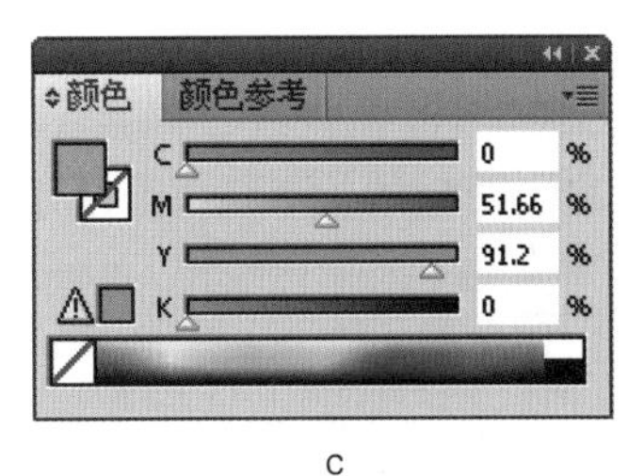

c

8.1.6 色板管理

用户可以对色板进行管理，包括删除色板、复制色板、替换色板中的颜色、重新排列色板顺序等。

对于不需要的颜色色板，用户可以在“色板”面板中将其选中，直接拖曳至垃圾桶中。用户还可以通过单击“色板”面板上的倒三角按钮，在弹出的主菜单中选择“删除色板”命令来删除色板。如果要一次性删除所有没有使用到的色板，可以在弹出的主菜单中选择“选择所有未使用的色板”命令来选取所有没有用到的色板，然后再在主菜单中选择“删除色板”命令即可。

如果要复制一个已经存在于“色板”面板中的颜色，先选取要进行复制的颜色色板，接着再从主菜单中选择“复制色板”命令即可，或者直接拖曳要复制的颜色到面板底部的“新建色板”按钮上也可以进行复制。

要替换“色板”面板中的颜色，按住【Alt】键，再将颜色拖曳至“色板”面板中所要替换的颜色上即可。

色板的排列顺序在原则上是以加入的先后来决定的，假如想要更改色板顺序，选取要重新排列的色板，并将其拖曳到两个色板之间的新位置上即可。除了可以用拖曳的方式来更改色板的顺序外，还可以在主菜单中选择“按类型排序”命令，如此可以依照颜色类型来排列色板，或者选择“按名称排序”命令，则所有的色板会依照名称排序。

8.1.7 实时上色

实时上色是Illustrator CS6新增加的一项功能，在对对象进行查看、应用和控制颜色变化时，该功能允许用户选择任何图稿，能交互编辑或替换颜色，且能立即看到其效果，使制图填色和查看颜色更加快捷有效。使用直观的“颜色参考”面板能够快速地选择淡色、暗色，或协调地进行颜色组合。

01 打开光盘素材文件“08\基础知识讲解\8-7”，图像效果如下图所示。

02 然后选择图像中的背景色块部分，背景色块不是单独的纯色色块，而是一个渐变色块，其“渐变”面板的效果如下图所示。

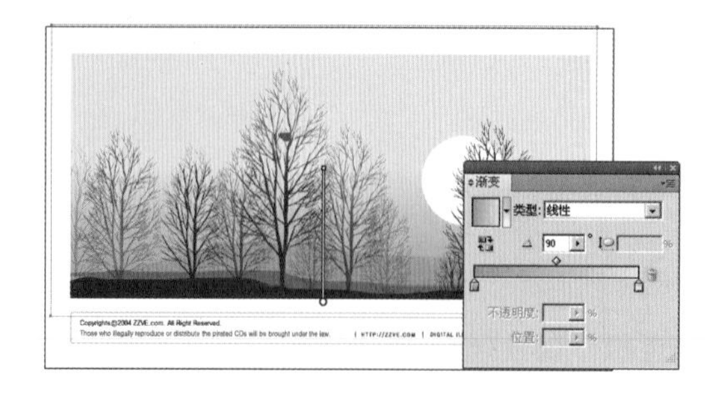

03 执行“对象/实时上色/建立”命令，如下图所示，或直接按组合键【Alt+Ctrl+X】，将对象转换成实时上色状态。

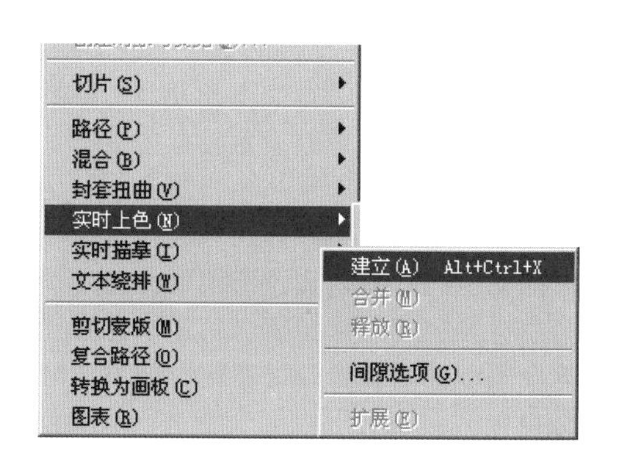

04 这时，选择边框会有变化，如下图所示。

05 执行菜单“窗口/颜色参考”命令，打开“颜色参考”面板，单击面板右侧的倒三角按钮，在弹出的主菜单中选择“显示淡色/暗色”命令，如下图所示。

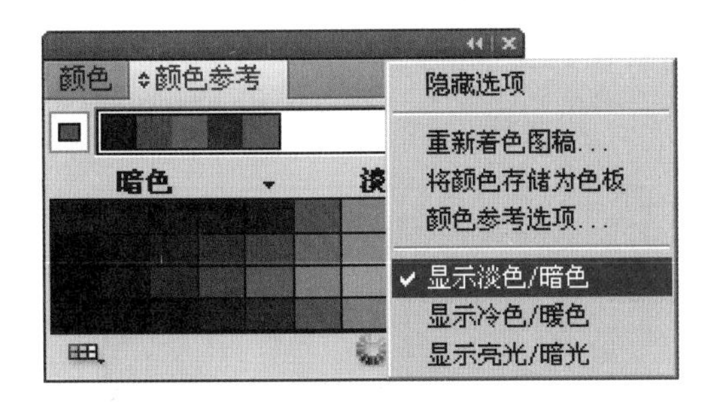

06 在“颜色参考”面板上选择一个适合的颜色，如下图所示。

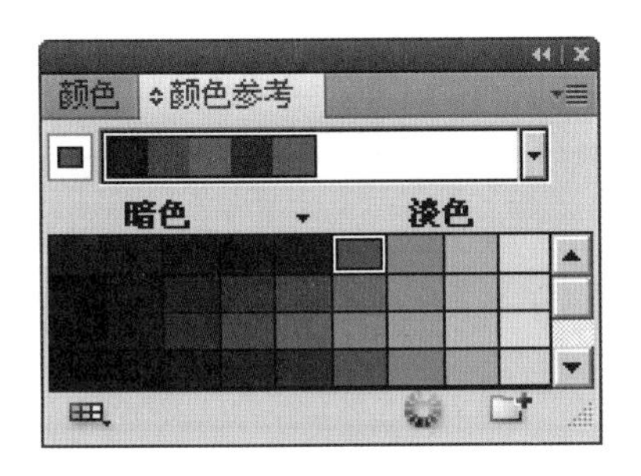

07 图像背景填充完成后的效果如下图所示。

08 再次打开“颜色参考”面板，在面板的主菜单中选择“显示冷色/暖色”命令，如下图所示。

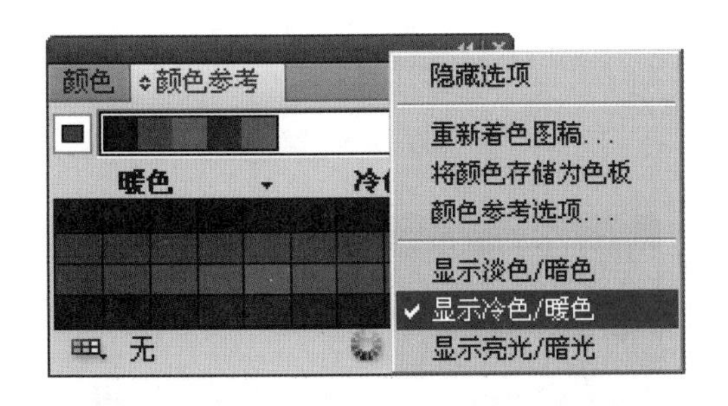

09 在“颜色参考”面板上选择一个暖色系的颜色，如下图所示。

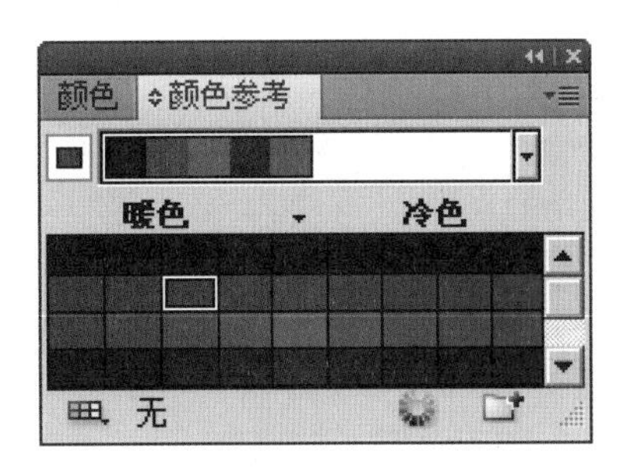

10 填充完成后的图像效果如下图所示。

11 还是用刚刚的素材，选择工具箱中的实时上色工具，然后打开“颜色”面板，选择黄色，如下图所示。

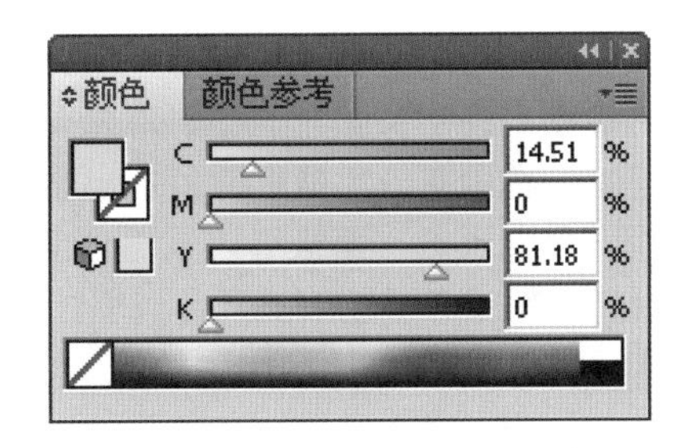

12 然后在画面上单击鼠标，为背景色块添加实时颜色，效果如下图所示。

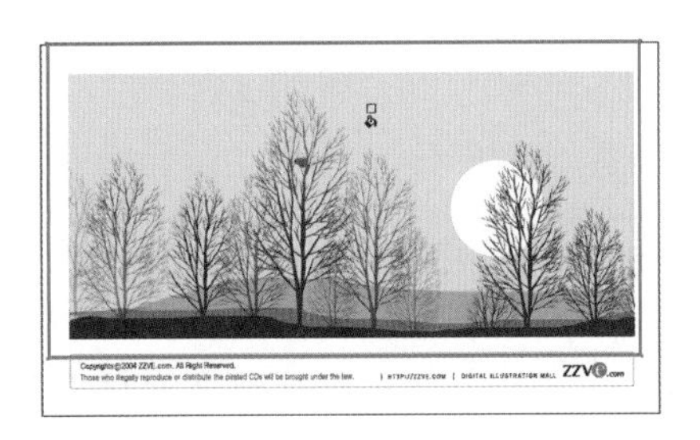

13 再将“渐变”面板打开，设置渐变颜色，如下图所示。

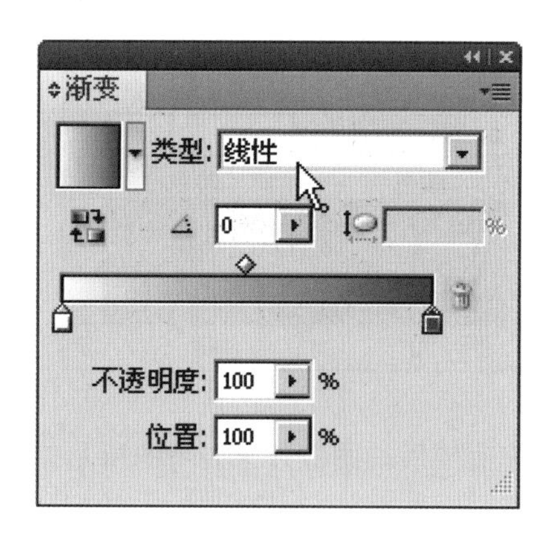

14 在图像上单击鼠标，用实时上色工具将渐变颜色填充到图像上，其效果如下图所示。

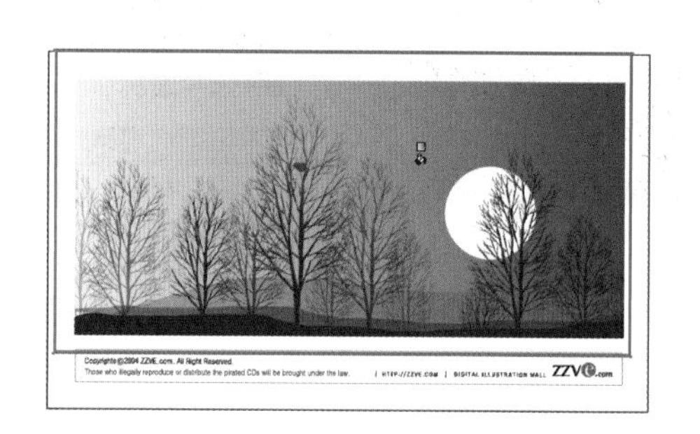

技巧提示

在将一些对象转换为实时上色组时，某些对象的属性可能会在转换为实时上色组时丢失，如透明度和一些特殊效果，还有一些特殊的笔刷。而有些对象则不能进行转换（如文字、位图图像和画笔）。

应用实时上色对图像进行填充，有助于更快地进行制图操作，因为实时上色利用了多个处理器。

8.1.8 “分色预览”面板

学习时间：15分钟

“分色预览”面板是Illustrator CS6新增加的功能，使用“分色预览”面板，可以在打印前进行分色预览，从而避免颜色输出出现意外（如意想不到的专色和不希望的叠印效果），能够更好地进行印前检查，将图像颜色的错误率降到最低。使用“分色预览”面板，可以轻松地打开或关闭颜色，这样就可看出在分色输出时可能出现的混合、透明和叠印效果，方便快捷。

利用“分色预览”面板可以预览分色和叠印效果。在显示器上的分色预览可以预览分色，可识别打印后复色黑或与彩色油墨混合以增加不透明度和复色的印刷黑色（K）油墨的区域，还可以预览混合、透明度和叠印在分色输出中显示的方式。当输出到复合打印设备时，还可以查看叠印效果。

技巧提示

Illustrator 中的“分色预览”面板与 InDesign 和 Acrobat 中的“分色预览”面板是稍微有些不同的。

“分色预览”面板

“分色预览”面板如右图所示。

叠印预览：若选中该复选框，将进行分色叠印预览图像的颜色；不选中该复选框，将是普通视图状态。

“可视”按钮：隐藏分色，可单击分色名称左侧的眼睛图标（即“可视”按钮），再次单击，可以查看分色。

CMYK图标：要同时查看所有印刷色印版，需单击CMYK图标。

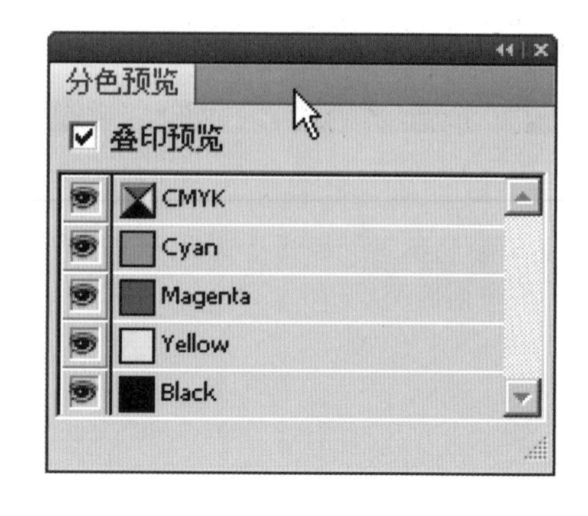

01 打开光盘素材文件“08\基础知识讲解\8-8”，其图像效果如下图所示。

02 执行菜单“文件/文档颜色模式/CMYK颜色”命令，将文件的颜色模式设为CMYK模式，如下图所示。

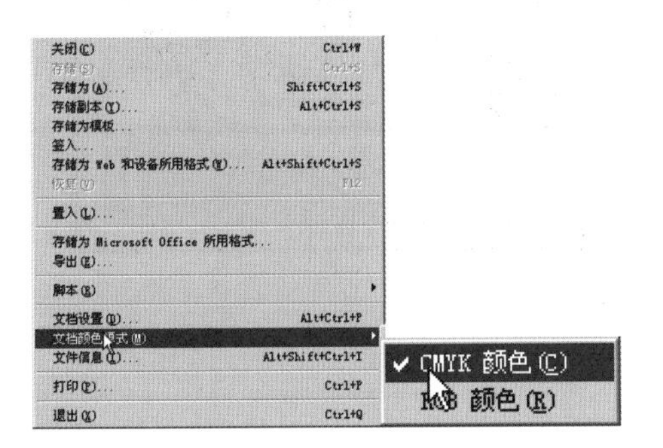

03 执行菜单“窗口/分色预览”命令，打开“分色预览”面板，如下图所示。

新建窗口(W)
排列(A)
工作区
扩展功能
工具(O)
控制(C)
SVG 交互(Y)
信息 Ctrl+F8
分色预览
动作(N)
变换 Shift+F8

04 在打开的“分色预览”面板中勾选“叠印预览”复选框，如下图所示。

05 首先查看Cyan分色，单击其他分色的“可视”按钮，隐藏其他分色，查看图像中的Cyan分色，如下图所示。

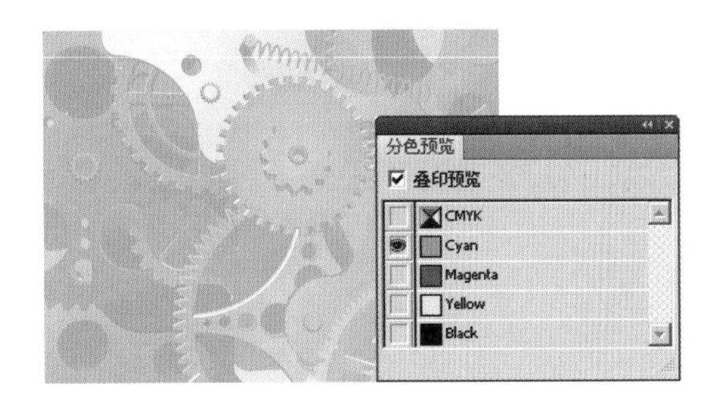

06 查看图像中的Magenta分色，如下图所示。

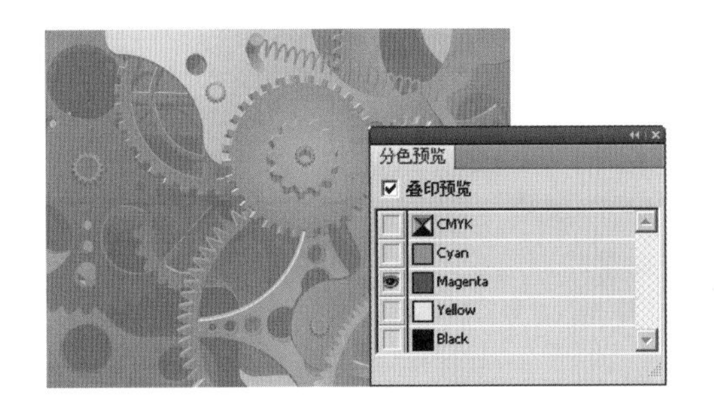

07 查看图像中的Yellow分色，如下图所示。

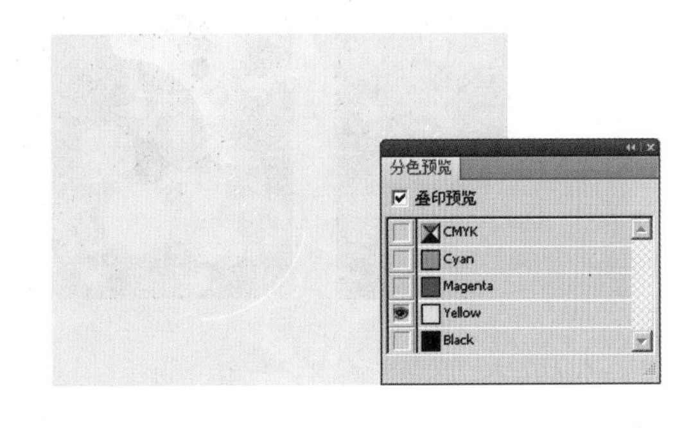

08 查看图像中的Black分色，如下图所示。

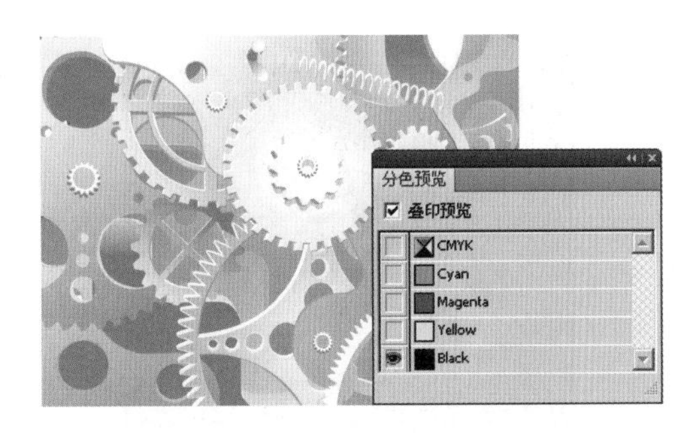

8.2 实例应用

难度程度：★★★☆☆ 总课时：30分钟
素材位置：08\实例应用\红色风暴

演练时间：30分钟

红色风暴

◉ 实例目标

在本例的制作中，主要运用红色以及卡通素材，得到梦幻的七彩效果，再加入时尚动感的元素及人物作为画面的主体。

◉ 技术分析

本例子主要使用了“渐变”与“蒙版”来制作七彩梦幻的背景图形。同时还使用工具箱中的“画笔工具”制作出涂抹效果，并使用“描边面板”将时尚的动感元素图形进行处理，得到红色的梦幻效果。

制作步骤

01 执行“文件/打开”命令，打开光盘中的“08\实例应用\红色风暴\素材5”文件，单击控制面板中的“打开”按钮，打开素材，如下图所示。

02 执行“文件/置入”命令，置入光盘中的“08\实例应用\红色风暴\素材1”文件，单击控制面板中的“嵌入”按钮，使图片进入可编辑状态，如下图所示。

03 对解组的矢量图形进行分组，选中后按【Ctrl+G】组合键编组。选中下面的两组图形，将圆环图形置于人物后面，使用组合键【Ctrl+[】，然后按住【Shift】键的同时等比例缩放图形，摆放到合适的位置，得到效果如下图所示。

04 选择圆环这组图形，执行“窗口/颜色”命令，将填充色统一改为白色，效果如下图所示。

05 选择没有用到的矢量素材，按【Ctrl+Shift+G】组合键对其进行解组，选取其中的一半，按【Ctrl+G】组合键编组，对其填充色和描边色进行设置，然后选用工具箱中的旋转工具，按住【Shift】键进行旋转，得到效果如下图所示。

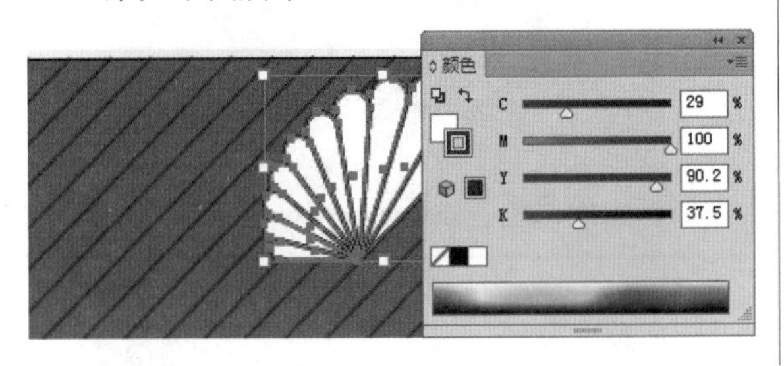

06 用同样的方法来设置另一边，执行“窗口/颜色”命令对其描边色和填充色进行设置，如下图所示。

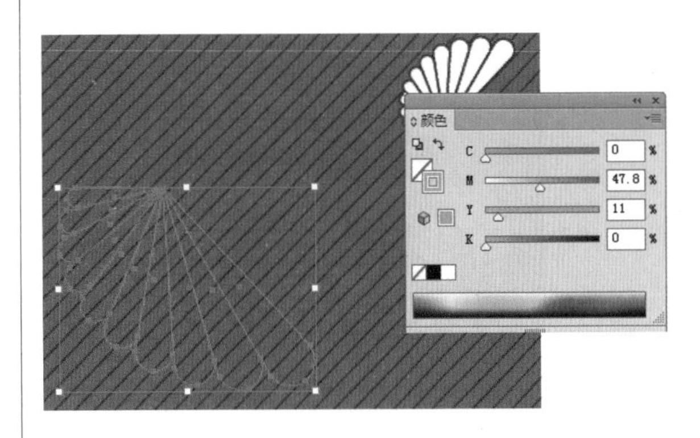

07 选择工具箱中的文字工具 T，输入需要的文字，填充颜色为黑色和白色，在打开的“字符”面板中设置字符属性参数，得到效果如下图所示。

08 选择工具箱中的画笔工具，在“画笔”面板中选择“油墨喷溅3”画笔，描边参数设置为1pt，在画面适当的位置进行绘制，颜色设置为白色，效果如下图所示。

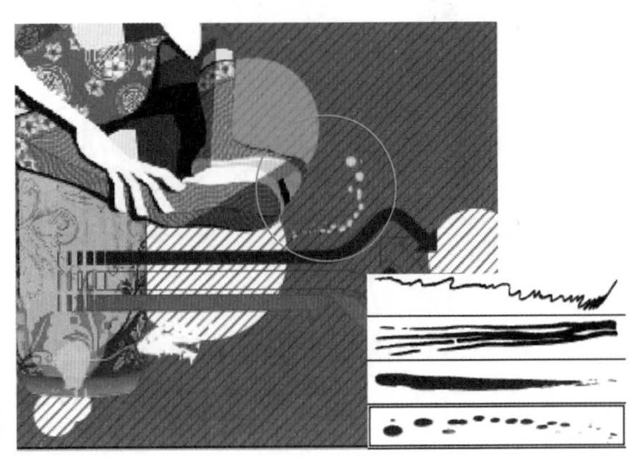

09 选择工具箱中的钢笔工具，在画面中围绕人物画出圆滑的线条，在“画笔”面板中选择“炭笔”画笔，执行“窗口/颜色”命令对其描边颜色进行设置，然后按组合键【Ctrl+G】编组，效果如下图所示。

10 选择工具箱中的文字工具，输入“OUT”，填充颜色同上，并旋转到适合位置，如下图所示。

11 执行“文件/置入”命令，置入光盘中的“08\实例应用\红色风暴\素材4”文件，单击控制面板中的“嵌入”按钮，如下图所示。

12 选择置入文件，按组合键【Ctrl+[】将其置于斜线组后层，效果如下图所示。

13 调整最终效果。显示整体画面，并做细微调整，使画面更加美观，全选所有素材，执行“对象/剪切蒙版/建立”命令，裁去画面多余部分，得到效果如下图所示。

Part 9（16.5-18小时）

渐变填充

【渐变的应用：60分钟】

显示“渐变”面板	10分钟
渐变透明效果	20分钟
不受限制的透明度	10分钟
扩展的“渐变”面板和工具	20分钟

【实例应用：30分钟】

花样少女广告	30分钟

9.1 渐变的应用

难度程度：★★★☆☆ 总课时：60分钟
素材位置：09\基础知识讲解\示例图

渐变填充是Illustrator CS6中最重要的填充工具之一。渐变色是由不同的颜色演变出来的，可以利用“色板”面板中任何一种颜色产生渐变，也可以在“颜色”面板中调节颜色设置渐变。

9.1.1 显示“渐变”面板

学习时间：10分钟

执行“窗口/渐变”命令，就可以打开“渐变”面板，渐变类型分为两种，一种是径向渐变，是一种圆形放射性渐变，即以同心圆的方式向外扩散形成渐变；另一种是线性渐变，依照一定的方向做渐变变化。

9.1.2 渐变透明效果

学习时间：20分钟

在Illustrator CS6中，对图像可以应用渐变透明效果。在创建双色或多色渐变时，可以自定义部分或全部独立颜色的不透明度。在渐变中，为不同的滑块指定不同的透明度值，可以创建淡入或淡出的渐变效果，用来显示或隐藏下面的图像。

01 打开光盘素材文件“09\基础知识讲解\示例图\9-1”，图像效果如下图所示。

02 按照图像大小的尺寸，用矩形工具在图像上画一个矩形图形，如下图所示。

03 将矩形图形的填充颜色和描边颜色设置成无，如下图所示。

04 双击工具箱中的“渐变工具”按钮，或执行菜单“窗口/渐变”命令，打开“渐变”面板，如下图所示。

05 设置“渐变”面板中两端的渐变滑块的颜色，如下图所示。

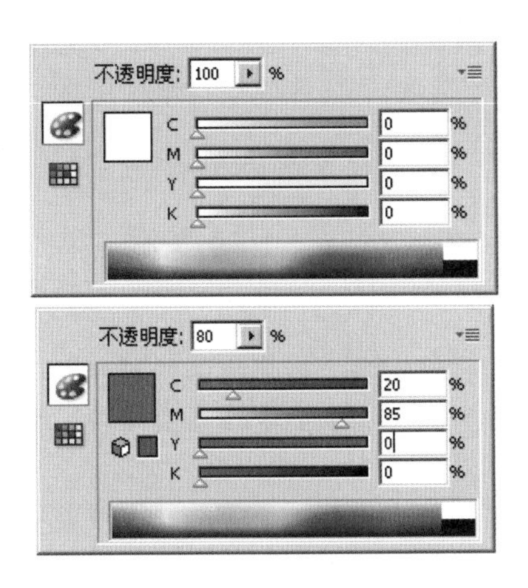

06 设置完成后，“渐变”面板如下图所示。

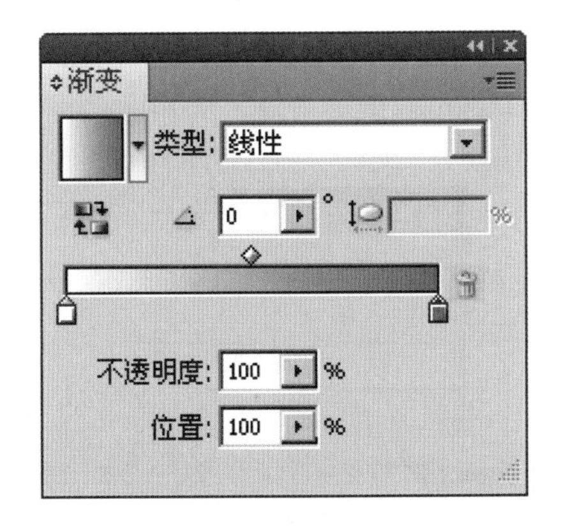

07 分别设置“渐变”面板中两个渐变滑块的不透明度，如下图所示。

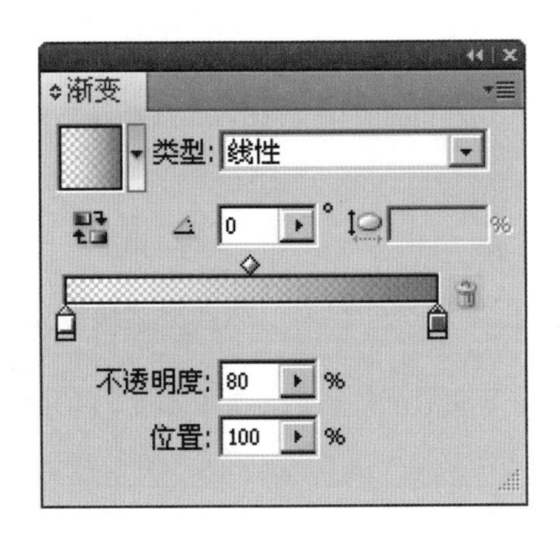

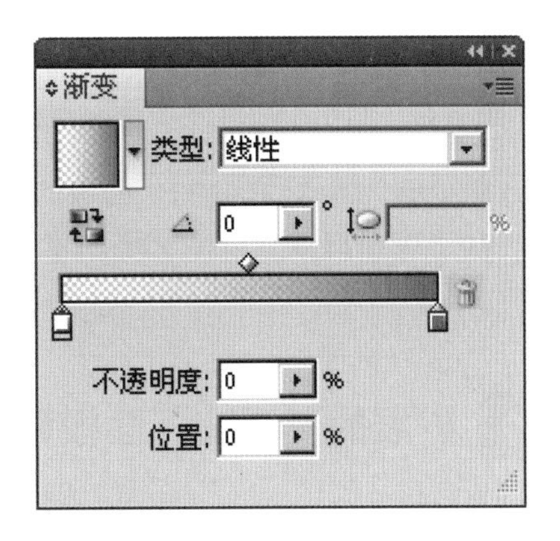

08 设置完成后，将“渐变”面板中的“类型”设置为“径向”，完成后查看图像的最终效果，如下图所示。

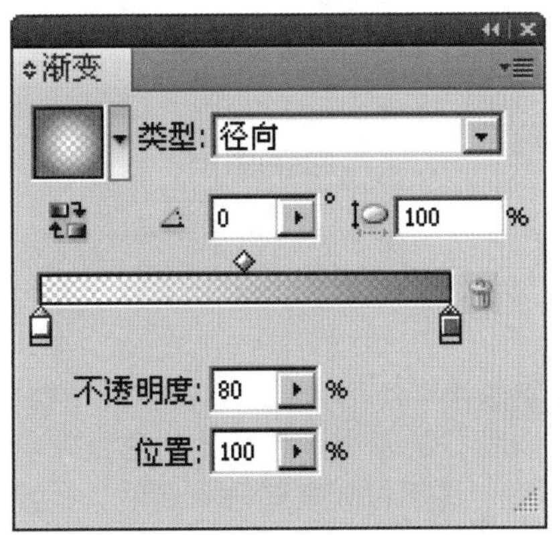

技巧提示

在应用任意“透明度”属性时，应该正确地定位选择对象，在打印或导出“透明度”效果图像时，要特别注意设置选项，因为透明网格和纸的颜色是属于不可打印范围，它们只能在屏幕上预览。

9.1.3 不受限制的透明度

在升级了的Illustrator中，图像的透明度再也没有了限制，因为Illustrator CS6借助了与Photoshop中类似的混合模式及透明效果，所以扩大了设计选项，其中就包括渐变中的透明度控制，这样，图像的透明度就更加自由了。

9.1.4 扩展的"渐变"面板和工具

在Illustrator CS6中"渐变"面板和渐变工具在功能上增强了许多，使用增强的渐变工具，用户可以与对象本身进行渐变交互操作。例如，用户可以在对象上直接添加或更改渐变滑块、为滑块添加透明效果，以及更改线性渐变或椭圆渐变的方向和角度等。

Illustrator CS6新增了椭圆渐变功能，使图像的渐变更加多样化。"渐变"面板目前可提供一套由所有存储的渐变样式组成的菜单，对"颜色"面板的直接访问，以及为独立专色应用透明效果等，使用户对渐变颜色的编辑变得更加便捷。

"渐变"面板

"渐变"面板如下图所示。

渐变填色框：该项可以显示设置好的渐变颜色。

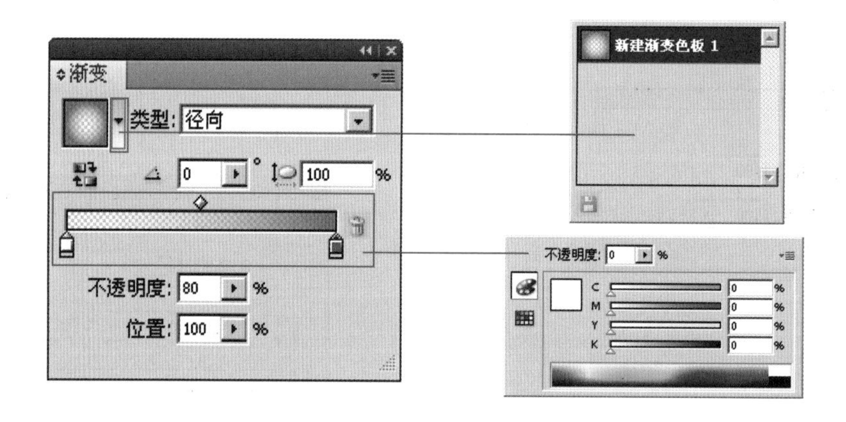

渐变下拉按钮：单击该下拉按钮，会弹出下拉菜单，单击下方的"存储到色板库"按钮，可以将设置好的渐变颜色存储到色板库中。

类型：该下拉列表有两个选项，"线性"和"径向"，在Illustrator CS6中，径向类型又有两种形式的渐变，圆形和椭圆渐变。

角度：可以在这里设置渐变的角度。

椭圆渐变比例：可以在这里设置渐变的长宽比例。

渐变滑块：可以通过拖动它来控制渐变的颜色间的距离，双击滑块能够访问"颜色"面板，可以增加和删除滑块。

删除色标：单击该按钮，能够删除不需要的色标（渐变滑块），但只能在多于两个渐变滑块的情况下使用。

不透明度：可以设置渐变颜色的不透明度。

面板主菜单：单击可以展开"渐变"面板的主菜单。

反向渐变：单击该按钮，可以改变渐变的方向。

椭圆渐变

椭圆渐变是Illustrator CS6新增的渐变功能，选择“径向”类型后，可以在“椭圆渐变比例”文本框中设置径向渐变尺寸，以创建任何比例的椭圆渐变。在对图像应用椭圆渐变时，可以直接在图像上变换椭圆渐变的比例，将鼠标放在椭圆渐变的边缘点上，指针变为▶时，就可以按住鼠标拖动，变换渐变比例了。

01 打开光盘素材文件“09\基础知识讲解\示例图\9-2”，图像效果如下图所示。

02 选择图像中的一个花纹图形，并且执行“窗口/渐变”命令，打开“渐变”面板，如下图所示。

03 在“渐变”面板中设置每个色标的颜色，双击要设置颜色的色标，在如下的面板中进行颜色设置。

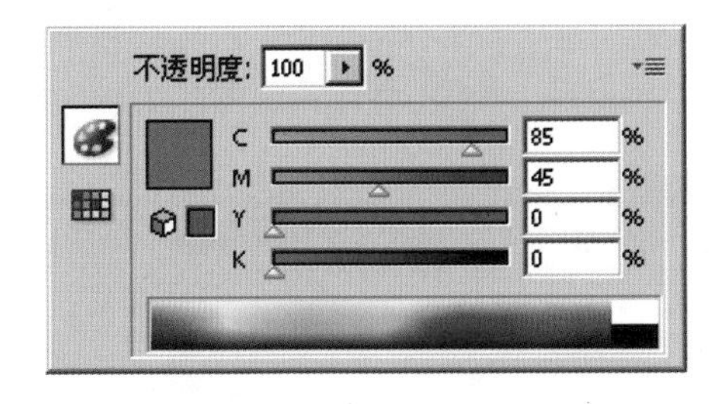

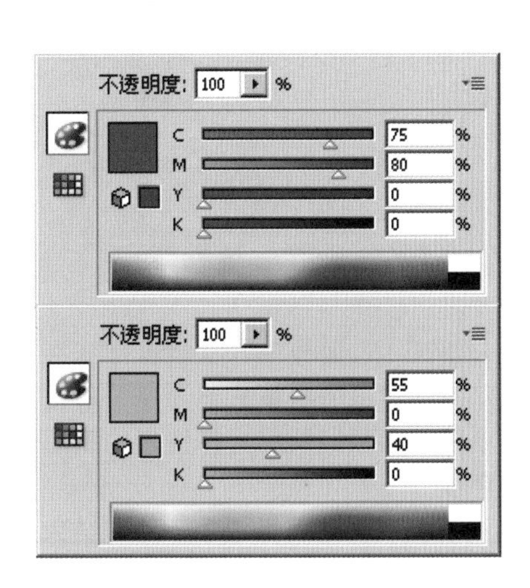

04 设置完成后，单击工具箱中的“渐变工具”按钮，将设置好的颜色填充在图像上，如下图所示。

05 再选择图像中的另一个花纹图案，如下图所示。

06 单击工具箱中的“渐变工具”按钮，为图案填充渐变颜色，如下图所示。

07 调整渐变的填充效果。拖动渐变条的左侧边缘部分，调整到合适的位置，变换渐变颜色的填充位置，如下图所示。

在“渐变” 面板中，“渐变填色” 框显示当前的渐变色和渐变类型。单击“渐变填色”框时，选定的对象中将填充此渐变。单击此框右侧的下拉按钮，弹出的下拉列表列出了可供选择的所有默认渐变和预存渐变，在列表的底部是“添加到色板” 按钮，单击该按钮可将当前渐变设置存储为色板。

默认情况下，此面板包含开始和结束颜色框，但可以通过单击渐变条中的任意位置来添加更多颜色框。双击渐变色标可打开渐变色标颜色面板，从而可以从“颜色”面板和“色板”面板选择一种颜色。

使用此面板时，显示所有选项（从面板菜单中选择“显示选项”命令）是非常有用的。

渐变工具

使用“渐变工具”来添加或编辑渐变。在未选中的非渐变填充对象中使用“渐变工具”单击时，将使用上次使用的渐变来填充对象。“渐变工具”也提供“渐变”面板所提供的大部分功能。选择渐变填充对象并选择“渐变工具”时，该对象中将显示一个渐变条。可以使用这个渐变条来修改线性渐变的角度、位置和外扩陷印，或者修改径向渐变的焦点、原点和外扩陷印。如果将该工具直接放在渐变条上，它将变为具有渐变色标和位置指示器的渐变滑块（与“渐变”面板中的渐变滑块相同）。可以单击滑块以添加新渐变色标，双击各个渐变色标可指定新的颜色和不透明度设置，或将渐变色标拖动到新位置。

将鼠标指针置于渐变条或滑块上，显示旋转光标时，可以通过拖动来重新定位渐变的角度。拖动滑块的圆形端将重新定位渐变的原点，而拖动箭头端则会扩大或减小渐变的范围。

技巧提示

将渐变应用到对象后，可以快速轻松地替换或编辑渐变。

选择一个对象，如果要应用上次使用的渐变，可单击工具箱中的“渐变”按钮或“渐变”面板中的“渐变填色”框。

如果要将上次使用的渐变应用到当前不包含渐变的未选中对象上，可使用“渐变工具”单击该对象。

如果要应用预设或以前存储的渐变，可从“渐变”面板的“渐变”下拉列表中选择一种渐变，或者在“色板”面板中单击某个渐变色板。

如果要在“色板”面板中仅显示渐变，可单击“显示‘色板类型’菜单”按钮，然后选择“显示渐变色板”命令。

9.2 实例应用

难度程度：★★★☆☆ 总课时：30分钟
素材位置：09\实例应用\花样少女广告

演练时间：30分钟

花样少女广告

◉ 实例目标

本例使用渐变效果制作了画面梦幻云朵般的背景，同时加入人物作为主体，并变幻出不同的矢量素材，使整个画面充满了情趣。

◉ 技术分析

本例主要使用了绘图工具中的“矩形工具”、“椭圆工具”和“钢笔工具”来制作画面中的一些图形元素，还使用了“渐变”和“透明度”来修饰图形，重点介绍了“渐变”的使用。

制作步骤

01 执行“文件/打开”命令，打开光盘中的“09\实例应用\花样少女广告\素材1”文件，效果如右图所示。

02 选择工具箱中的椭圆工具，按【Shift】键绘制多个正圆，执行“窗口/渐变”命令，在弹出的“渐变”面板中设置参数设置，再按【Alt】键移动复制，并进行大小和位置的调整，效果如下图所示。

03 继续选择渐变圆，进行复制移动，调整其位置与大小，最后按【Ctrl+G】组合键进行群组，效果如下图所示。

04 选择工具箱中的钢笔工具，勾勒出人物的胳膊路径，执行“窗口/渐变”命令，在弹出的“渐变”面板中设置参数，得到效果如下图所示。

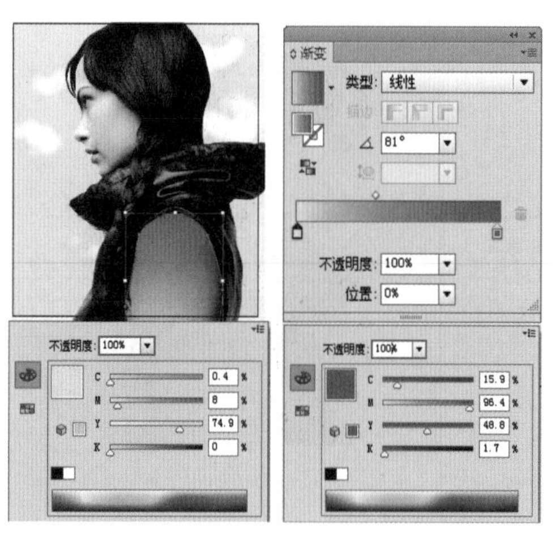

05 继续选择工具箱中的钢笔工具，勾勒出人物的面部和眼部的路径，执行“窗口/渐变”命令，在弹出的“渐变”面板中设置参数，得到效果如下图所示。

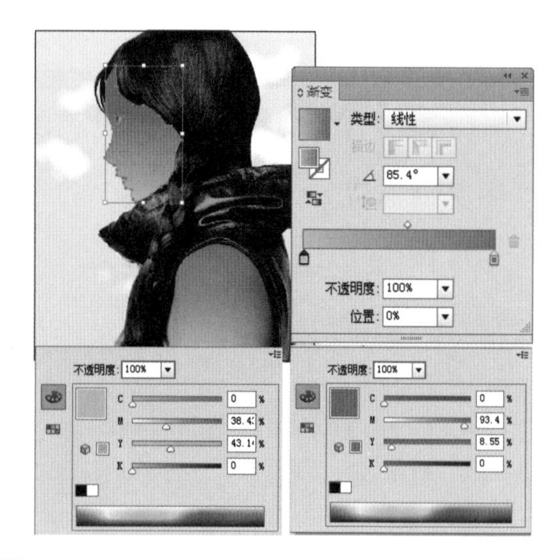

06 选择面部轮廓路径，执行“窗口/透明度”命令，在弹出的“透明度”面板中设置参数，效果如下图所示。

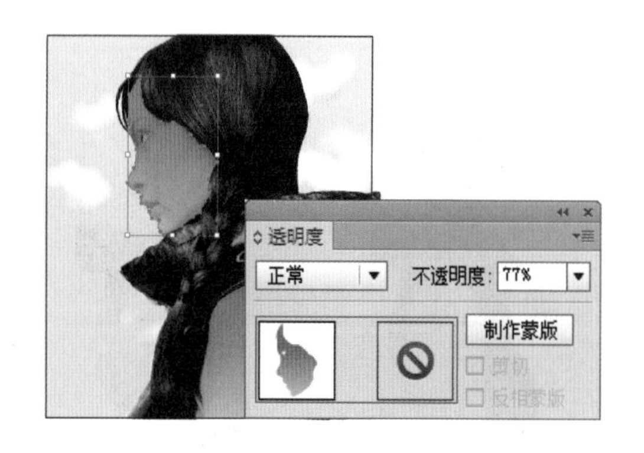

07 选择勾勒出的人物眼睛部分，按【Alt】键进行复制，全选绘制好的眼睛和面部路径，执行“窗口/路径查找器”命令，单击“减去顶层”按钮，再对复制的路径进行设置，填充面部渐变的颜色，执行“窗口/透明度”命令，效果如下图所示。

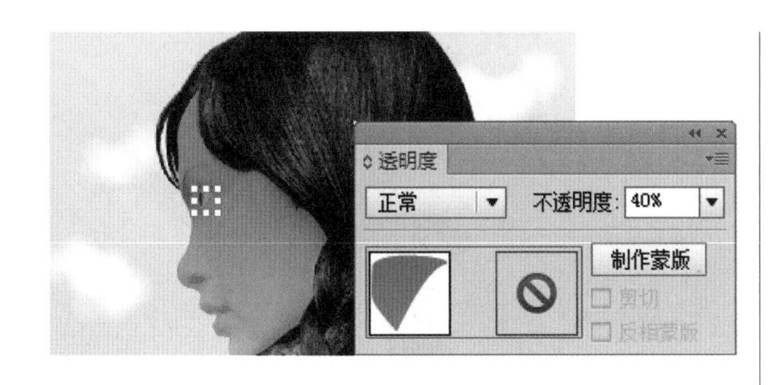

08 选择工具箱中的椭圆工具，按【Shift】键在人物面部绘制一个正圆，执行“窗口/渐变”命令，在弹出的“渐变”面板中设置参数，得到效果如下图所示。

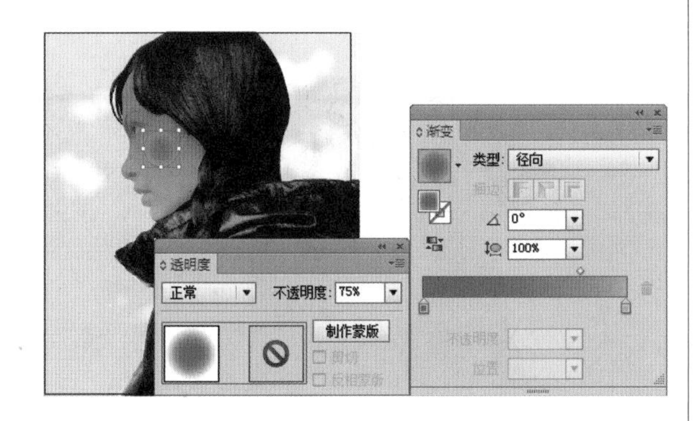

09 选择工具箱中的钢笔工具，沿着眼线部分进行轮廓部分描边，填充黑色，再使用直接选择工具进行细节调整，效果如下图所示。

10 选择工具箱中的椭圆工具，在人物的眼部绘制大小不一的正圆，并进行位置调整，填充黑色，效果如下图所示。

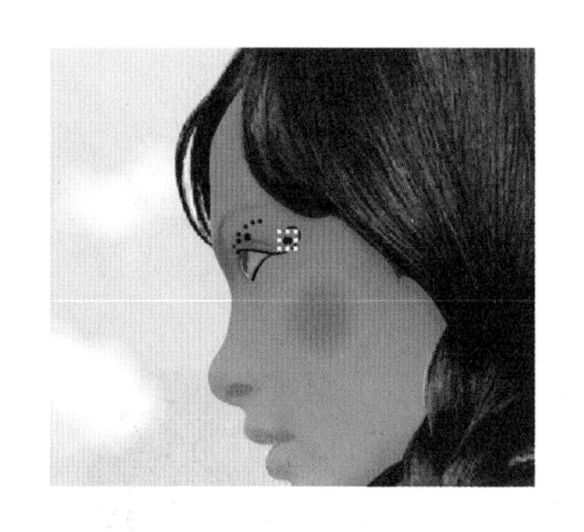

11 选择工具箱中的钢笔工具，在人物的眼睛上面绘制一个区域进行渐变色填充设置，执行“窗口/渐变”命令，效果如下图所示。

12 继续选择工具箱中的钢笔工具，在人物的眉头处进行绘制，绘制好路径，执行“窗口”菜单中的“颜色”和“透明度”命令，设置完效果如下图所示。

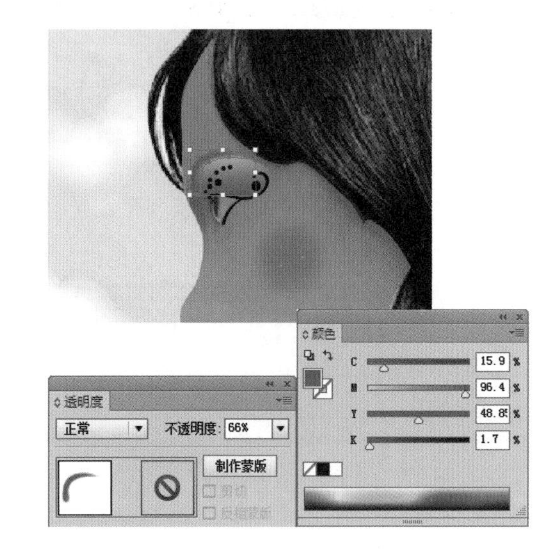

13 执行"文件/置入"命令，置入光盘中的"09\实例应用\花样少女广告\素材2"文件，并单击控制面板的"嵌入"按钮，按住【Shift】键进行等比例的大小调整，效果如下图所示。

14 继续执行"文件/置入"命令，置入光盘中的"09\实例应用\花样少女广告\素材3"文件，并单击控制面板的"嵌入"按钮，按住【Shift】键进行等比例的大小调整及移动，再设置其混合模式和透明度，效果如下图所示。

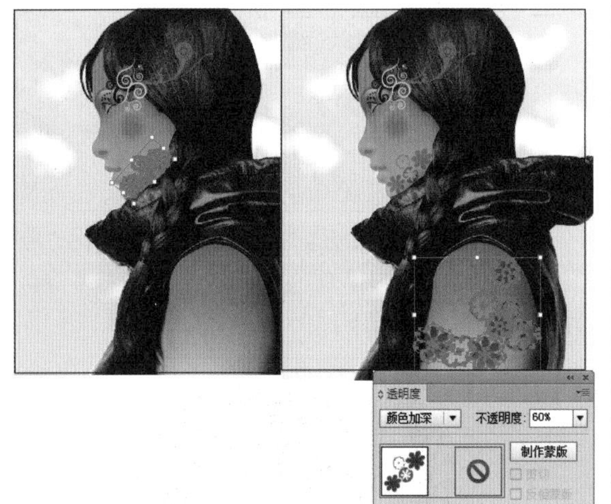

15 继续执行"文件/置入"命令，置入光盘中的"09\实例应用\花样少女广告\素材4、素材5"文件，并单击控制面板的"嵌入"按钮，按住【Shift】键进行等比例的大小调整，按【Alt】键进行移动复制，效果如下图所示。

16 选择工具箱中的文字工具 T，在画面中输入文字，在打开的"字符"面板中设置文字参数，执行"窗口/颜色"命令，填充颜色为黑色，效果如下图所示。

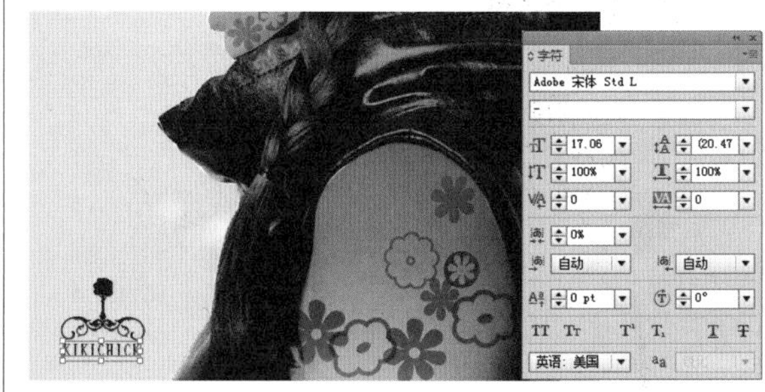

17 最后调整画面整体效果，使其更加美观，选择全部素材，选择工具箱中的矩形工具，绘制与画面相同大小的矩形，执行"对象/剪切蒙版/建立"命令，裁掉画面多余部分，最终效果如下图所示。

Part 10 （18-19小时）

在画布上绘制图案

【设置应用图案：30分钟】

设置图案 20分钟

应用图案 10分钟

【实例应用：30分钟】

剪纸风格绘画 30分钟

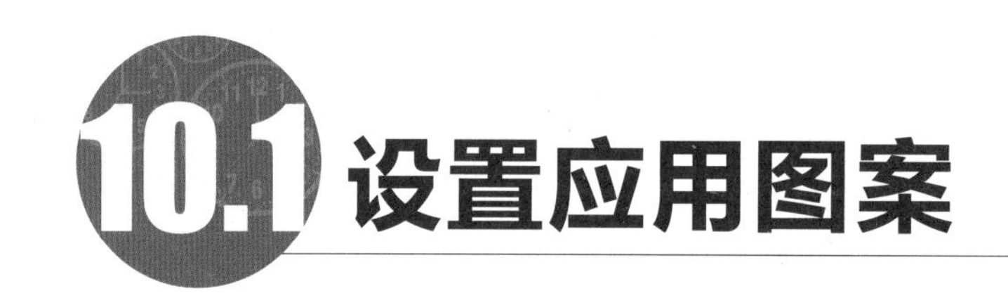

10.1 设置应用图案

难度程度：★★★☆☆ 总课时：30分钟
素材位置：10\基础知识讲解\示例图

图案是指一定形态的图像、组合图像以一定的时间为间隔，反复出现的形态。图案一旦应用到图像中，图案中的图像就会反复出现在图像的内部。

10.1.1 设置图案

学习时间：20分钟

要把图像设置为图案，可以使用两种方法。其中一种方法就是将图像拖动到“色板”面板进行创建，此方法比较快捷，在图案创建应用中使用得很广泛。

01 执行“文件/打开”命令，在弹出的“打开”对话框中打开光盘素材文件“10\基础知识讲解\示例图\10-1”。选择要创建为图案的图像，图像最好不要太大，如下图所示。

02 执行“窗口/色板”命令，打开“色板”面板。然后将选择的图像拖至“色板”面板中，如下图所示。

03 图像已经在“色板”面板中形成图案，双击面板中创建的图案，就会出现“色板选项”对话框，在对话框中输入名称，单击“确定”按钮，如下图所示。

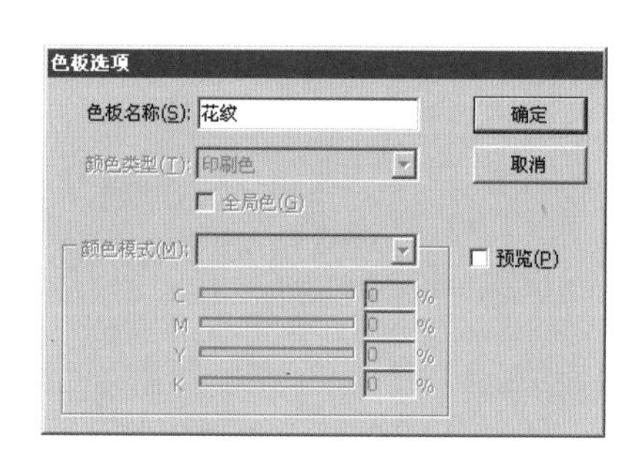

04 将鼠标置于“色板”面板中新创建的图案上，就会显示图案名称，如下图所示。

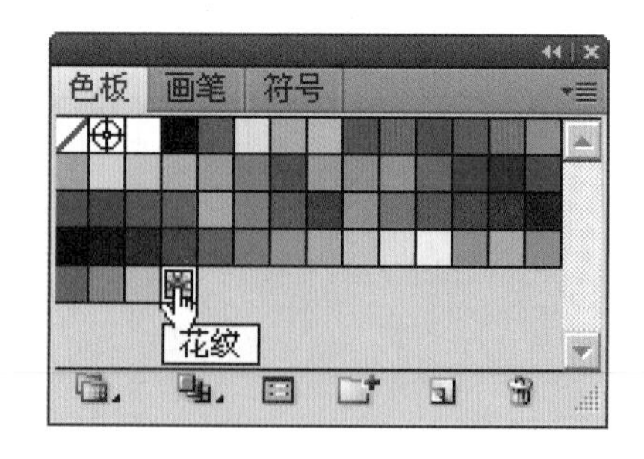

技巧提示

不是所有的图像都能够被创建为图案。如果创建为图案的图像中包括了图案、渐变、渐变网格、蒙版、特效中的滤镜效果及图形与位图对象等，是不能被创建为图案的。

把某种图像设置为图案，也可以使用菜单命令进行创建。

01 执行“文件/打开”命令，在弹出的“打开”对话框中打开光盘素材文件“10\基础知识讲解\示例图\10-2”，选择要创建为图案的图像，如下图所示。

02 执行“编辑/定义图案”命令，弹出“新建色板”对话框，如下图所示。

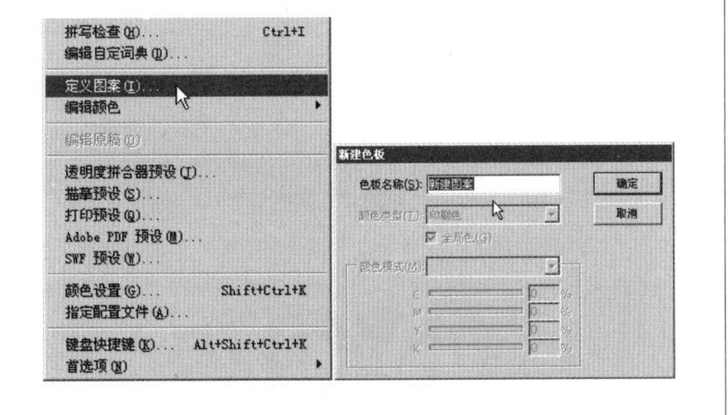

03 在“新建色板”对话框中输入图案的名称。然后将鼠标置于“色板”面板中新创建的图案上，就会显示图案名称，如下图所示。

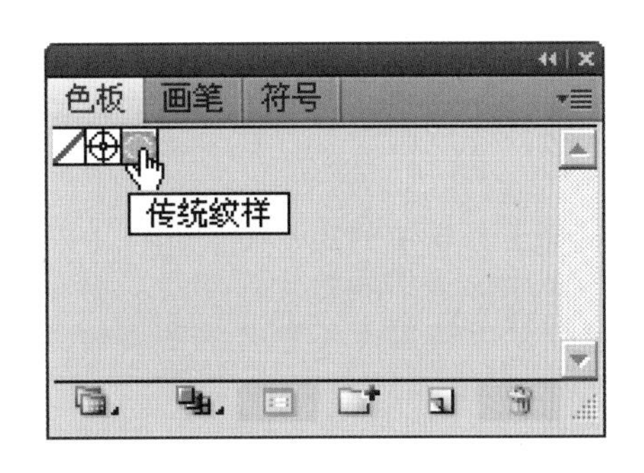

04 完成后的图案就可以使用了，选择工具箱中的矩形工具，在工作区中绘制一个矩形，矩形保持被选中状态，然后单击“色板”面板上的“传统纹样”图案，矩形就会被添上“传统纹样”的图案了，如下图所示。

把同一个图像制作成图案，会因为排列的空白不同而出现不同的结果。只要适当地应用空白就可以用一个图像制作出几种不同的图案，直接用上述讲到的两种方法创建的图案在应用时，得到的是连接而不断开的效果。下面讲述留有空白的方法。

01 执行“文件/打开”命令，在弹出的“打开”对话框中打开光盘素材文件“10\基础知识讲解\示例图\10-3”，选择图像并拖至“色板”面板中，命名为“卷草纹”，如下图所示。

02 选择工具箱中的矩形工具，在工作区中绘制一个矩形，然后给矩形添上“卷草纹”图案，看到的是连接而不断开的图案效果，如下图所示。

03 再次打开“10-3”图像，作为源图案。然后选择工具箱中的矩形工具，在图像的上方绘制一个颜色为白色的矩形，如下图所示。

04 选中该矩形，单击鼠标右键，在弹出的快捷菜单中执行“排列/置于底层”命令，将矩形置于最底层，如下图所示。

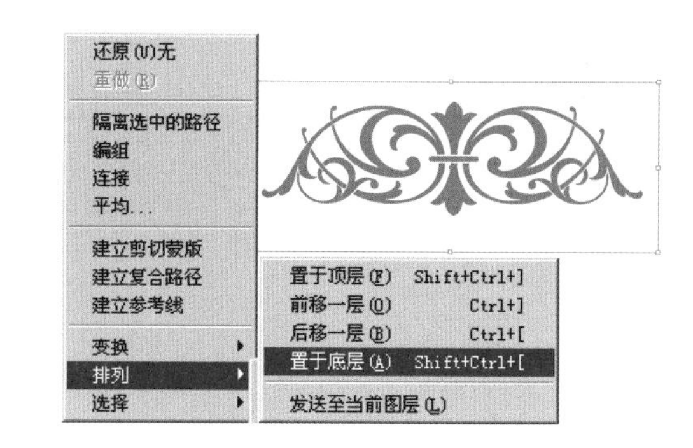

05 使用选择工具，选择包括矩形在内的要创建为图案的整个图像，然后将图像拖曳至“色板”面板中，创建图案“卷草纹2”，如下图所示。

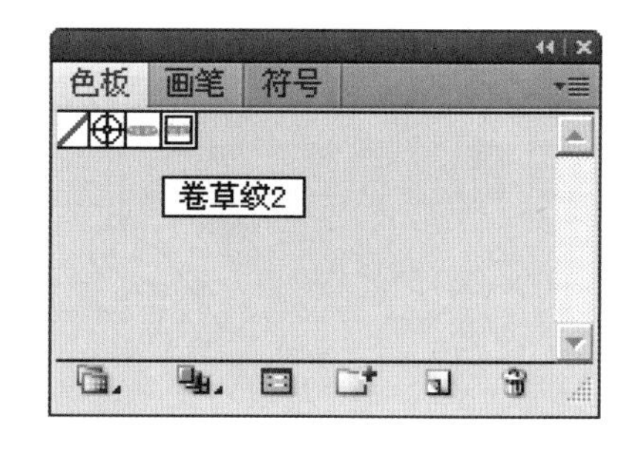

06 选择矩形工具，在工作区中绘制一个矩形。然后给矩形添上“卷草纹2”图案，就可以看到图案间留有空白，在图中包含的图案密度较低，如下图所示。

10.1.2 应用图案

在设置完成图案后就可以使用了，在工具箱中单击“填色”按钮，将对象设置为内部填充，再单击“色板”面板中的图案色板，对象就会被填充上图案的图形。

01 执行“文件/打开”命令，在弹出的“打开”对话框中打开光盘素材文件“10\基础知识讲解\示例图\10-4”。用选择工具选择图像中的背景部分，如下图所示。

02 在工具箱中单击“填色”按钮，再单击“色板”面板上的“新建图案色板5”图案，则图像中的背景部分就会填充上“新建图案色板5”图案中的图形，如下图所示。

技巧提示

图案同样可以填充在路径的笔触上，这样可以用来制作花边及具有装饰效果的线框。选取欲作为路径笔触填充的对象，然后在控制面板中设置为笔触填充，接着单击“色板”面板上的图案，对象的外缘就填充上图案了。图案笔触的粗细可以用“画笔”面板来调节。

当对一个具有图案填充属性的对象做变形时，对象中的图案和具有图案填充的对象都可以对它们分别进行变形操作。

01 选取一个具有填充图案的对象，然后双击工具箱中的“比例缩放工具”按钮，在弹出的“比例缩放”对话框中的“选项”栏中选中“对象”复选框并进行其他设置，如下图所示。

02 在设置的比例数值不变的情况下在“选项”栏中分别选中“对象”和“图案”复选框，会出现两种不同的结果，如下图所示。

技巧提示

在绘制图案时，应该尽量缩小绘制图案的尺寸大小，因为图案在填充时，重复的次数越多，绘制的图案效果就显得越自然。

Part 10 18-19小时 在画布上绘制图案

10.2 实例应用

难度程度：★★★☆☆ 总课时：30分钟
素材位置：10\实例应用\剪纸风格绘画

演练时间：30分钟

剪纸风格绘画

◉ 实例目标

此画面使用了强烈的色相对比，用色大胆，使画面装饰感极强， 绘制出剪纸风格的主体造型。

◉ 技术分析

本例主要使用了“椭圆工具”、“钢笔工具”以及“多边形工具”并结合“渐变面板”制作出剪纸风格绘画，同时使用“色板”、“扩展”等命令，使用大胆的色调。充分使图形更加具有剪纸民族风格。

制作步骤

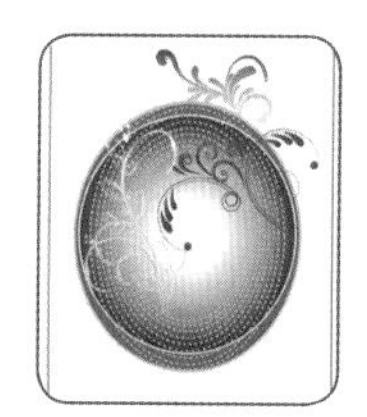

01 执行“文件/打开”命令，打开光盘中的“10\实例应用\剪纸风格绘画\素材1”文件，单击控制面板中的“打开”按钮，效果如下图所示。

02 使用“钢笔工具”，在画面中间的位置绘制一个鹿的形状，描边色设置为黑色，无填充色，如下图所示。

03 选中上一步绘制的鹿图形，调出“色板”面板，单击右上角的按钮，在弹出的菜单中选择“其他库”，打开光盘中的“10\实例应用\剪纸风格绘画\图案色板库”文件，在弹出的对话框中选择图案，此时鹿图形填充色为选择的图案，将描边颜色取消，如下图所示。

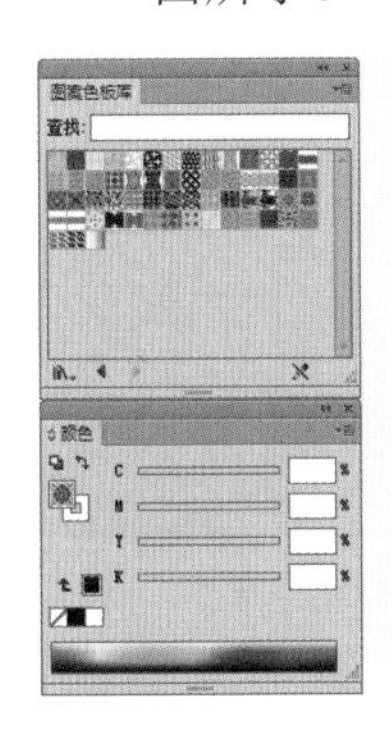

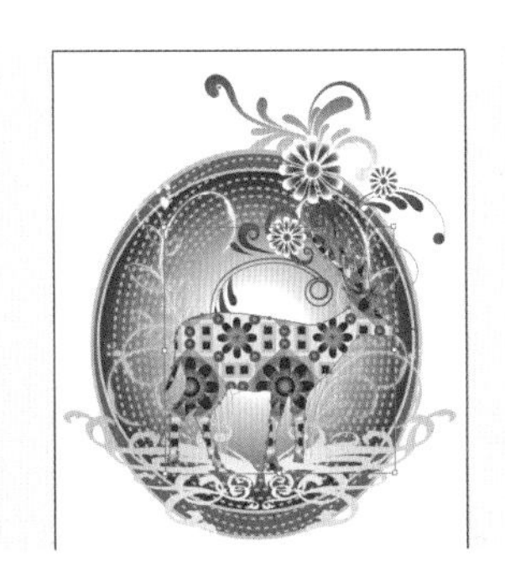

04 选中上一步绘制的鹿图形，执行菜单“对象/扩展”命令，在弹出的对话框中单击“确定”按钮，如下图所示。

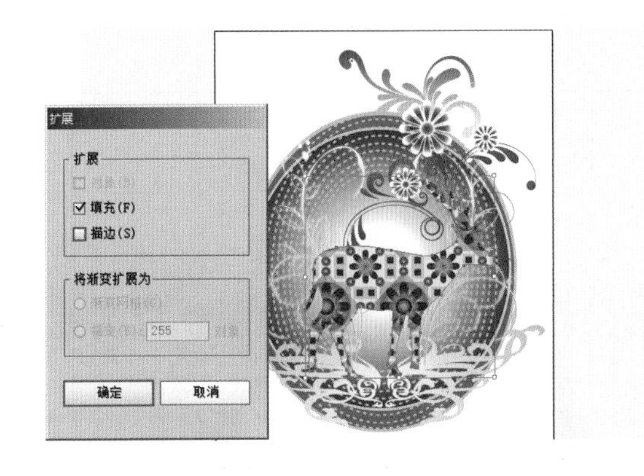

05 选中上一步绘制的鹿图形，在其上方单击鼠标右键，在弹出的菜单中选择“取消编组”命令，如下图所示。然后再次单击鼠标右键，选择“释放剪切蒙版”命令。

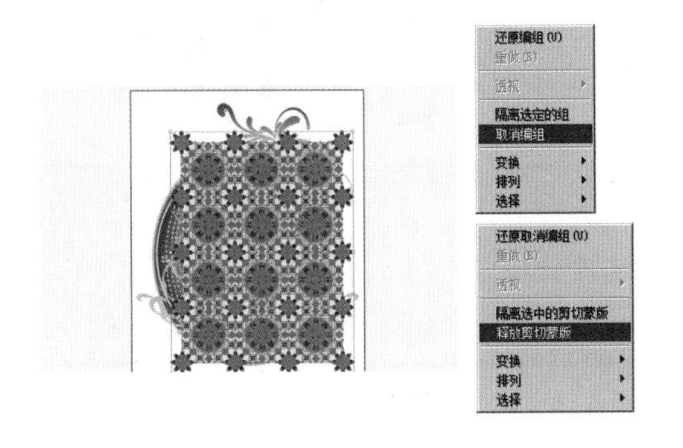

06 使用直接选择工具，选中上一步花纹图案左上角的一个紫色花瓣图形，执行菜单“选择/相同/填充颜色”命令，将画面里所有相同颜色参数的图形全部选中，如下图所示。

07 继续选中上一步选择的紫色图案，将其填充颜色调整为绿色，此时的画面效果如下图所示。

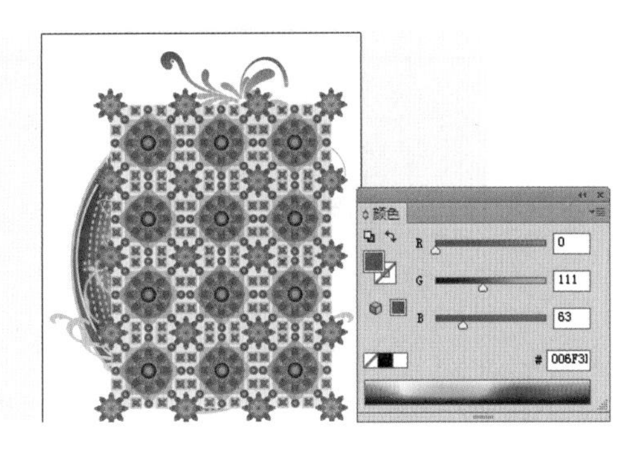

08 使用直接选择工具，选中花纹图案左上角的一个浅紫色花瓣图形，执行菜单“选择/相同/填充颜色”命令，将画面里所有相同颜色参数的图形全部选中，如下图所示。

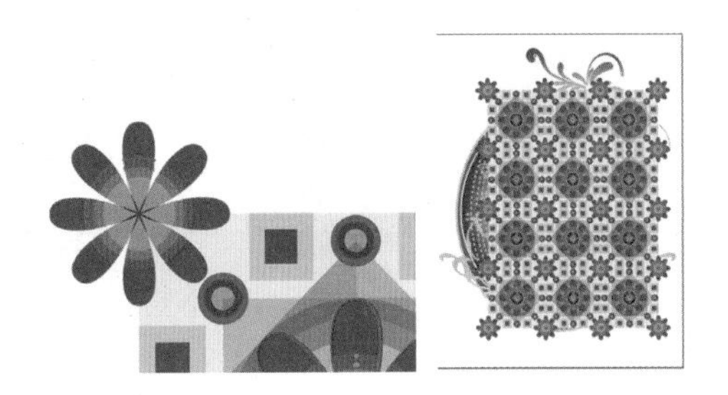

09 继续选中上一步选择的浅紫色图案，将其填充颜色调整为浅绿色，此时的画面效果如下图所示。

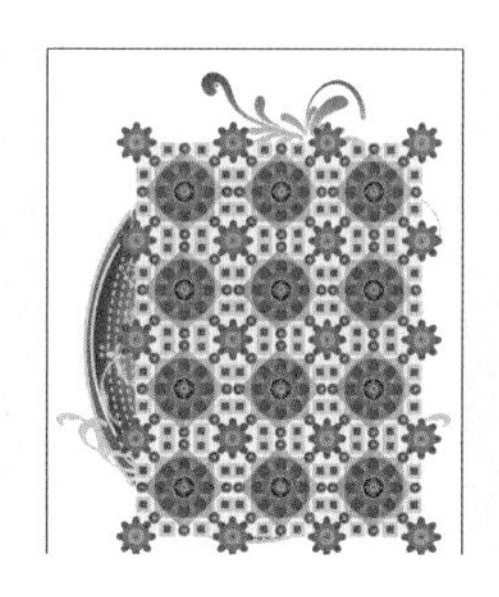
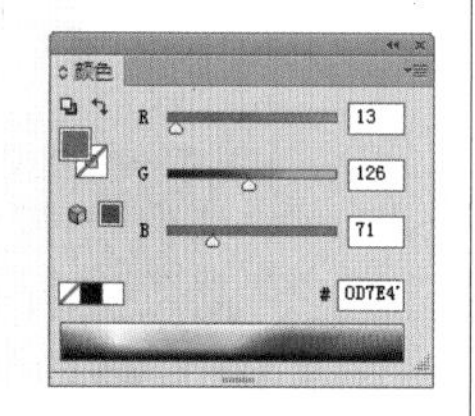

10 使用与上一步相同的方法，继续调整图案的整体颜色，使其整体色为黄绿色调，如下图所示。

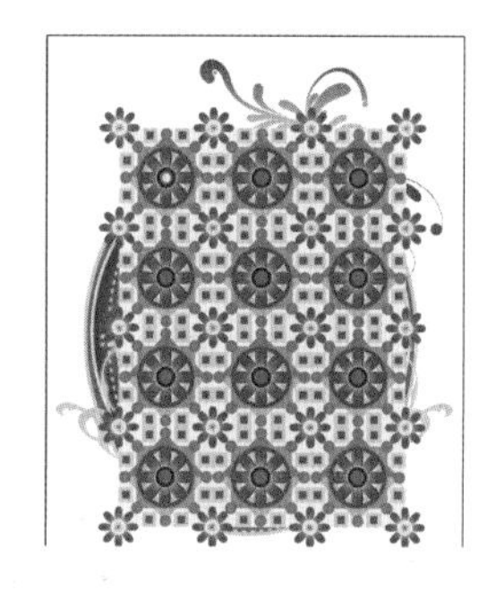

11 使用选择工具，在画面中间位置拖曳鼠标，选中隐藏的鹿图形，再按住【Shift】键，减选其他多余图案，将其复制，再按住【Shift】键，将其他黄绿色图案一起选中，单击鼠标右键，在弹出的菜单中选择“建立剪切蒙版”命令，如下图所示。

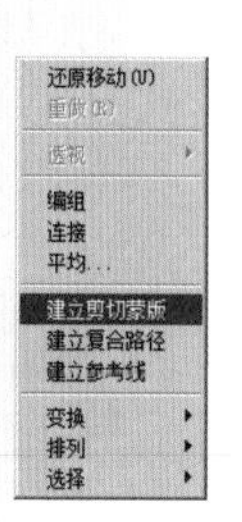

12 使用选择工具，在画面中间位置拖曳鼠标，将鹿图形全部选中，再按住【Shift】键，减选建立剪切蒙版后的鹿图形，按【Ctrl+Shif+]】快捷键，将剩下的鹿图形置于顶层，调出“渐变”对话框，双击“渐变滑块”，在弹出的面板中调整合适的颜色和“不透明度”参数，如下图所示。

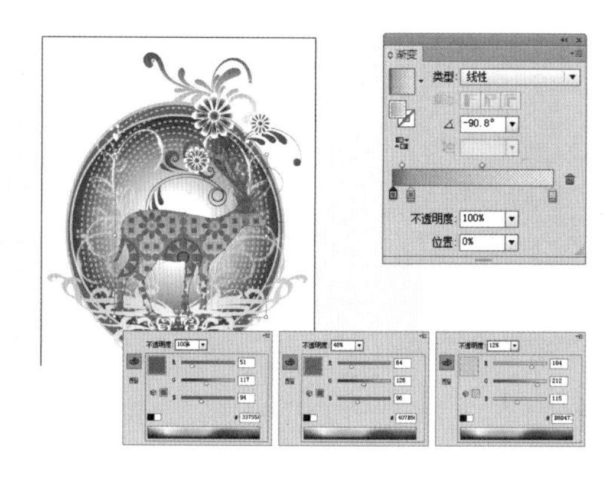

13 使用钢笔工具，在画面中绘制出如图所示的图形，并且进行颜色填充设置，得到最终效果，如下图所示。

Part 11（19-20.5小时）

混合模式

【混合模式的应用：60分钟】

“正常”混合模式	10分钟
“变暗”、“正片叠底”和“颜色加深”混合模式	10分钟
“变亮”、“滤色”和“颜色减淡”混合模式	10分钟
“叠加”、“柔光”和“强光”混合模式	10分钟
“差值”和“排除”混合模式	10分钟
“色相”、“饱和度”、“混色”和“明度”混合模式	10分钟

【实例应用：30分钟】

时尚海报	30分钟

11.1 混合模式的应用

难度程度：★★★☆☆ 总课时：60分钟
素材位置：11\基础知识讲解\示例图

Illustrator CS6具有很重要的模式合成功能。将两层对象群组成图层，接着在“透明度”面板中选取不同的混合模式，得到不同的图像混合结果。为了实现特殊图像的需要，Illustrator CS6共提供了16种混合模式，如右图所示。

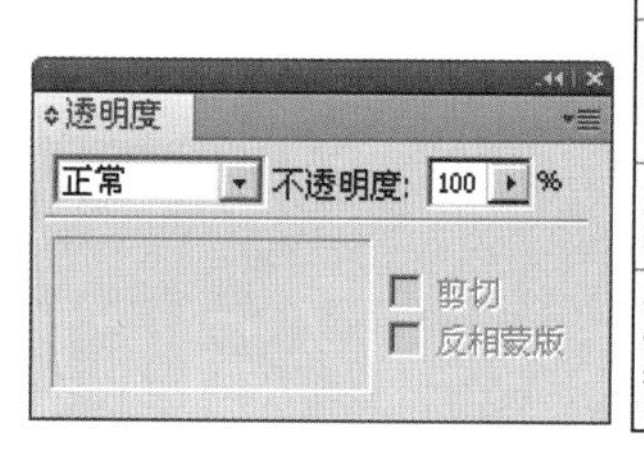

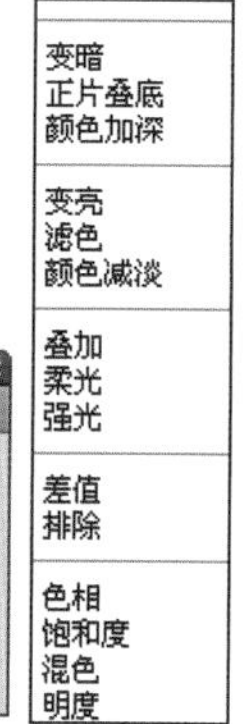

11.1.1 “正常”混合模式

学习时间：10分钟

在“正常”混合模式下，对象只以不透明度值来决定与下层对象之间的混色合成关系，它是最常用的混色模式，如右图所示。

11.1.2 “变暗”、“正片叠底”和“颜色加深”混合模式

学习时间：10分钟

“变暗”混合模式是一种比较式的混合模式，它是以上层的混合颜色为基准，下层色彩比上层深的部分会被保留，比上层色彩浅的部分则会被上层色彩替换，如右图所示。

“正片叠底”混合模式会加深合成后的对象颜色，通常的结果是将上、下层对象的颜色相叠加，因此对象的颜色会变得比较深，而且任何颜色与黑色运算结果都将是黑色，与白色运算结果则会保持原来的颜色，对象的不透明度数值则会影响色彩的作用强度，如下图所示。

“颜色加深”混合模式与“滤色”混合模式恰好相反。它是使下层图像依据上层图像颜色的灰阶程度变暗，之后再与上层图像相融合，该功能会降低对象的亮度，如下图所示。

11.1.3 “变亮”、“滤色”和“颜色减淡”混合模式

学习时间：10分钟

“变亮”混合模式和“变暗”混合模式相反，同样以上层的图像颜色为基准，下层色彩比上层亮的部分会被保留，而比上层色彩暗的部分将被替换，如下图所示。

使用“滤色”混合模式，会使下层图像依据上层图像颜色的灰阶程度来提升亮度，之后再与上层图像相融合，上层图像越接近白色则下层图像越亮，如下图所示。

“颜色减淡”混合模式是以加亮上层图形颜色来反映混合色，如果与黑色混合则不会发生变化，如下图所示。

11.1.4 “叠加”、“柔光”和“强光”混合模式

学习时间：10分钟

“叠加”混合模式会将上、下层颜色互相混合运算，得到最终颜色，如下图所示。

“柔光”混合模式会将上层的颜色与下层的色彩相融合。如果上层的色彩是超过50%的灰色，则会使下层图像变暗；如果是低于50%的灰色，那么便可以使下层图像变亮，如下图所示。

“强光”混合模式是“柔光”混合模式的加强版。如果上层色彩是超过50%的灰色，那么会让下层图像以“滤色”混色模式来变亮，如下图所示。

11.1.5 “差值”和“排除”混合模式

学习时间：10分钟

“差值”混合模式是一种比较式的混合模式，它会将上、下层的图像作比较，亮的图像会减掉暗的部分图像，如下图所示。

“排除”混合模式与“差值”混合模式相似，但“排除”混合模式的效果比较温和，如下图所示。

11.1.6 “色相”、“饱和度”、“混色”和“明度”混合模式

学习时间：10分钟

“色相”混合模式是将上层对象的色相与下层对象的饱和度与明度相混合，以产生新的色彩结果。

“饱和度”混合模式是将上层对象的饱和度与下层对象的色相与明度相混合，以产生新的色彩结果。

“混色”混色模式是将上层对象的色相、饱和度与下层图像的明度相混合，以产生新的色彩结果。

“明度”混色模式是将上层对象的明度与下层图像的色相与饱和度相混合，以产生新的色彩结果。

这4种混合模式的效果如下图所示。

技巧提示

如果希望将混合模式的影响局限在某些对象上，只需要将设置混合模式的对象与希望受混合模式影响的对象组合起来，接着选取整个组，然后在"透明度"面板中选中"隔离混合"复选框，即可将混合模式的影响局限在这个群组中，如右图所示。

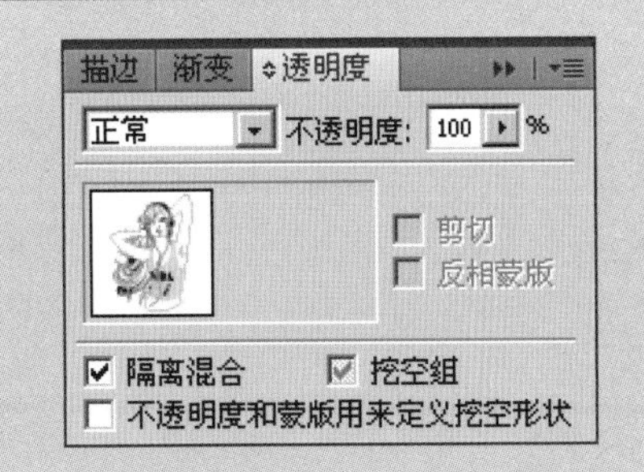

Part 19-20.5小时 11 混合模式

11.2 实例应用

难度程度：★★★☆☆ 总课时：30分钟
素材位置：11\实例应用\时尚海报

演练时间：30分钟

时尚海报

◉ 实例目标

本例以合成的时尚素材作为背景，给人以强烈的冲击感，并使用人物和动感素材相结合作为主题图像。

◉ 技术分析

本例主要使用了绘图工具中的“矩形工具”、“圆角矩形工具”和“钢笔工具”来制作画面中的一些图形元素，“渐变”和“混合效果”来修饰图形，重点介绍了“渐变”的使用。

制作步骤

01 执行“文件/打开”命令，打开光盘中的“11\实例应用\时尚海报\素材5”文件，效果如下图所示。

02 选择建立剪切蒙版后的人物和置入的文件，按组合键【Ctrl+G】群组，效果如下图所示。

03 选择刚刚群组的素材，按【Alt】键进行复制并调整位置，单击鼠标右键执行“变换/旋转”命令，角度设置为180°，得到效果如下图所示。

04 选择编辑完的这两组素材，按组合键【Ctrl+Shift+G】解组，细致调整人物及素材的位置，使其整体更美观，得到效果如下图所示。

05 选择工具箱中的矩形工具▭，绘制一个如下图所示的矩形。

06 选择绘制好的矩形图形，执行“窗口/渐变”命令，在弹出的“渐变”面板中设置参数，双击滑块分别对渐变色进行设置，效果如下图所示。

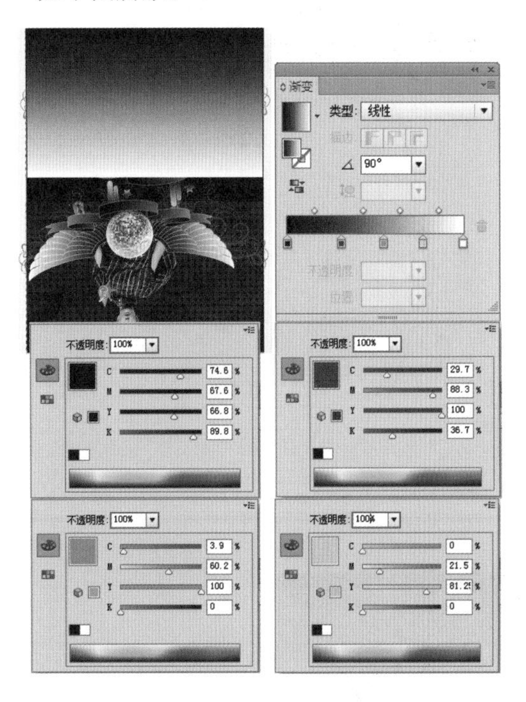

07 选择填充渐变色之后的矩形图形，按组合键【Ctrl+[】将其置于“素材5”之后，得到效果如下图所示

08 继续选择填充后的矩形图形，按【Alt+Shift】组合键复制移动到画面的下方，执行“窗口/渐变”命令，在弹出的“渐变”面板中设置参数，如下图所示。

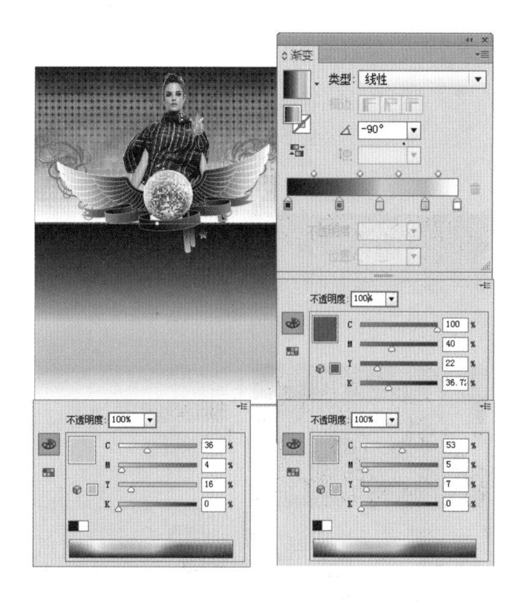

09 选择复制好的矩形图形，执行“窗口/透明度”命令，在弹出的面板中进行参数设置，效果如下图所示。

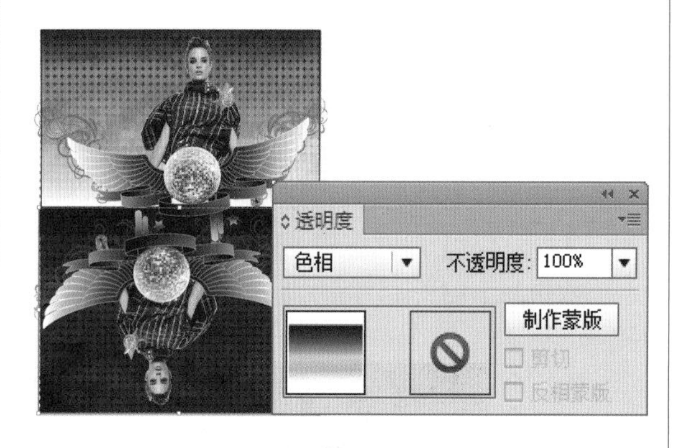

10 选择工具箱中的文字工具 T，在画面中输入文字，在打开的“字符”面板中设置文字属性参数，效果如下图所示。

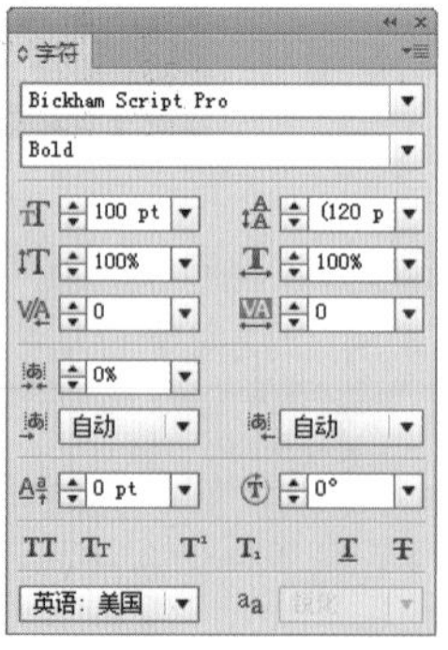

11 选择输入的文字，单击鼠标右键执行“创建轮廓”命令，得到效果如下图所示。

12 选择输入的文字，执行“窗口/渐变”命令，继续使用之前的渐变数值，用鼠标在画面中拖曳出想要的效果，如下图所示。

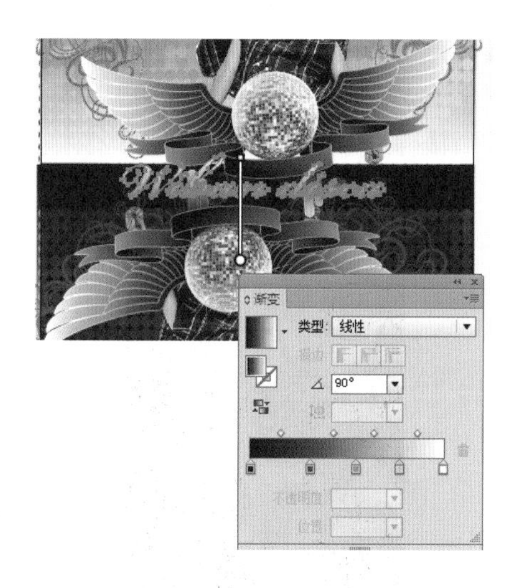

13 全选画板中的所有图形，执行“对象/剪切蒙版/建立”命令，得到裁切后的最终效果如下图所示。

Part 12（20.5-22.5小时）

用画笔工具绘制图像

【画笔的分类：85分钟】

散点画笔	20分钟
书法画笔	15分钟
图案画笔	20分钟
艺术画笔	15分钟
斑点画笔	10分钟
灵活的画笔	05分钟

【演练：35分钟】

炫酷音乐	35分钟

12.1 画笔的分类

难度程度：★★★☆☆ 总课时：85分钟
素材位置：12\基础知识讲解\示例图

使用画笔工具绘制图像，可以轻而易举地绘制出自然笔触和图像路径效果。该工具提供给了设计者接近于手绘的矢量绘图效果，同时，画笔保持了矢量图像的基本性质。该画笔是一种在路径上叠加了特殊效果的画笔，因此可以使用编辑路径的方法来进行编辑。

在使用画笔工具之前，首先要认识一下“画笔”面板。执行“窗口/画笔”命令就可以调出“画笔”面板，在“画笔”面板中，共包含4种不同类型的画笔，分别是散点画笔、书法画笔、图案画笔和艺术画笔。设计者可以直接应用画笔工具，将画笔应用在绘图的过程中，也可以先画出对象的形状，再利用“画笔”面板加上画笔效果。

12.1.1 散点画笔

散点画笔能将一个图形对象复制成若干个并沿着路径分布，在路径上可以散布图形对象。也就是说，散点画笔可以将设置好的矢量对象沿着画笔路径喷洒。

“散点画笔选项”对话框如下图所示，具体参数功能如下：

名称：输入画笔的名称。

大小：输入数值以定义喷洒对象的大小范围，其范围是10%～1000%。

间距：输入数值以定义喷洒对象时，对象与对象之间的距离，其值以对象的百分比来设置。

分布：输入数值以定义喷洒对象与路径之间接近的程度，其值以对象的百分比来设置。

旋转：输入数值，定义喷洒对象的旋转角度。

旋转相对于：当喷洒对象旋转时，用于定义是相对于整个页面还是路径。

着色：在“方法”下拉列表中可以选取不同的对象着色方法。

无：喷洒在路径上的对象会使原本对象颜色不做任何改动。

色调：以笔触颜色将喷洒对象做单一色调化。

淡色和暗色：与前一种方法相类似，不过保留原来的黑色及白色作为阴影。

色相转换：将喷洒对象的色相及笔触颜色进行偏移，采用这个方法，可以得到不同色调的彩色喷洒对象。

画笔变动：设置喷洒对象大小、间距、分布及旋转角度的变动模式。

固定：以左侧文本框中设置的数值来喷洒对象。

随机：将任何一个属性选项设置为随机变动模式时，必须指定一个变动的范围，在右侧的文本框中输入最大值，在左侧的文本框中输入最小值。输入变动值后在路径上出现的喷洒对象将在最大值和最小值的范围内以随机的方式变动出现。

压力：选择这个选项，若以轻的画笔压力绘画时，则使用左侧的文本框中输入的最小值，以重的画笔压力作画时，则使用右侧的文本框中的最大值。

提示：“提示”按钮并不能对喷洒对象产生什么影响。它的作用是提示用户使用选择的着色方法，将会对喷洒的对象颜色产生何种影响。

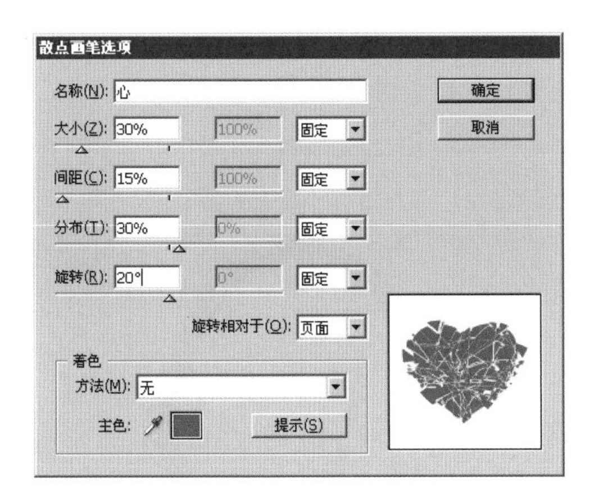

01 执行“窗口/画笔”命令，弹出“画笔”面板，单击“画笔”面板右侧的倒三角按钮，在弹出的主菜单中选择“显示 散点画笔”命令。“画笔”面板上就会出现散点画笔，如下图所示。

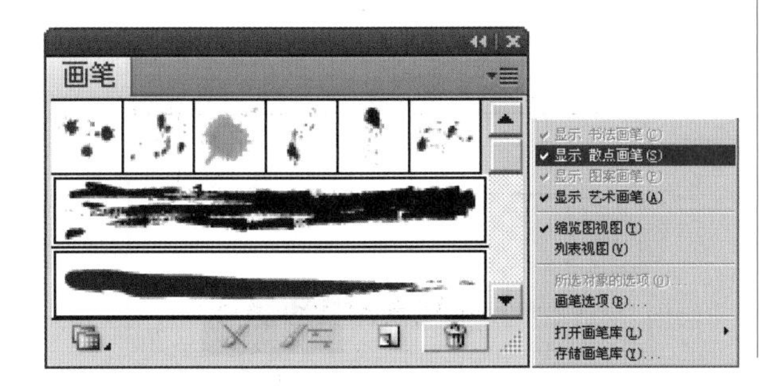

02 在工具箱中选择钢笔工具，在图中绘制路径，如下图所示。

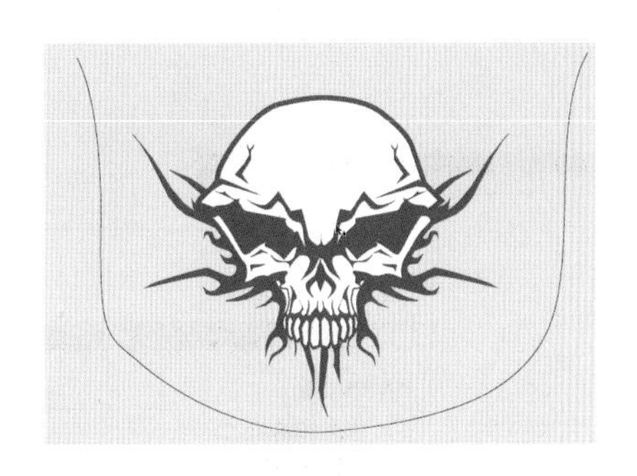

03 选择刚才绘制的路径，然后在“画笔”面板中选择“油墨飞溅”散点画笔，这时散点画笔中的图像就应用到了绘制的路径上，如下图所示。

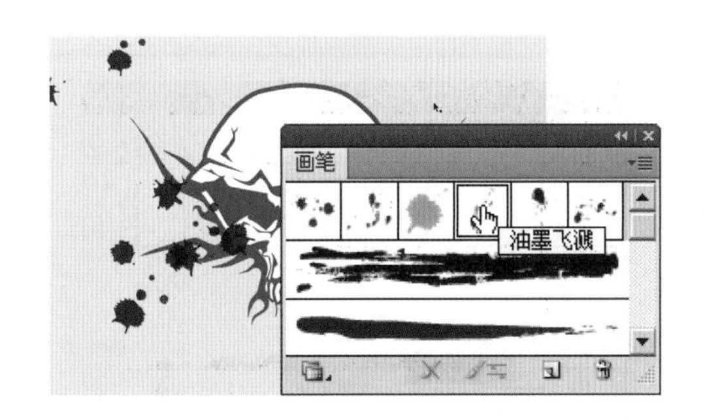

可以将一个描绘好的对象保存为新的散点画笔，具体操作如下。

01 在工作区中利用圆角矩形工具和椭圆工具绘制一个“心”图形，用来设置新的散点画笔，如下图所示。

02 在工具箱中选择选择工具，选中“心”图形，然后单击“画笔”面板中右侧的倒三角按钮，在弹出的主菜单中选择“新建画笔”命令，如下图所示。

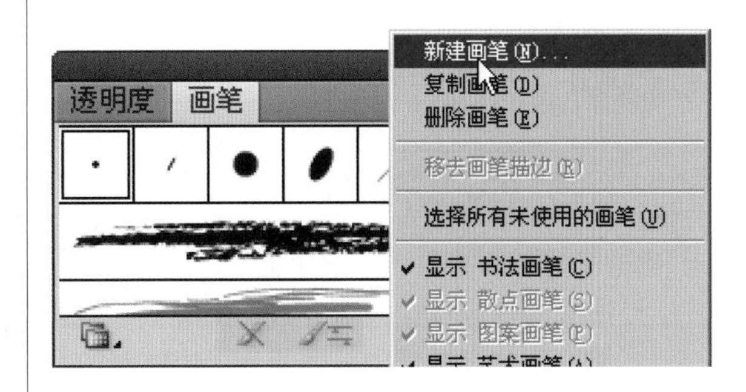

03 在弹出的“新建画笔”对话框中选中“新建 散点画笔”单选项，单击“确定”按钮，在弹出的“散点画笔选项”对话框中进行设置，如下图所示。

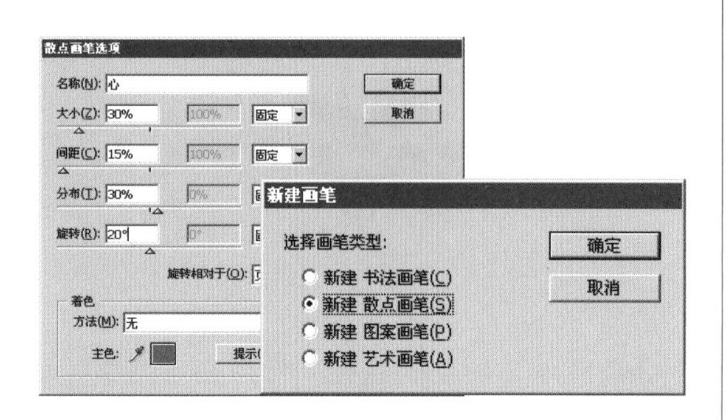

04 在“散点画笔选项”对话框中设置好后，单击“确定”按钮，“心”画笔就会出现在“画笔”面板中，如下图所示。

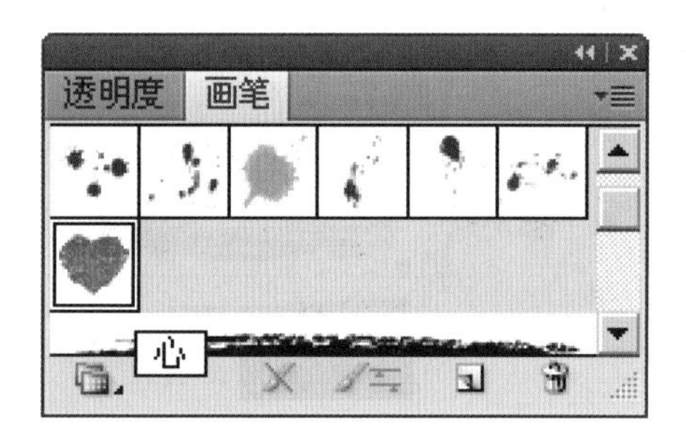

05 在工具箱中选择画笔工具，然后在工作区中进行绘制，如下图所示。

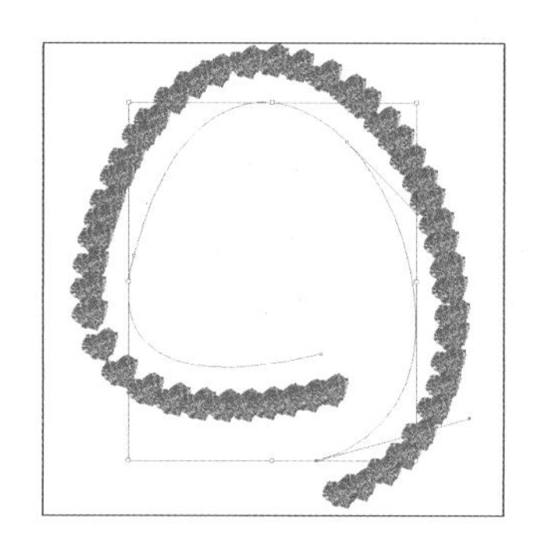

06 在“画笔”面板中选择“心”散点画笔，直接拖曳到“画笔”面板下方的“删除画笔”按钮 上，即可删除该画笔，如下图所示。

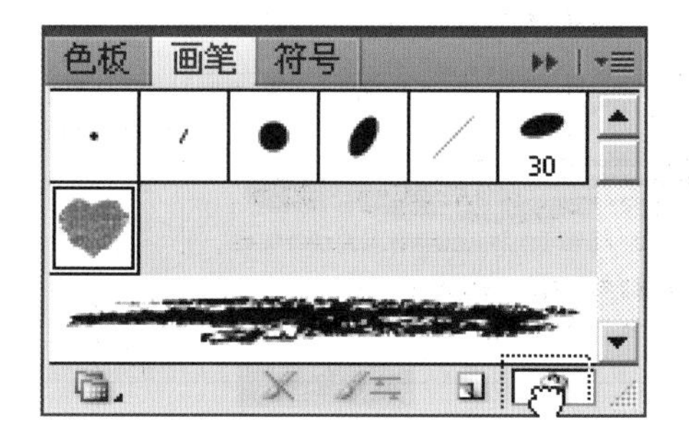

技巧提示

要重新编辑散点画笔，可以双击要编辑的散点画笔，或者选取已经应用散点画笔的对象，并单击“画笔”面板上的“所选对象的选项”按钮，即可调出“散点画笔选项”对话框，分别调整画笔的各项参数即可。

12.1.2 书法画笔

书法画笔是一种可以变化笔触粗细和角度的画笔，在“画笔”面板中，可以只显示书法画笔以方便操作。打开“画笔”面板，单击“画笔”面板右侧的倒三角按钮，在弹出的主菜单中选择“显示 书法画笔”命令，“画笔”面板上就会出现书法画笔。

“书法画笔选项”对话框如下图所示，具体参数功能如下：

名称：在此文本框中可设置画笔的名称。

画笔调整：拖曳“画笔调整”栏中的箭头符号，可以修改书法画笔的角度，拖曳小黑点，则可以修改椭圆的长宽比例。

画笔变量预览：可以预览书法画笔的直径、角度及椭圆长宽比例的变化。当设置为“随机”模式时，中间的画笔是未经变动的画笔，左侧的画笔代表变动画笔的下限，而右侧画笔则是变动画笔的上限。

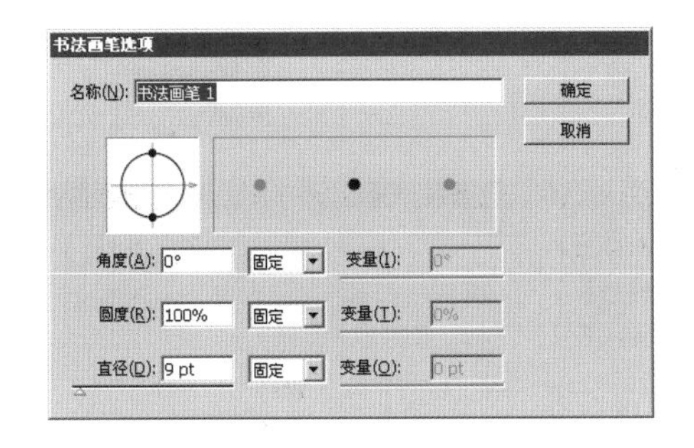

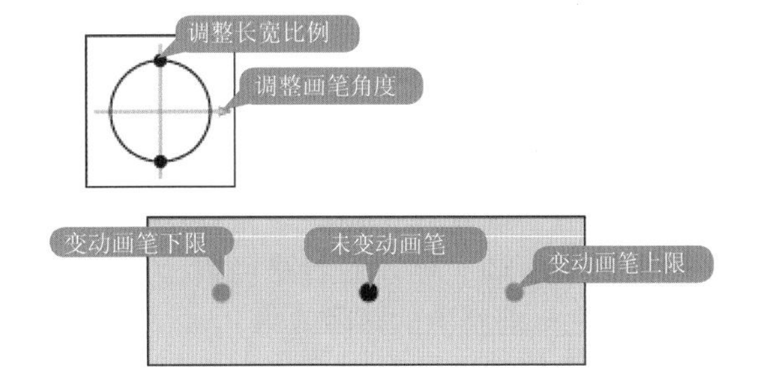

角度：在画笔的“角度”文本框中直接输入画笔的角度值，此方法与在“画笔调整”栏中拖曳箭头符号改变画笔角度的作用是相同的。

圆度：可以输入椭圆画笔的长宽比例值，与在“画笔调整”栏中拖曳小黑点来改变画笔的长宽比例的作用是相同的，它的数值范围为0%～100%。

直径：可以输入画笔的直径，也可以拖曳下方的滑块，使用这两种方法，都可以改变画笔的粗细，画笔的最大直径为1296像素。

画笔变动：在该下拉列表中可以选择不同的画笔变动模式。

固定：将书法画笔的形状根据“角度”、“圆度”和“直径”文本框中的数值固定。

随机：在“变量”栏中指定一个画笔变动的范围，则画笔的角度、圆度及直径的最大值将为文本框中的数值加上变动值，而最小值则为文本框中的数值减去变动值。在路径上出现的画笔将在最大值和最小值之间以随机的方式变动出现。

压力：如果配备有感压式的绘图板的话，则画笔数值将由感压笔触的压力来决定。在“变量”文本框中指定画笔变动的范围，以轻画笔压力作画时，画笔角度、圆度及直径数值为各文本框中的数值减去变动值，而以重的画笔压力作画时，画笔各参数值为各文本框中的数值加上变动值。

变量：在此栏中可以输入画笔角度、圆度和直径的变动数值，以供“随机”和“压力”变动模式使用。

技巧提示

对于设置完成的书法画笔，可以重新进行编辑。在“画笔”面板中双击要重新编辑的画笔，或者选取已经应用书法画笔的对象，单击“画笔”面板上的“所选对象的选项”按钮，弹出“描边选项（书法画笔）”对话框。在弹出的“描边选项（书法画笔）”对话框中分别对画笔的角度、圆度和直径值进行设置。如果要预览目前路径上的画笔形状，则选中“预览”复选框即可。单击“确定”按钮，就会弹出一个“画笔更改警告”信息提示框，如下图所示。

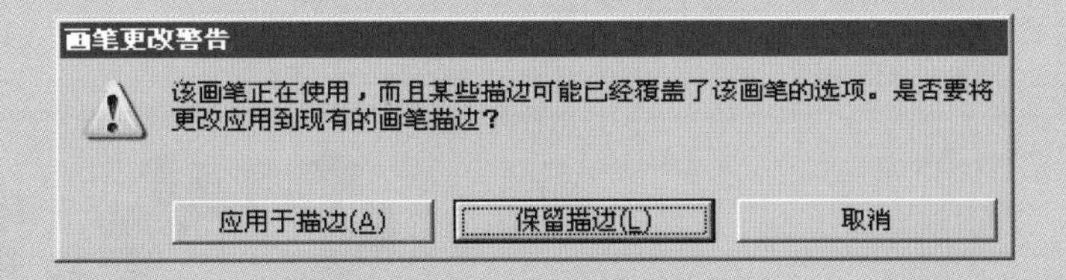

“应用于描边”按钮：单击此按钮，则所有应用这个画笔的对象将随画笔的编辑而一起更新。
“保留描边”按钮：单击此按钮，则对画笔的编辑将不会影响先前应用这个画笔的对象。
“取消”按钮：单击此按钮，则会取消画笔的编辑。

12.1.3 图案画笔

学习时间：20分钟

前面已经介绍过了图案的产生方法，图案除了能运用于填充外，还能应用在图案画笔上。使用图案画笔，可以沿着路径填上连续的图案，以产生一些特殊的路径效果。

“图案画笔选项”对话框如右图所示，对话框中的具体参数功能如下：

名称：在此可输入图案画笔的名称。

边线拼贴：在下方的列表中指定一种图案作为图案路径的边缘图案。

外角拼贴：在下方的列表中指定一种图案作为图案的外角拼贴图案。

内角拼贴：在下方的列表中指定一种图案作为图案的内角拼贴图案。

起点拼贴：在下方的列表中指定一种图案作为图案的起点拼贴图案。

终点拼贴：在下方的列表中指定一种图案作为图案的终点拼贴图案。

图案列表：它与“色板”面板中可见的图案是一致的，这些图案可以被指定为图案画笔路径的图案。

着色：在“方法”下拉列表中，可以选取不同的着色方法。

大小（缩放和间距）：编辑图案画笔的大小与间距。

翻转：定义画笔图案的翻转方向，包括“横向翻转”和“纵向翻转”两种。

适合：由于图案的尺寸并不能恰好匹配路径的长度，所以在某些情况下，可以设置图案自动微调以符合路径的要求。

伸展以适合：自动伸长或缩短长度以符合路径。

添加间距以适合：在图案和图案之间加入空白以符合路径，可以保持原本图案的比例。

近似路径：使用这个模式，则图案将不一定被添加在路径的正中央，而是考虑路径的要求而偏移路径的位置，这个模式只适合矩形路径。

01 执行“窗口/画笔”命令，打开“画笔”面板，单击“画笔”面板右侧的倒三角按钮，在弹出的主菜单中选择“显示 图案画笔”命令。“画笔”面板上就会出现图案画笔，如下图所示。

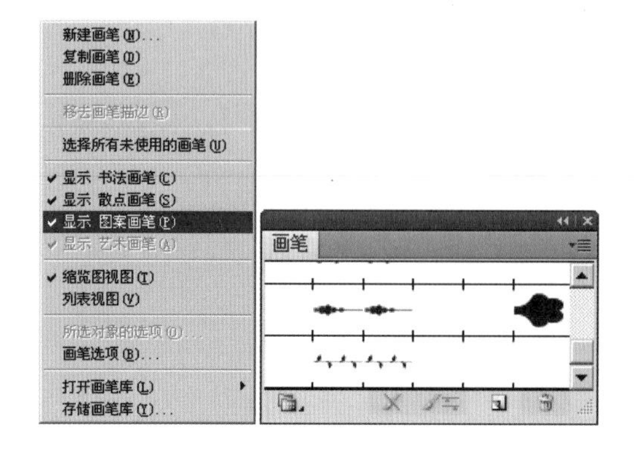

02 在“画笔”面板上选择任何一种图案画笔，然后在工具箱中选择画笔工具，在绘图区中进行绘制，如下图所示。

图案画笔也可以进行新建，不过必须先将图形设置为图案。

01 执行“文件/打开”命令，在弹出的“打开”对话框中打开光盘素材文件“12\基础知识讲解\示例图\12-4”，如下图所示。

02 使用选择工具，框选图形，然后执行“窗口/色板”命令，打开“色板”面板，将选择的图形拖至“色板”面板中，如下图所示。

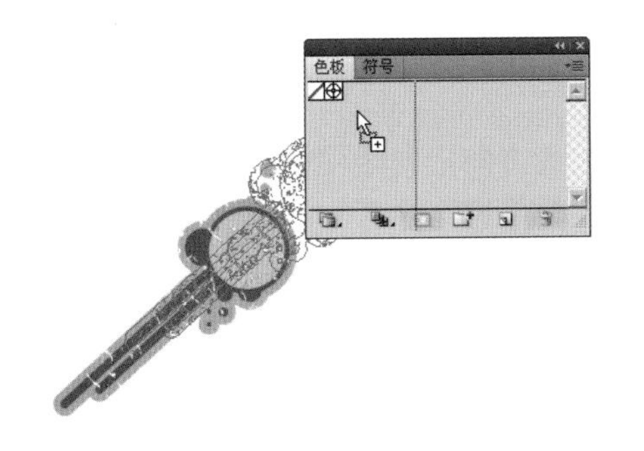

03 这时，图形已经在“色板”面板中形成了图案，双击“色板”面板中创建的图案，就会弹出“色板选项”对话框，在对话框中的“名称”文本框中输入名称，单击“确定”按钮。将鼠标置于“色板”面板中新创建的图案上，就会显示图案名称，如下图所示。

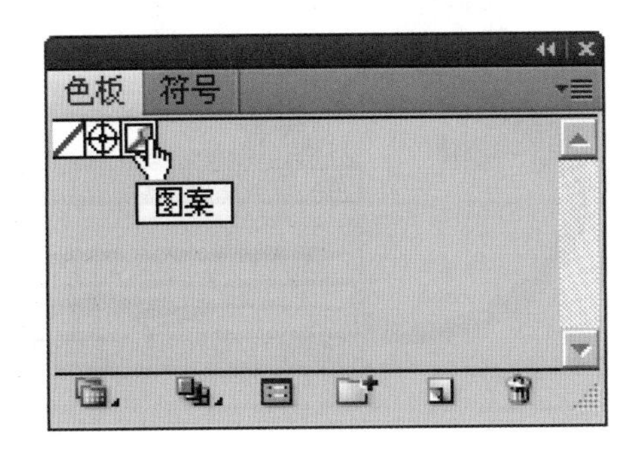

04 执行“窗口/画笔”命令，打开“画笔”面板。在弹出的“画笔”面板中单击“新建画笔”按钮，或者在右侧弹出的主菜单中选择“新建画笔”命令，弹出“新建画笔”对话框，如下图所示。

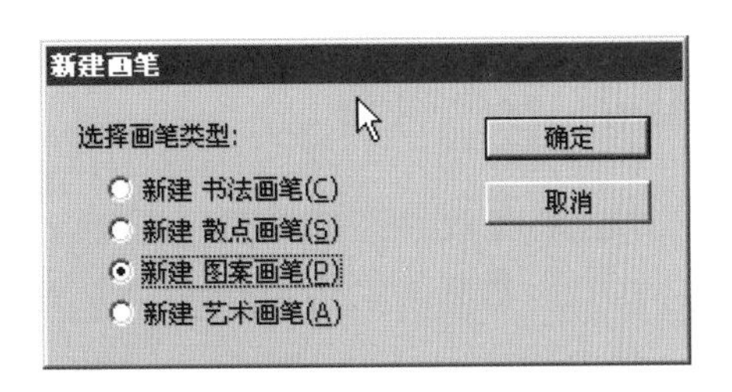

05 在“新建画笔”对话框中选中“新建 图案画笔”单选按钮，然后单击“确定”按钮，弹出“图案画笔选项”对话框，在此对话框中进行设置，设置完成后单击“确定”按钮，如下图所示。

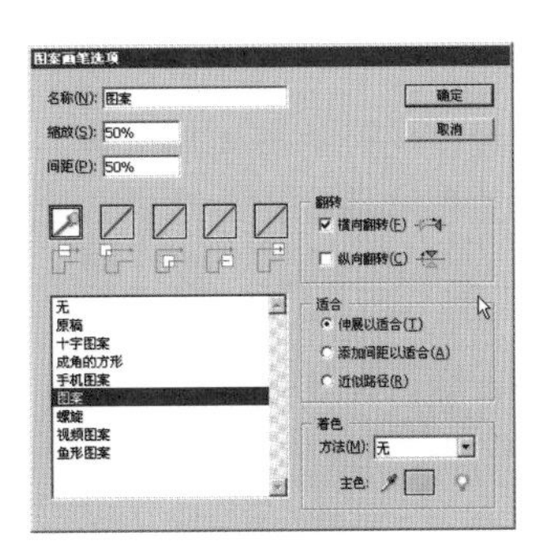

06 这时在“画笔”面板中就会出现刚设置好的图案画笔，如下图所示。

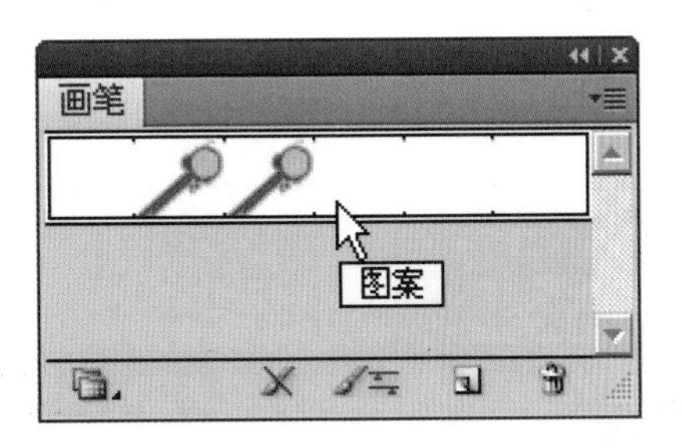

07 在“画笔”面板上选择该图案画笔，然后在工具箱中选择画笔工具，在绘图区中进行绘制，如右图所示。

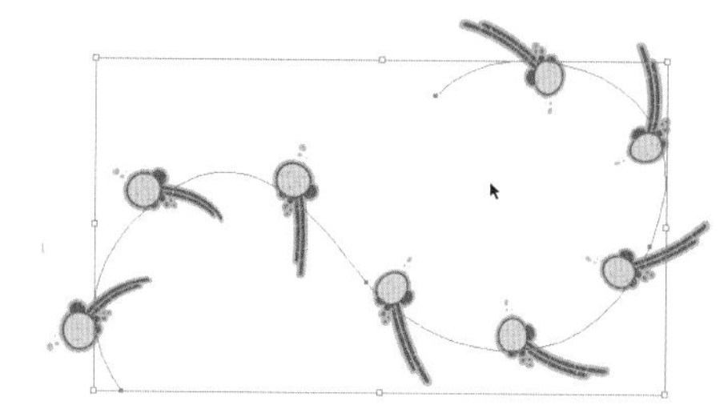

12.1.4 艺术画笔

艺术画笔和散点画笔类似，设计者可以先画出一个矢量对象，然后再将对象转换为画笔。

“艺术画笔选项”对话框如右图所示，对话框中的具体参数功能如下：

名称：输入画笔的名称。

预览窗口：可以预览艺术画笔的编辑效果。

着色：在“方法”下拉列表中可以选择不同的方法类型，其中包括无色、淡色、暗色和色相转换4种方法，使用不同的方法会出现不同的结果。

方向：设置路径的方向与对象之间的相对关系，箭头的方向指向路径结束的方向。

大小（宽度和等比）：选中“宽度”复选框可以修改画笔的宽度值，用来改变路径上艺术画笔对象的宽度。选中“等比”复选框，可以使对象等比例变化。

翻转：选中“横向翻转”复选框，可以水平翻转“艺术画笔”对象，选中“纵向翻转”复选框，可以垂直翻转“艺术画笔”对象。

01 执行“窗口/画笔”命令，弹出“画笔”面板，在“画笔”面板的主菜单中选择“显示 艺术画笔”命令。“画笔”面板上就会出现艺术画笔，如下图所示。

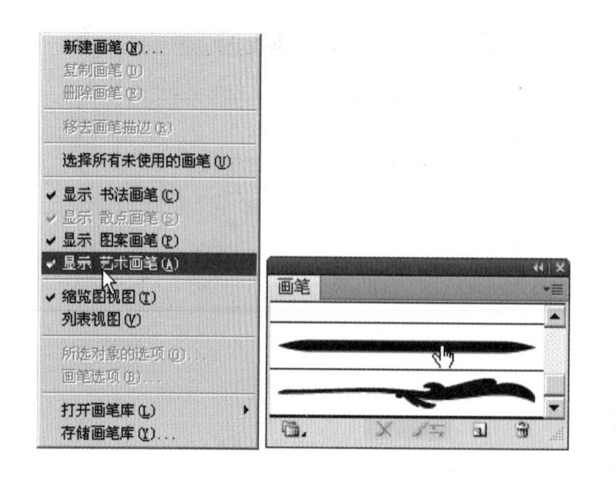

02 在“画笔”面板上选择一种画笔，然后在工具箱中选择画笔工具，在绘图区中进行绘制即可，如下图所示。

技巧提示

设计者也可以为对象直接应用艺术画笔，首先选取要应用艺术画笔的对象，然后在“画笔”面板上选择其中一种画笔即可，如下图所示。

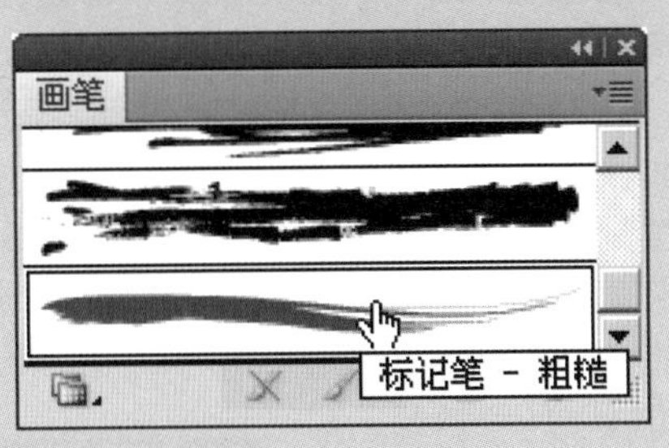

设计者也可以将已经绘制好的对象设置为艺术画笔。

01 执行“文件/打开”命令，在弹出的“打开”对话框中打开光盘素材文件“12\基础知识讲解\示例图\12-5”，如下图所示。

02 用选择工具选取要作为艺术画笔的“雪花”图像，然后在“画笔”面板中单击“新建画笔”按钮，弹出“新建画笔”对话框，如下图所示。

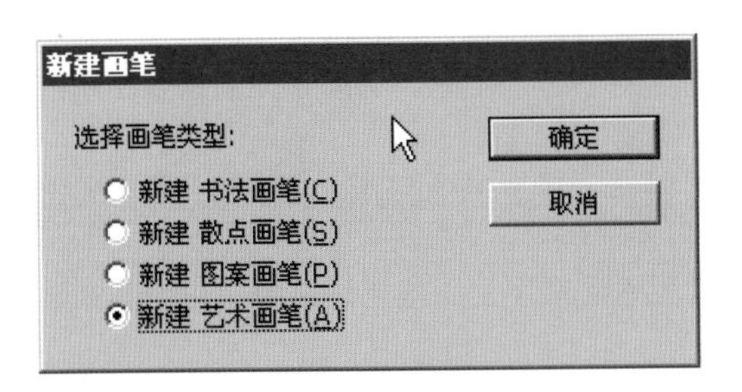

03 在“新建画笔”对话框中选中“新建 艺术画笔”单选项，单击“确定”按钮，弹出“艺术画笔选项”对话框，在该对话框中设置艺术画笔的各项属性，如下图所示。

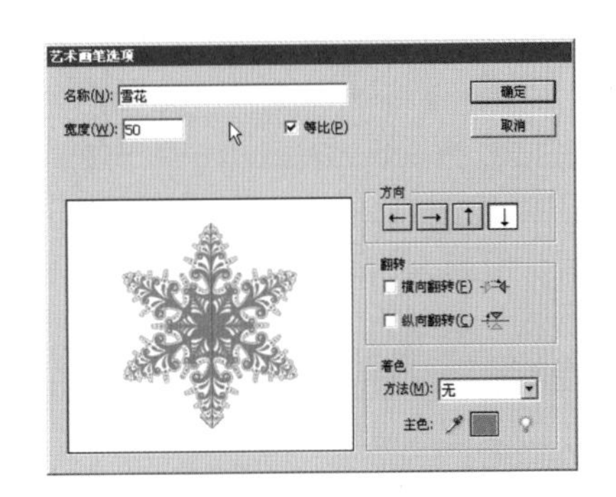

04 单击“确定”按钮即可完成设置。在“画笔”面板上选择“雪花”画笔，然后在工具箱中选择画笔工具，在绘图区中进行绘制，如下图所示。

12.1.5 斑点画笔

学习时间：10分钟

使用斑点画笔工具绘制路径，能够与现有图稿合并。斑点画笔绘制的路径只有填充效果，没有描边效果，并可与带有同样填充效果但无描边效果的图稿进行合并。斑点画笔工具具有很强的合并路径功能，可以与具有复杂外观的图稿进行合并，但是该图稿必须没有描边，并且斑点画笔需要设置为在绘制时使用完全相同的填充和外观。

例如，对于一个带有投影效果、用黄色填充的矩形，设计者就可以为斑点画笔设置同样的属性，然后在矩形上绘制一条贯穿其中的路径，这样，两条路径将会合并，设计者就可以轻松选择并编辑最终生成的形状。与橡皮擦工具一起使用斑点画笔，可准确而直观地进行矢量图绘制。

使用斑点画笔工具可绘制填充的形状，以便与具有相同颜色的其他形状进行交叉和合并。

"斑点画笔工具选项"对话框如下图所示，对话框中的具体参数功能如下：

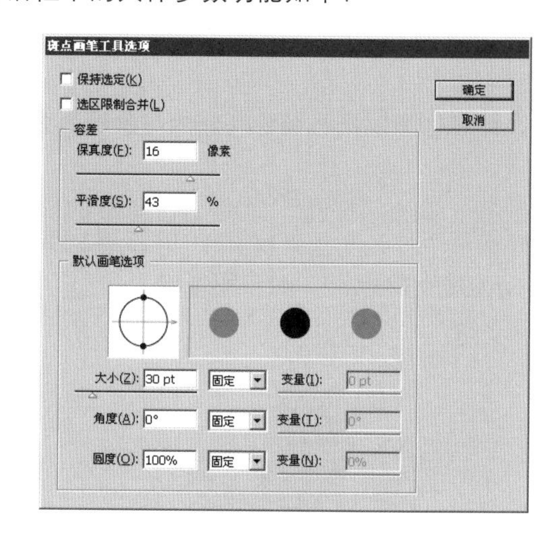

保持选定：绘制合并路径时，所有路径都将被选中，并且在绘制过程中保持被选中状态。该复选框在设计者需要查看包含在合并路径中的全部路径时非常有用。选中该复选框后，"选区限制合并"复选框将被停用。

选区限制合并：如果选择了图稿，则使用斑点画笔只可与选定的图稿合并。如果没有选择图稿，则使用斑点画笔可以与任何匹配的图稿合并。

保真度：设置必须将鼠标或光笔移动多大距离，Illustrator才会向路径添加新锚点。例如，保真度值为2.5，表示小于2.5像素的工具移动将不生成锚点。保真度的范围为0.5～20像素之间，值越大，路径越平滑，复杂程度越小。

平滑度：设置设计者使用工具时，Illustrator应用的平滑量。平滑度范围为0%～100%，百分比越高，路径越平滑。

大小：决定画笔的大小。

角度：决定画笔旋转的角度，拖曳预览区中的箭头，或在"角度"文本框中输入一个值。

圆度：决定画笔的圆度。将预览区中的黑点朝向或背离中心方向拖曳，或者在"圆度"文本框中输入一个值，该值越大，圆度就越大。

12.1.6 灵活的画笔

设计者也可以将已经绘制好的对象设置为艺术画笔。对于艺术画笔，必须首先创建要使用的图稿。为画笔创建图稿时应遵循下列规则：

① 图稿不能包含渐变、混合、其他画笔描边、网格对象、位图图像、图表、置入文件或蒙版。

② 对于艺术画笔，图稿中不能包含文字。若要实现包含文字的画笔描边效果，可为其创建文字轮廓，然后使用该轮廓创建画笔。

12.2 实例应用

难度程度：★★★☆☆ 总课时：35分钟
素材位置：12\实例应用\炫酷音乐

演练时间：35分钟

炫酷音乐

◉ 实例目标

此幅作品绘制出的画面的主体形象强烈，画面使用大面积的灰色作为底图，结合动感的人物造型和少量的亮色系使用，使画面酷感十足。

◉ 技术分析

本例主要使用了“钢笔工具”、“直线线段工具”、“渐变工具”等进行绘制画面主体。同时使用“画笔工具”绘制出地图效果，该例重点介绍了使用“画笔工具”制作背景效果。

制作步骤

01 执行菜单“文件/新建”命令（或按【Ctrl+N】组合键），设置弹出的“新建文档”对话框如下图所示，单击“确定”按钮即可创建一个新的空白文档。

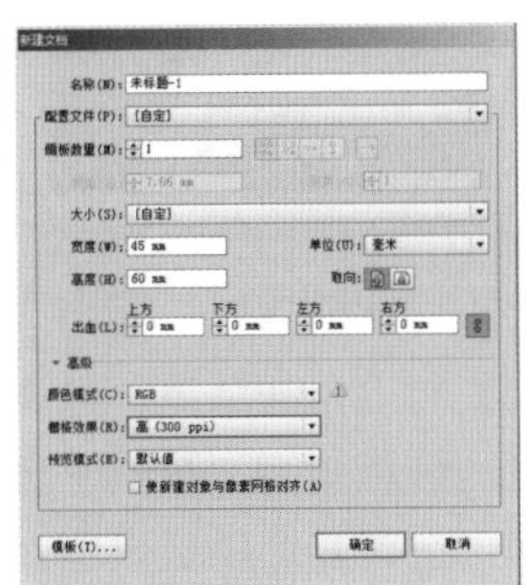

02 使用“矩形工具”，绘制一个与画板相同大小的矩形，填充色设置为黑色，无描边色。调出“渐变”对话框，设置合适的渐变类型，如下图所示。

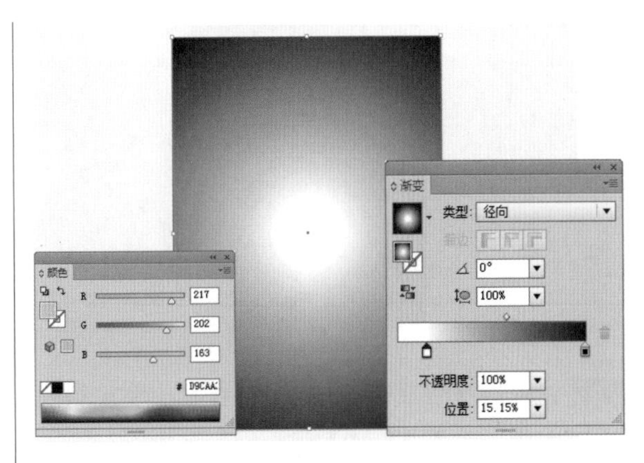

03 使用“直线段工具”，按住【Shift】键，在画面上方绘制一条水平的线段，描边色设置为灰色，无填充色，如下图所示。

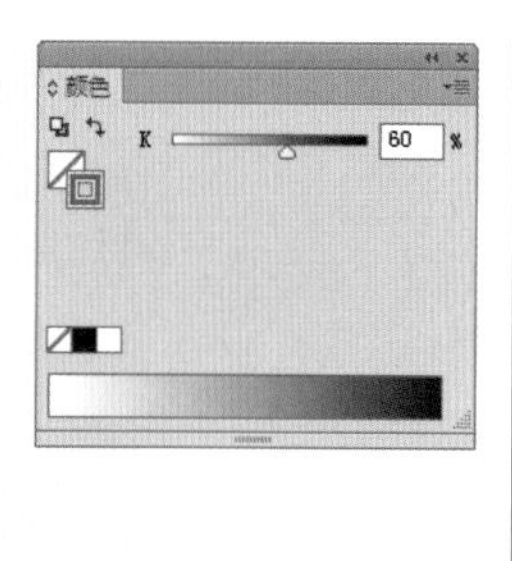

04 选中上一步绘制的线段，调出“画笔”对话框，单击其右上角的菜单，选择“打开画笔库/艺术效果/艺术效果_粉笔炭笔铅笔”选项，选择合适的笔刷，在工具选项栏设置合适的描边参数，如下图所示。

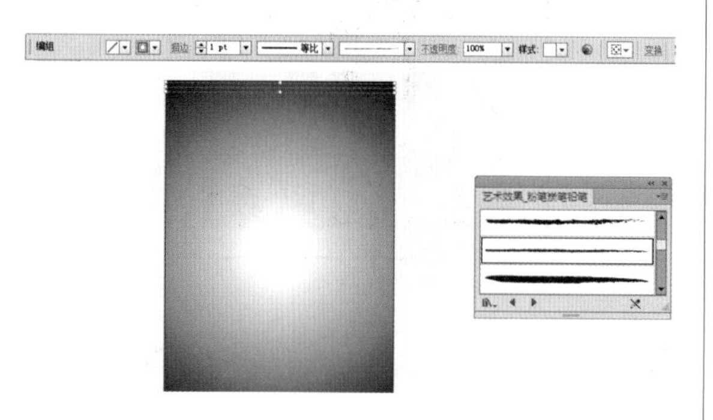

05 使用选择工具，选中上一步绘制的线段，按住【Shift+Alt】组合键，垂直拖动鼠标，向下复制一个相同的图形，如下图所示。

06 使用选择工具，继续选中上一步复制的图像，按【Ctrl+D】组合键，多次执行上一步的相同命令，然后按住【Shift】键将所有线段全部选中，按【Ctrl+G】组合键，执行“编组”命令，如下图所示。

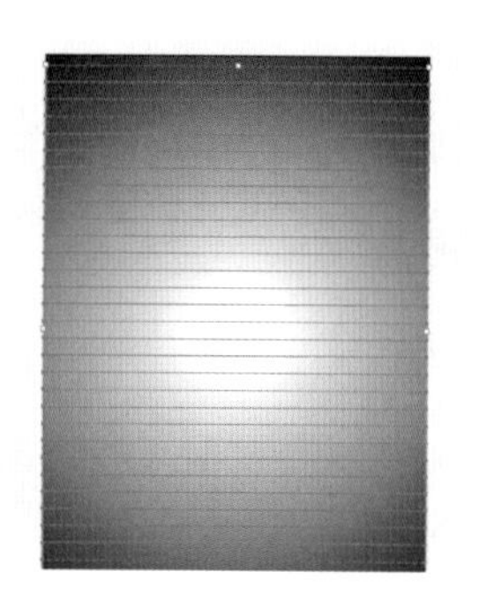

07 使用椭圆工具，按住【Shift】键，在画面中间位置绘制一个正圆形，调出“渐变”对话框，设置合适的渐变类型，再双击“渐变滑块”，在弹出的面板中调整合适的颜色和不透明度参数，如下图所示。

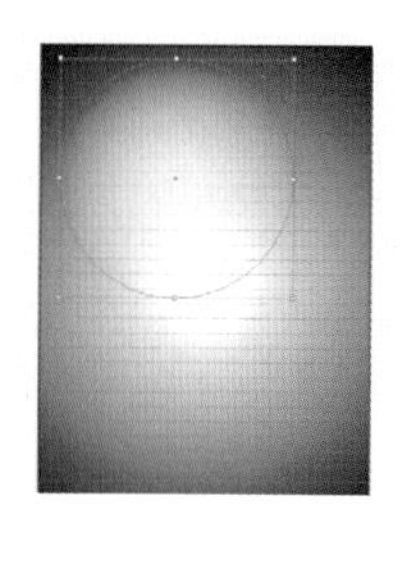

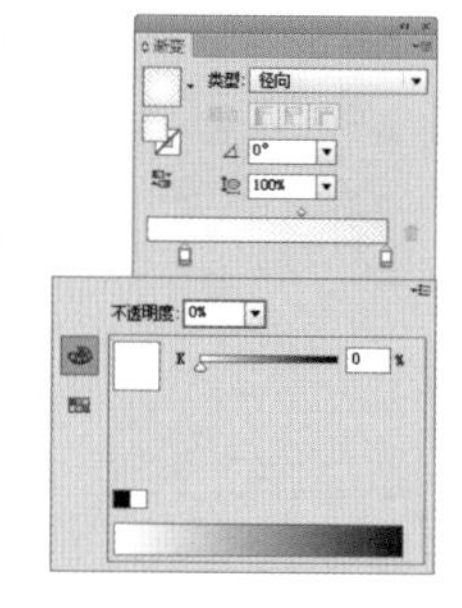

08 使用直线段工具，在画面上方绘制一条倾斜的线段，描边色设置为白色，无填充色，如下图所示。

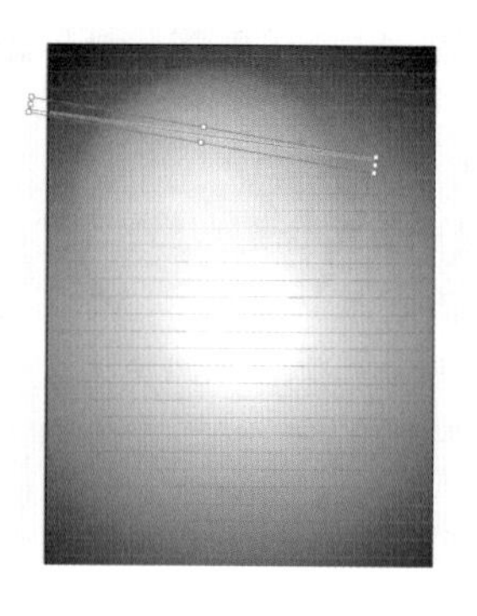

09 选中上一步绘制的线段，调出“画笔”对话框，单击其右上角的菜单，选择“打开画笔库/矢量包/颓废画笔矢量包”选项，选择合适的笔刷，在工具选项栏设置合适的描边和不透明度参数，如下图所示。

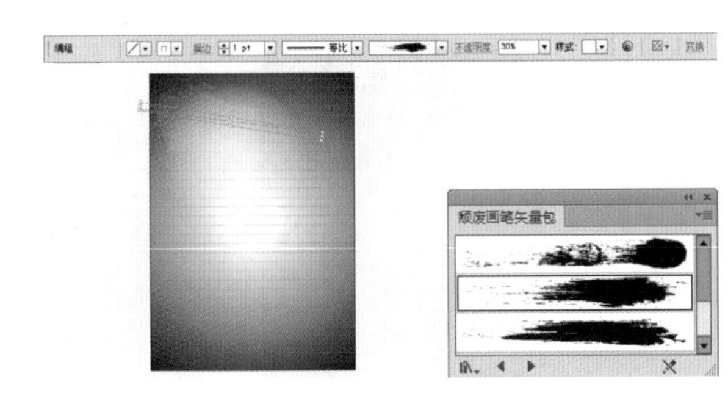

10 使用直线段工具，绘制一条白色线段，调出“画笔”对话框，单击其右上角的菜单，选择“打开画笔库/矢量包/颓废画笔矢量包”选项，选择合适的笔刷，在工具选项栏设置合适的描边和不透明度参数，如下图所示。

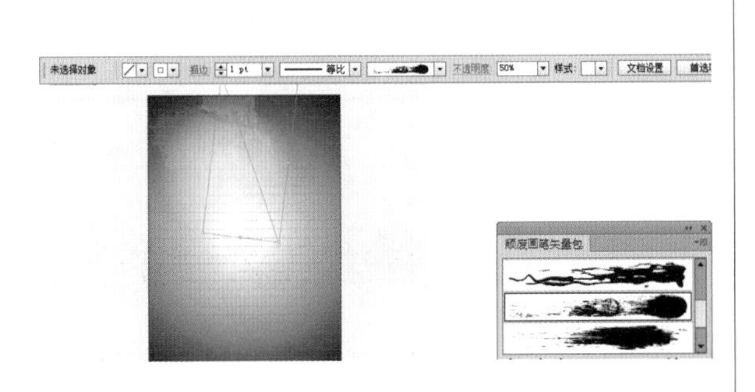

11 使用直线段工具，绘制一条白色线段，调出“画笔”对话框，单击其右上角的菜单，选择“打开画笔库/矢量包/颓废画笔矢量包”选项，选择合适的笔刷，在工具选项栏设置合适的描边和不透明度参数，如下图所示。

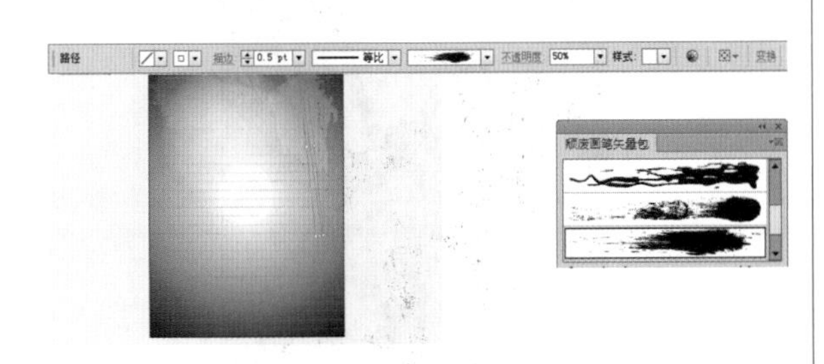

12 使用选择工具，选中上一步绘制的笔刷图案，按住【Alt】快捷键，向下复制一个相同的图形，调整其至合适的位置和角度，在工具选项栏设置合适的不透明度参数，如下图所示。

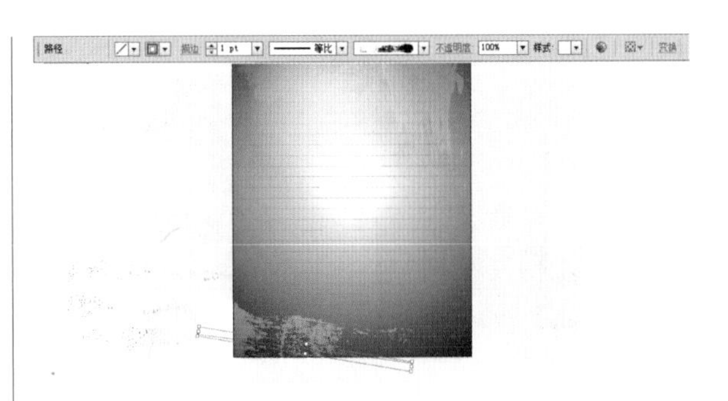

13 在画面下方绘制一条白色线段，调出“画笔”对话框，单击其右上角的菜单，选择“打开画笔库/艺术效果/艺术效果_粉笔炭笔铅笔”选项，选择合适的笔刷，在工具选项栏设置合适描边参数，如下图所示。

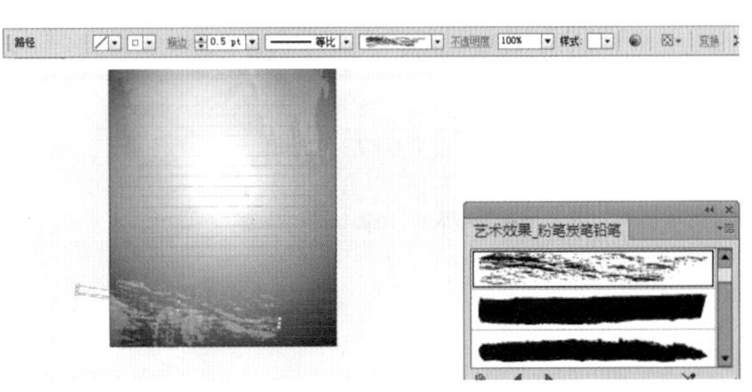

14 在画面下方绘制一条灰色线段，调出“画笔”对话框，单击其右上角的菜单，选择“打开画笔库/艺术效果/艺术效果_油墨”选项，选择合适的笔刷，在工具选项栏设置合适描边参数，如下图所示。

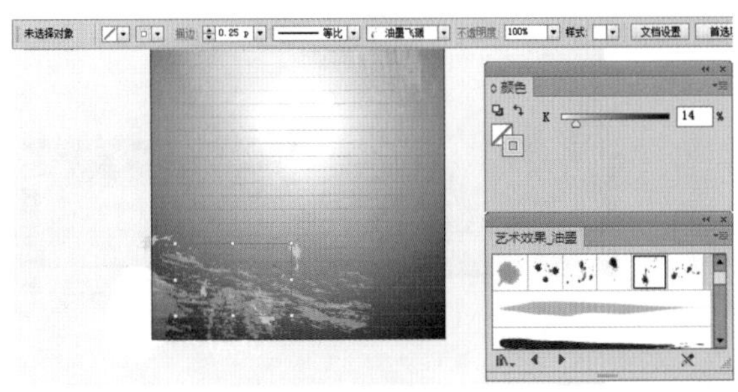

15 在画面下方绘制一条灰色线段，在“颓废画笔矢量包”面板中选择合适的笔刷图案，在工具选项栏设置合适的描边参数，按【Ctrl+[】组合键，向下调整图形层次，至白色笔刷下方，如下图所示。

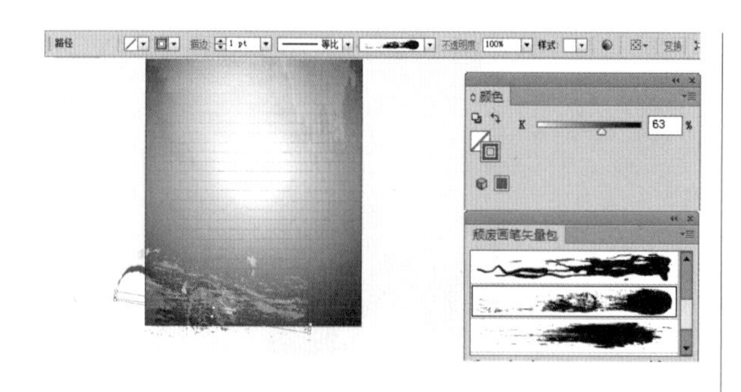

16 使用选择工具，选中上一步绘制的笔刷图案，按住【Alt】快捷键，向右复制一个相同的图形，调整其至合适的位置和角度，如下图所示。

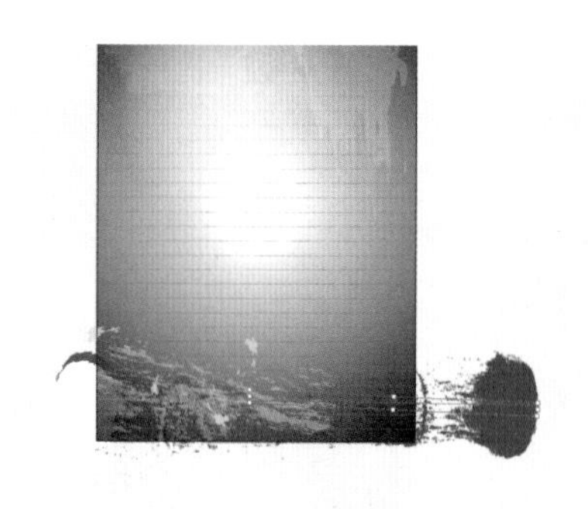

17 在画面下方绘制一条黑色线段，调出“画笔”对话框，单击其右上角的菜单，选择“打开画笔库/艺术效果/艺术效果_水彩”选项，选择合适的笔刷，如下图所示。

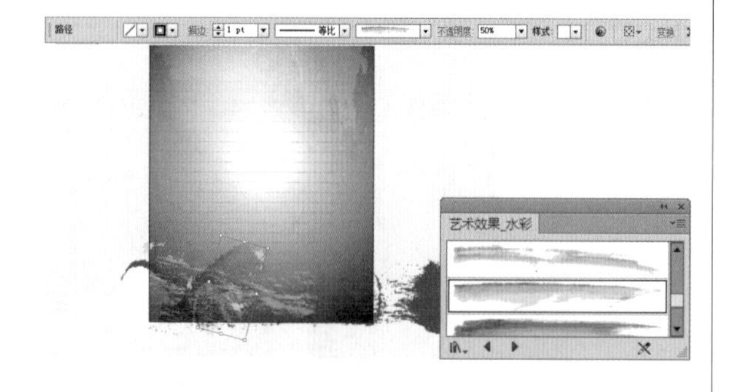

18 使用上面相同的方法绘制出其他笔刷图形，设置合适的描边颜色和笔刷图案，在工具选项栏设置合适的描边和不透明度参数，如下图所示。

19 按【Ctrl+A】组合键，将画面全选，按【Ctrl+2】组合键，执行“锁定”命令。方便后期制作，如下图所示。

20 制作出背景效果后，将光盘中的素材置入，进行调整，使用矩形工具，绘制一个与画板相同大小的矩形，将画面全选，然后在其上方单击鼠标右键，在弹出的菜单中选择“建立剪切蒙版”命令，将画面边缘多余的图形隐藏，得到最终效果，如下图所示。

Part 13（22.5-24.5小时）

曲线的重新造型

【路径的应用：80分钟】

路径命令	40分钟
路径查找器	40分钟

【实例应用：40分钟】

MUSIC主题海报	40分钟

13.1 路径的应用

难度程度：★★★☆☆ 总课时：80分钟
素材位置：13\基础知识讲解\示例图

在Illustrator CS6软件中，为了使编辑好的路径图形更能达到用户的需要，不仅可以通过钢笔工具等来编辑路径，还可以使用剪刀工具、路径命令等一些高级路径编辑工具来进一步地完善图形。

13.1.1 路径命令

学习时间：40分钟

Illustrator CS6提供了很多具有特色的路径命令，如右图所示，这些命令可以使软件的使用者更容易地对路径进行操作。因为在Illustrator CS6软件中，对路径的操作是最重要的一个编辑环节。打开“对象/路径”子菜单，即可看到这些命令。

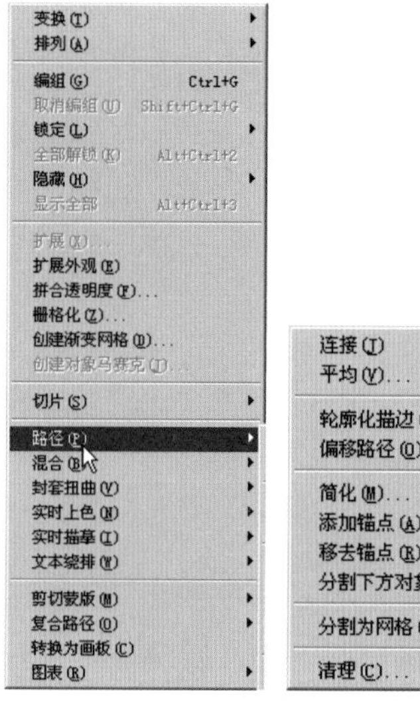

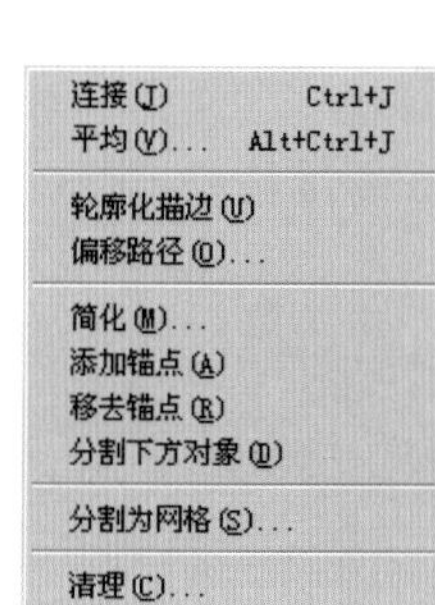

连接：可以从选中的两条开放路径的尾端锚点将两条路径连接在一起，变成一条路径。

平均：可以使所选择的两个或者两个以上的锚点移动到它们当前位置的中间。

轮廓化描边：可以用来为所选路径中的所有轮廓路径描边。

偏移路径：可以得到一条向内或者向外偏移原路径一定距离的镶嵌路径。

简化：可以使原路径在保持形态不变的情况下，减少路径中多余的锚点，使系统运行的速度加快，也可以增加路径的可调整性和控制性。

添加锚点：在每两个锚点之间添加一个新的锚点。

分割下方对象：选择一个对象路径作为切割器或者模板来切割其下方的对象。

分割为网格：可以将任何形状的对象分割为类似表格的对象。

清理：清除绘图区中删除后剩余的独立节点、没有填充属性和画笔属性的对象和空白文本等多余的对象。

“连接”命令

01 绘制一个南瓜色矩形框为背景。选择工具箱中的钢笔工具，按住【Shift】键，在绘图区绘制出两条直线，如下图所示。

02 再选择工具箱中的直接选择工具，框选需要连接的两个节点，如下图所示。

03 执行“对象/路径/连接”命令，这样，就从选中的两个锚点处连接在一起，成为一条路径，如右图所示。

技巧提示

在绘图区中用直接选择工具选中了开放路径中的两个端点后，在页面上单击鼠标右键，在弹出的快捷菜单中选择“连接”命令，也可以将两个节点连接起来。

如果被选择的节点不是两条开放路径的节点，或者这两个节点不在同一条路径上，系统将会弹出一个提示对话框，如右图所示。

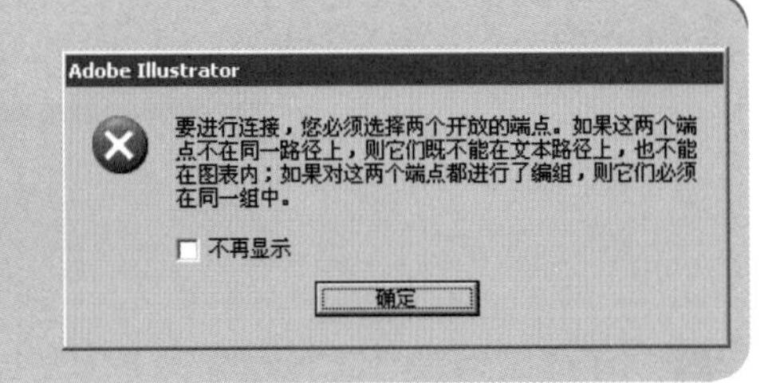

“平均”命令

执行菜单“对象/路径/平均”命令，弹出“平均”对话框如右图所示，对话框中的具体参数功能如下：

水平：选中此单选按钮，所选择的节点将在“水平”方向作平均，选择的节点也将被移动到同一条水平线上。

垂直：选中此单选按钮，所选择的节点将在“垂直”方向作平均，选择的节点也将被移动到同一条垂直线上。

两者兼有：选中此单选按钮，选择的节点将在“水平”方向和“垂直”方向上都作平均，所有被选择的节点也将被移动到一个节点上。

01 选择工具箱中的钢笔工具，在绘图区单击鼠标左键确定一个起始节点，然后拖曳鼠标，再单击鼠标左键确定结束节点，绘制出任意的一条曲线，如下图所示。

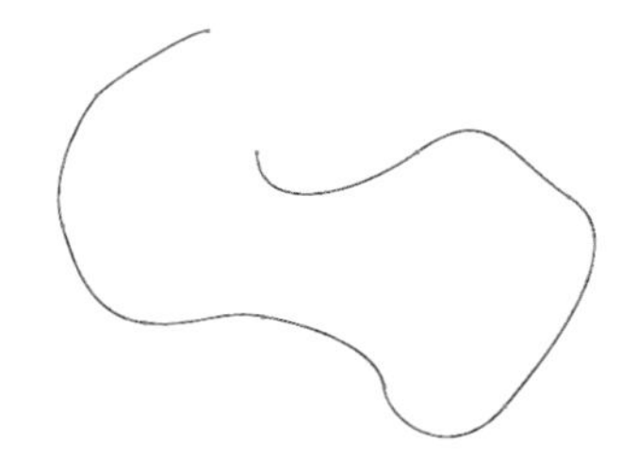

02 选择工具箱中的直接选择工具，拖曳鼠标，框选需要绘制的曲线上所有的节点，如下图所示。

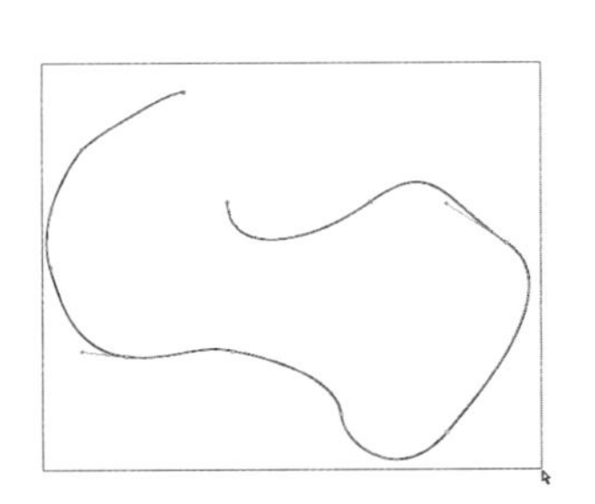

03 执行“对象/路径/平均”命令，这时，将弹出一个“平均”对话框，在弹出的对话框中保持默认的选择，单击“确定”按钮后，所选择的节点将在“水平”方向和“垂直”方向上都作平均，所有被选择的节点也将被移动到一个节点上，如下图所示。

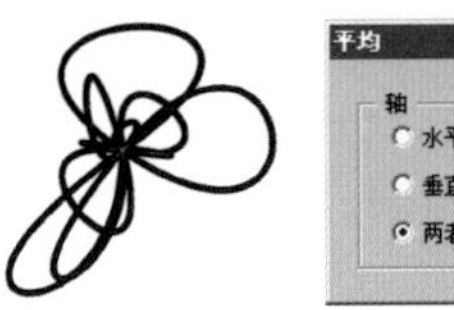

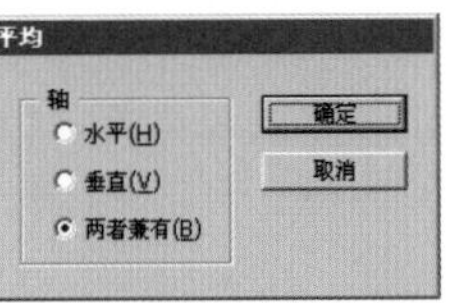

“轮廓化描边”命令

01 选择工具箱中的椭圆工具，在绘图区中单击鼠标左键，在弹出的“椭圆”对话框中设置其“宽度”和“高度”，单击“确定”按钮后，绘制出一个正圆形，如下图所示。

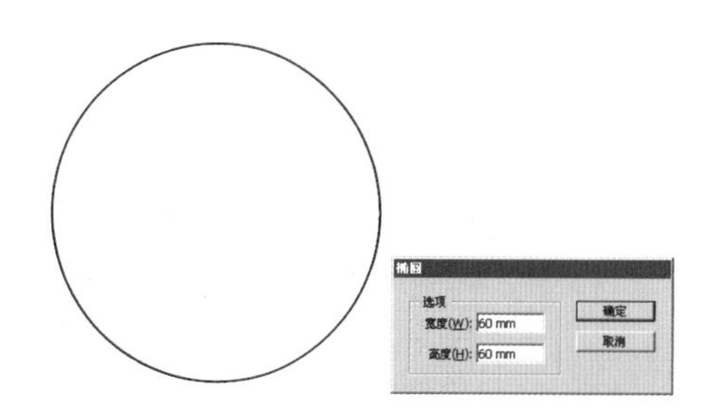

02 用选择工具选中这个正圆形，然后执行“窗口/描边”命令，打开“描边”面板，进行相关的设置，如下图所示。

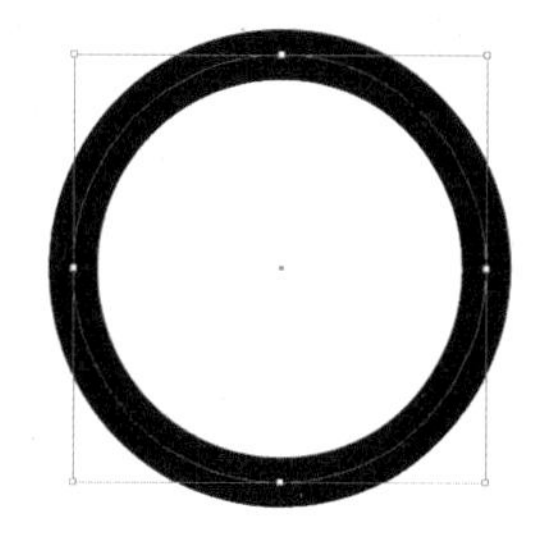

03 再次用选择工具选中这个描边后的正圆形，执行“对象/路径/轮廓化描边”命令，如下图所示。

04 然后用选择工具选中“轮廓化描边”后的图形，在“色板”面板上单击“红色”色板，这样，图形将被填充红色。再用相同的方法做出其他几个圆环，将其进行排列后，奥运五环就完成了，如下图所示。

“偏移路径”命令

执行菜单“对象/路径/偏移路径”命令，弹出“位移路径”对话框如下图所示。

位移：在这个文本框中输入数值可以确定路径的偏移量。

连接：在该下拉列表中有“斜接”、“圆角”和“斜角”3种连接方式，选择不同的连接方式，效果也会不同，如下图所示。

斜接限制：此数值用来控制偏移转角处的转角程度。

圆角　　斜接　　斜角

01 选择工具箱中的钢笔工具，在绘图区单击鼠标左键确定一个起始节点，然后按住【Shift】键拖曳鼠标，再单击鼠标左键确定结束节点，绘制出一个图形，如下图所示。

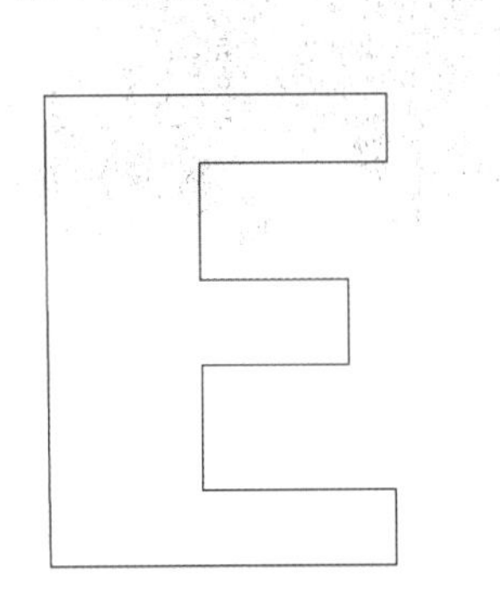

02 用直接选择工具选中这个图形，执行“对象/路径/偏移路径”命令，如下图所示。

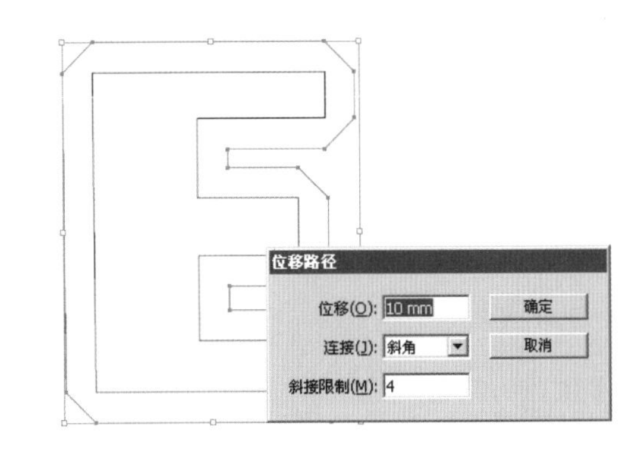

“简化”命令

执行菜单“对象/路径/简化”命令，打开“简化”对话框如右图所示。

曲线精度：此参数值决定了简化后图形与原图形的相近程度。数值越大，简化后图形所包含的节点就越多，与原图形的相似程度就越大。它的数值范围是0%～100%。

角度阈值：此参数值用来决定拐角的平滑程度。两个节点之间所确定的拐角小于设定的数值，这个拐角就不会发生变化，反之则被删除。这个参数值的范围是0°～180°。

直线：选中此复选框可以使简化后的图形忽略图形中所有的曲线部位，显示为直线。

显示原路径：选中此复选框，在操作过程中可以使原图形中的节点显示为红色，从而产生对比效果，如下图所示。

简化

简化路径

曲线精度(C) 100 %

角度阈值(A) 0 °

原始: 438 pt　当前: 942 pt

选项

直线(S)　显示原路径(O)

确定

取消

预览(P)

01 执行“文件/打开”命令，在弹出的“打开”对话框中选择光盘素材文件“13\基础知识讲解\示例图\13-1”，然后单击“打开”按钮，素材文件如下图所示。

02 在打开的图像窗口中，用选择工具框选图像的所有部分。然后执行“对象/路径/简化”命令，在弹出的“简化”对话框中进行参数设置，如下图所示。

03 设置完成后单击“确定”按钮，图形中所有的曲线部位将被忽略，显示为直线，如右图所示。

“添加锚点”命令

01 执行“文件/打开”命令，在弹出的“打开”对话框中选择光盘素材文件“13\基础知识讲解\示例图\13-2”，然后单击“打开”按钮，素材文件如下图所示。

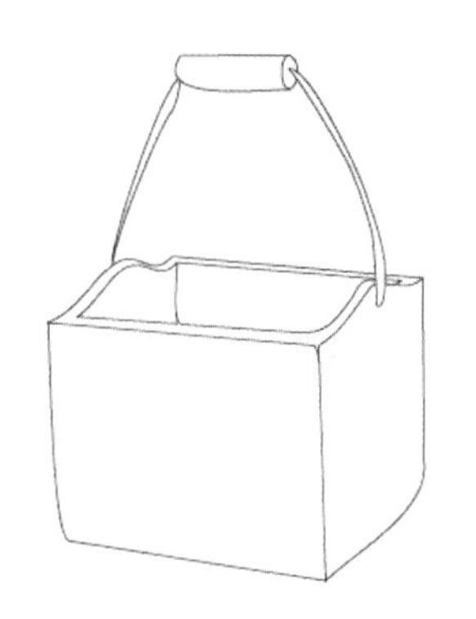

02 在打开的图像窗口中用选择工具框选图像的所有部分。然后执行“对象/路径/添加锚点”命令，这样选中的图形上就会增加一些锚点，如下图所示。

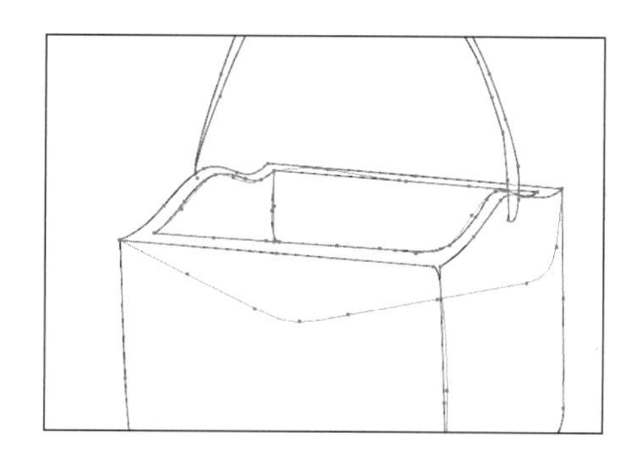

“分割下方对象”命令

01 在工具箱的矩形工具列表中选择多边形工具，然后在绘图区单击鼠标左键，在弹出的“多边形”对话框中设置其“半径”为50，“边数”为6，设定完成后单击“确定”按钮，效果如下图所示。

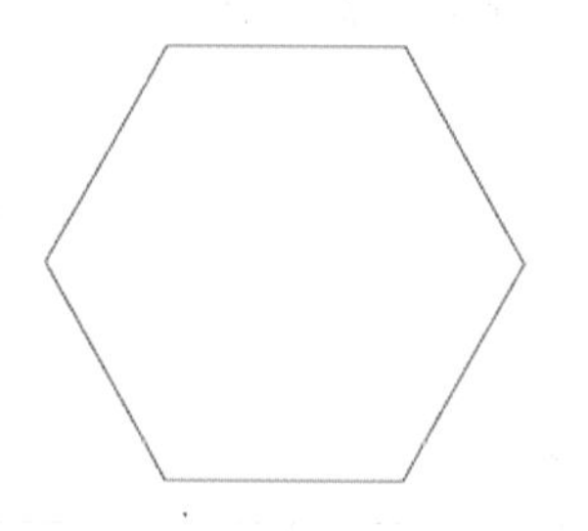

02 在工具箱的矩形工具列表中选择星形工具，在绘图区单击鼠标左键，在弹出的“星形”对话框中设置参数，然后单击“确定”按钮，如下图所示。

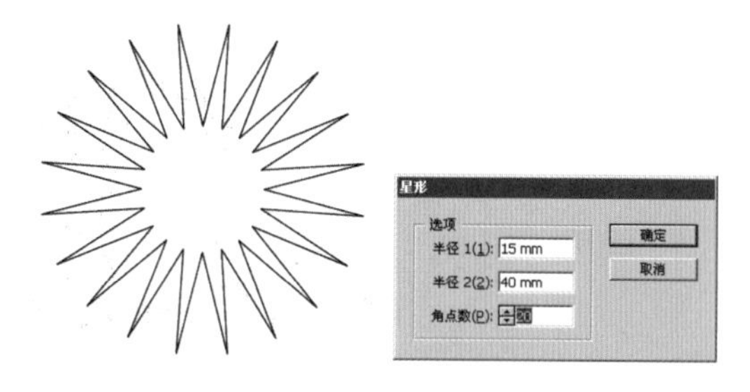

03 用选择工具将星形图形移动到多边形图形上方，因为后面要执行的“分割下方对象”命令，要求选择的路径要位于分割对象的上方，如下图所示。

04 用选择工具选择星形图形，然后执行“对象/路径/分割下方对象”命令，如下图所示。

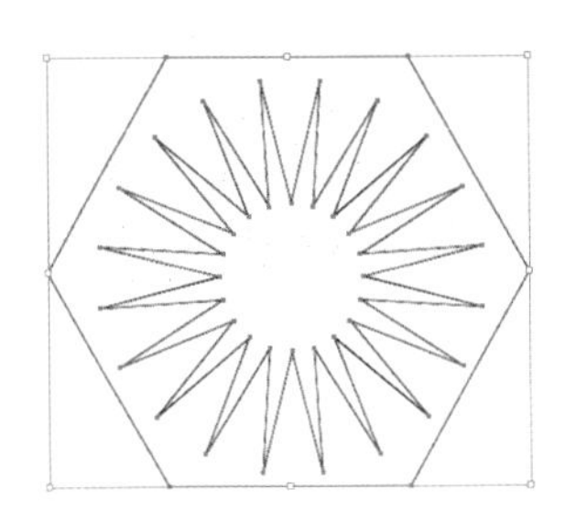

05 用选择工具选择星形图形并将其删除，然后再用选择工具选择分割后的图形，对其填充黑色，如下图所示。

“分割为网格”命令

执行菜单“对象/路径/分割为网格”命令，弹出“分割为网格”对话框如下右图所示。

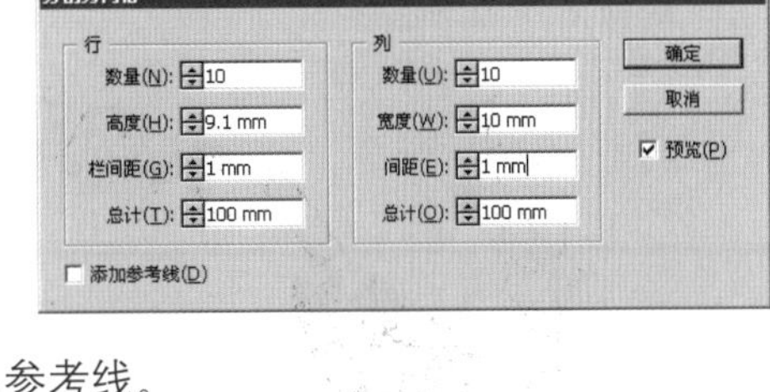

行：在该栏中可以设置分割出来的网格的行数、网格的高度、网格的垂直栏间距和整个网格高度的总计值。

列：在该栏中可以设置分割出来的网格的列数、网格的宽度、网格的水平间距和整个网格宽度的总计值。

添加参考线：选中此复选框，可以在网格的边缘显示出参考线。

01 选择工具箱中的矩形工具，在绘图区单击鼠标左键，在弹出的“矩形”对话框中设置其“高度”为100，“宽度”为100，设定完成后单击“确定”按钮，效果如下图所示。

02 用选择工具选择矩形图形，然后执行“对象/路径/分割为网格”命令，在弹出的“分割为网格”对话框中进行参数设置，如下图所示。

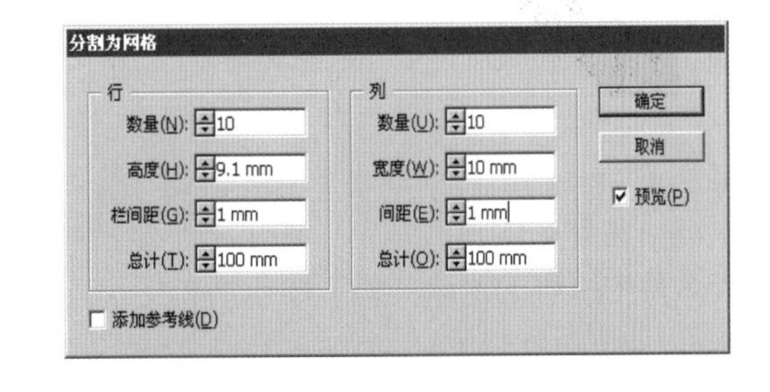

03 完成后单击“确定”按钮，分割出来的图形将类似于表格图形，如下图所示。

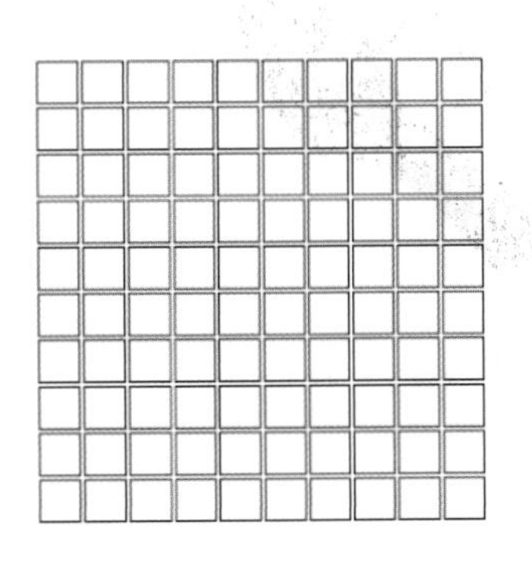

"清理"命令

执行菜单"对象/路径/清理"命令，打开"清理"对话框，如右图所示。

游离点：选中这个复选框，可以清除绘图区中的与所有节点没有关系的独立节点。

未上色对象：选中这个复选框，可以删除绘图区中所有没有填充属性和画笔属性的对象。

空文本路径：选中这个复选框，可以删除绘图区中的空文本框。

清理
删除
☑ 游离点(S)
☑ 未上色对象(U)
☑ 空文本路径(E)
确定
取消

01 执行"文件/打开"命令，在弹出的"打开"对话框中选择光盘素材文件"13\基础知识讲解\示例图\13-3"，然后单击"打开"按钮，素材文件如下图所示。

02 单击工具箱中的"选择工具"按钮，按住鼠标左键，在整个绘图区拖曳，拖出一个矩形框，框选页面中所有的对象，如下图所示。

03 在选中了这些对象后，执行"对象/路径/清理"命令，在弹出的"清理"对话框中选中所有的复选框。这些残留在页面上的对象，如果没有对它进行选择，在此对话框中是看不见的，但是如果要一个一个地删除也很花费时间。利用这个命令可以很快地将这些不需要的对象清除，如下图所示。

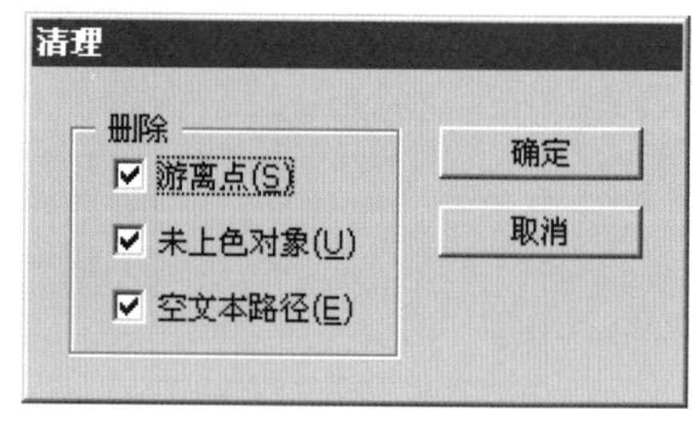

13.1.2 路径查找器

"路径查找器"面板上分为"形状模式"和"路径查找器"两大栏。这个面板的使用对复杂的图形很有帮助。使用"路径查找器"面板可以将选择的两个或者两个以上的图形进行组合或者分离，从而生成新的复合图形。

执行菜单栏中的"窗口/路径查找器"命令，或者按【Shift+Ctrl+F9】组合键，可以将"路径查找器"面板打开，如右图所示。

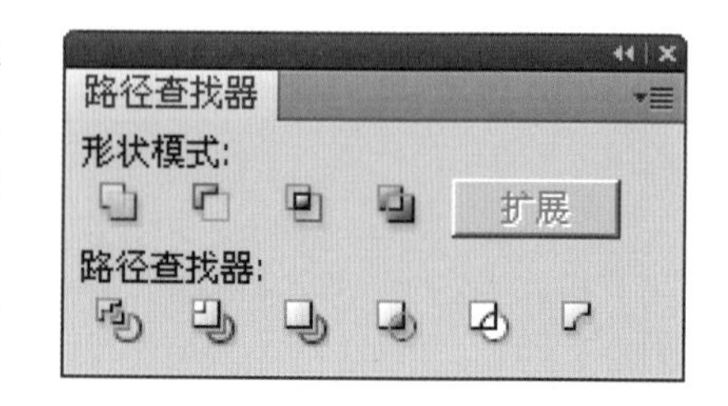

“形状模式”按钮

“形状模式”按钮如右图所示。

与形状区域相加：在绘图区中选择两个或者两个以上的图形时，单击此按钮后，选择的图形将进行合并，生成一个新的图形，原来选择的图形之间的重叠部分也将合为一体，且重叠部分的轮廓线将自动删除。如果选择图形的重叠部分具有填充颜色和描边颜色，那么生成的新图形的填充颜色和描边颜色将与最上面图形的填充颜色和描边颜色相同。

与形状区域相减：在绘图区中选择两个或者两个以上的图形时，单击此按钮后，系统将会用最上面的图形减去最下面的图形，且最上面的图形将在页面中被删除，重叠部分将被剪掉。生成的新图形的填充颜色和描边颜色将与选中图形中的最下面图形的颜色相同。

与形状区域相交：在绘图区中选择两个或者两个以上的图形时，单击此按钮后系统只保留选中图形的重叠部分，没有重叠部分的图形将被删除。执行这个命令后，所生成的新图形的填充颜色和描边颜色与原选中图形的最上面的图形颜色相同。

排除重叠形状区域：在绘图区中选择两个或者两个以上的图形时，单击这个按钮后，系统将保留原来选中图形的没有重叠部分的图形，而重叠部分的图形将转变为透明。奇数个对象的重叠区域将被保留，而偶数个对象的重叠区域将变为透明。单击该按钮后，所生成的新图形的填充颜色和描边颜色与原选中图形的最上面的图形颜色相同。

扩展：单击“形状模式”栏中的前4个按钮中的一个按钮，再用工具箱中的选择工具选取图形后，会发现被删除的图形处于隐藏状态。单击此按钮，就可以将隐藏的图形真正地删除，使单击形状模式按钮后生成的新图形成为一个独立的图形。

01 选择工具箱中的椭圆工具，在绘图区中单击鼠标左键，在弹出的“椭圆”对话框中设置“宽度”和“高度”均为100mm，然后单击“确定”按钮，如下图所示。

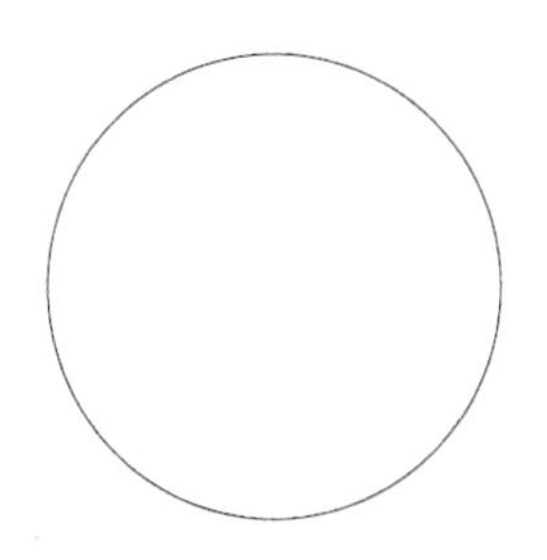

02 用工具箱中的椭圆工具在绘图区绘制出一个宽度和高度都为20mm的正圆形。然后按住【Alt】键，用选择工具复制多个圆形，并将它们按照大圆形的轮廓排列，如下图所示。

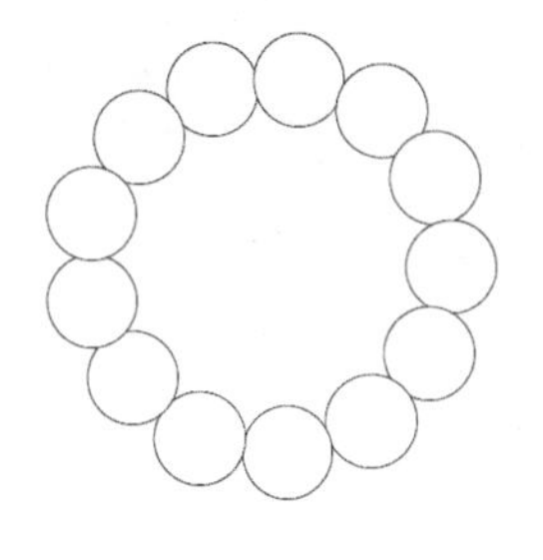

03 用选择工具选中排列好的小圆形图形和大圆形图形，单击“路径查找器”面板中的“与形状区域相加”按钮，如下图所示。

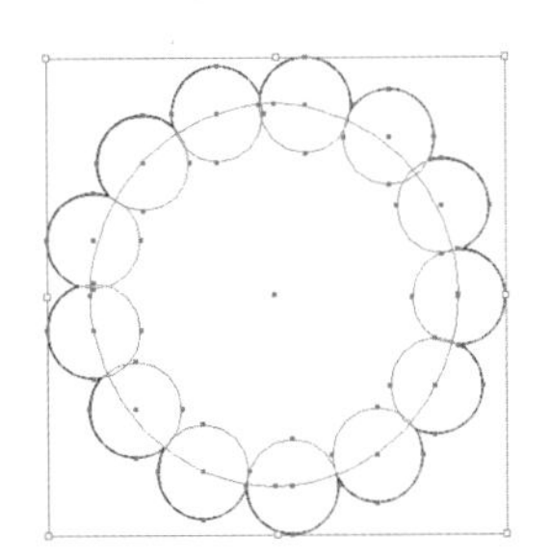

04 为了使相加后生成的新图形成为一个新的独立图形，单击“路径查找器”面板中的“扩展”按钮即可，如下图所示。

05 用选择工具选中这个图形，在控制面板上设置此图形的“填充”颜色为红色，“描边”为无。在按住【Alt】键的同时用选择工具复制这个图形，然后再按住【Shift】键，当鼠标变成双向箭头形状时，拖曳鼠标等比例缩小复制的图形，并在控制面板上更改此图形的“填充”颜色为南瓜色，如下图所示。

06 用工具箱中的椭圆工具在绘图区绘制一个宽度和高度都为30mm的正圆形。用选择工具选中这个正圆形，并在控制面板上设置此图形的“填充”颜色为白色，“描边”为黑色，并用选择工具将圆形移动到复制图形的正中位置，如下图所示。

07 使用工具箱中的选择工具，按住鼠标左键框选复制的图形和正圆形图形，然后单击“路径查找器”面板中的“与形状区域相减”按钮，就得到一个向日葵花形图案，如下图所示。

08 用工具箱中的椭圆工具在绘图区绘制一个宽度和高度都为40mm的正圆形。用选择工具选中这个正圆形，同样在控制面板上设置此图形的“填充”颜色为纯黄色，“描边”为黑色，并用选择工具将这个圆形移动到向日葵图形的正中位置，如下图所示。

09 用工具箱中的选择工具按住鼠标左键框选这个向日葵图形和正圆形，然后单击“路径查找器”面板中的“与形状区域相交”按钮，这时就得到了一个圆环图形，如下图所示。

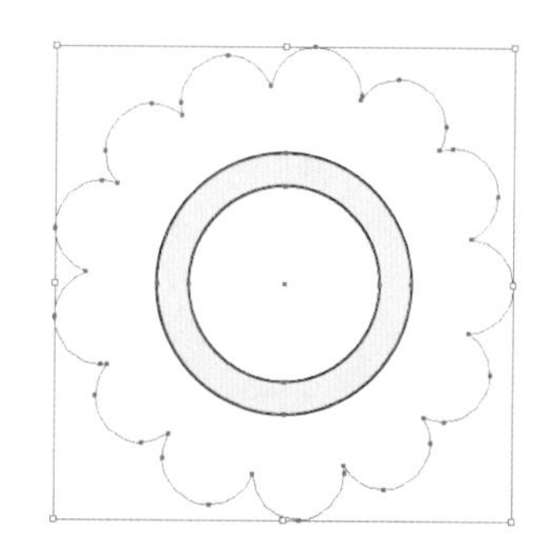

10 再单击“路径查找器”面板中的“扩展”按钮，使相交后的图形成为一个独立的新图形，然后选择工具箱中的选择工具将其移动到红色图形的中间位置，如下图所示。

11 选择工具箱中的选择工具，然后按住【Shift】键选中黄色圆环图形和红色花形图形，再单击“路径查找器”面板中的“排除重叠形状区域”按钮，如下图所示。

12 确定选中新生成的花形图形，单击“路径查找器”面板中的“扩展”按钮，使新生成的图形成为一个独立的图形，如下图所示。

“路径查找器”按钮

“路径查找器”按钮如右图所示。

使用“分割”按钮，可以利用所选择的两个或者两个以上对象的所有重叠部分的轮廓将选择对象分割为多个不同的闭合的图形群组。

如果要对选择的两个或者两个以上的对象中重叠隐藏的部分进行删除，单击“修边”按钮就可以完成，使用这个按钮还可以删除所选择对象的描边，但并不会对填充颜色相同的对象进行合并。

使用“合并”按钮可以删除两个或者两个以上填充对象中的重叠隐藏部分，并将填充颜色相同的对象合并为一个整体，也会将选择对象的描边删除。

对两个或者两个以上的对象应用“裁剪”按钮后，系统将会使用所选对象下面的图形对上面的图形进行裁剪，保留下面图形与上面图形的重叠部分，但将所选择对象的描边删除。

使用“轮廓”按钮，可以使所选择的两个或者两个以上的对象按照其相交的点分割为描边，其描边颜色与原来相同，但所有对象的内部填充为无。

选择两个或者两个以上的对象，单击“减去后方对象”按钮，系统将用最前面的选择图形减去后面的选择图形。

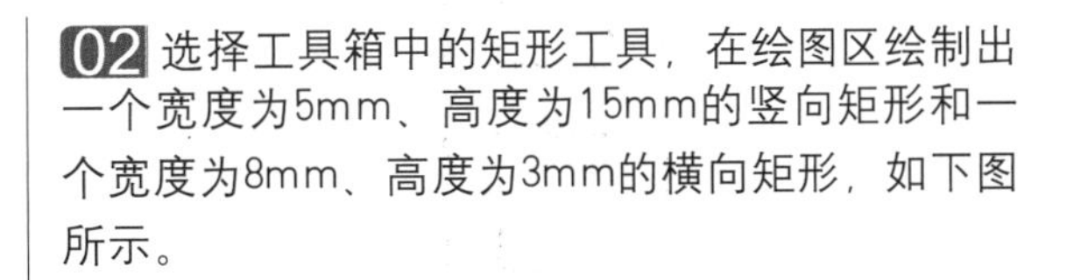

01 选择工具箱中的圆角矩形工具，在绘图区中单击鼠标左键，在弹出的“圆角矩形”对话框中设置“宽度”为10mm，“高度”为20mm，“圆角半径”为2mm，如下图所示。

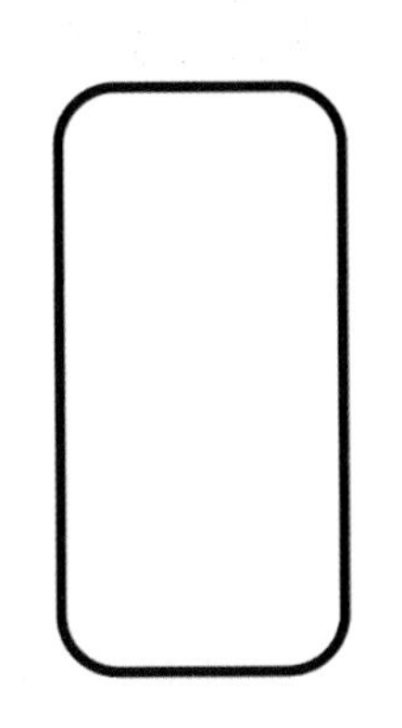

02 选择工具箱中的矩形工具，在绘图区绘制出一个宽度为5mm、高度为15mm的竖向矩形和一个宽度为8mm、高度为3mm的横向矩形，如下图所示。

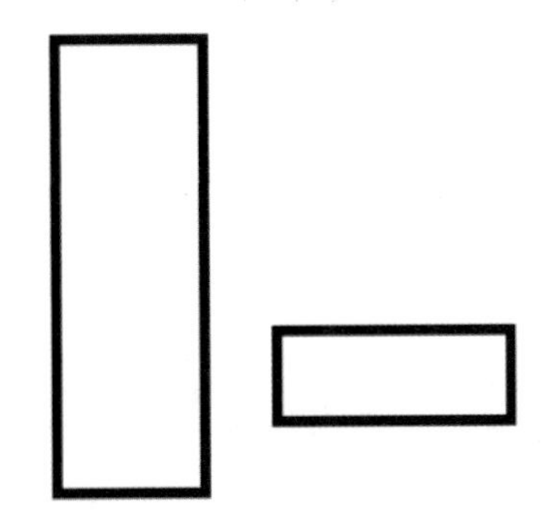

03 选择工具箱中的选择工具，将竖向矩形移动到圆角矩形的上方中央位置。然后选中矩形和圆角矩形，单击鼠标右键，在弹出的快捷菜单里选择“建立复合路径”命令，如下图所示。

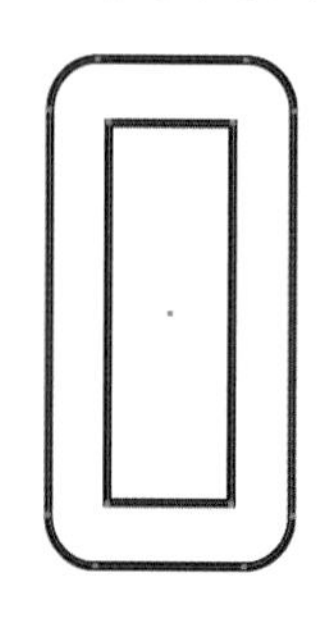

04 再选择工具箱中的选择工具，将横向矩形移动到圆角矩形中央位置。然后选择“窗口/路径查找器”命令，在“路径查找器”面板上单击“与形状区域相加”按钮后，再单击“扩展”按钮，如下图所示。

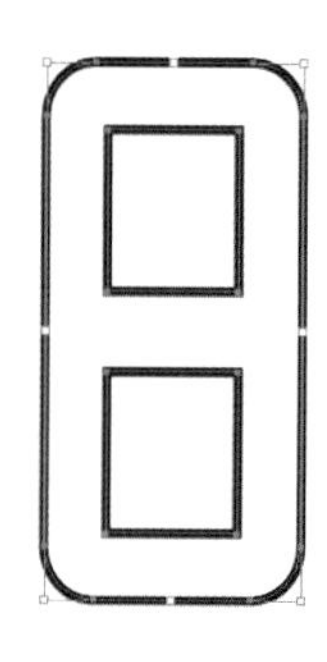

05 用工具箱中的选择工具选中这个“8”字图形，然后在控制面板上设置这个图形的“填充”颜色为灰烬色，“描边”保持为黑色，如下图所示。

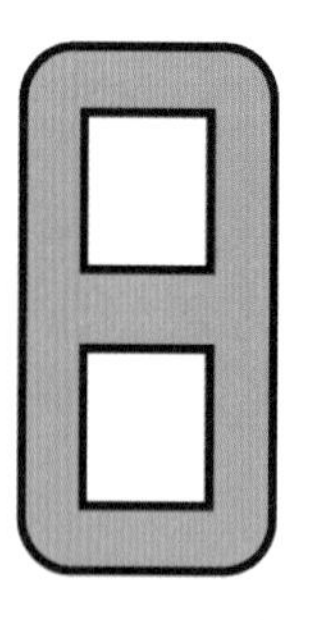

06 选择工具箱中的矩形工具，绘制出一个任意大小的竖向矩形，然后进行复制，并在控制面板上更改这些矩形框的“旋转”角度，如下图所示。

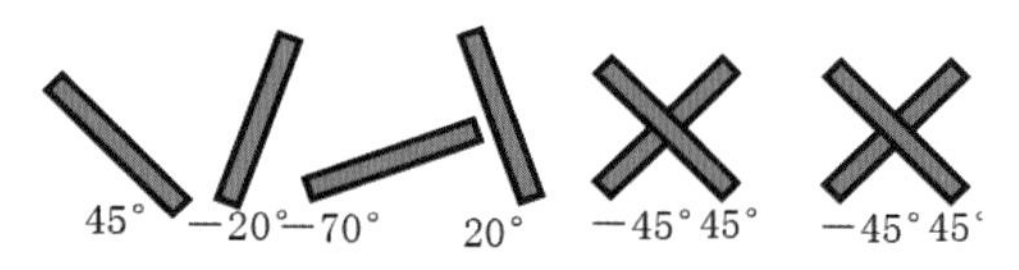

07 用工具箱中的选择工具将这些旋转后的图形移动到“8”字形状的图形上。然后选中这些图形，在“路径查找器”面板上单击“分割”按钮，如下图所示。

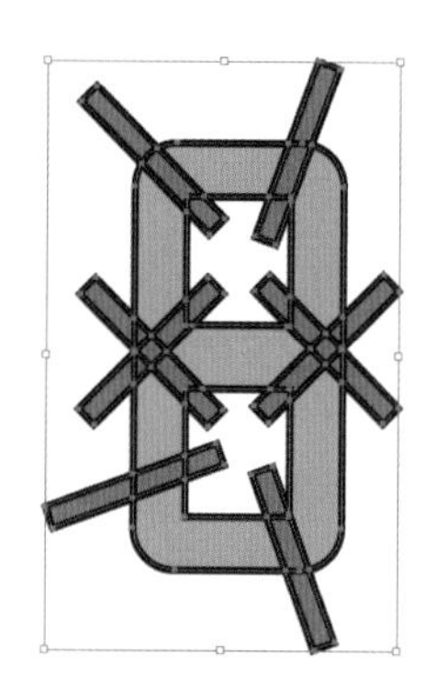

08 用工具箱中的选择工具选中所有的对象，然后单击鼠标右键，在弹出的快捷菜单中选择“取消编组”命令。再用选择工具选中那些旋转的矩形图形，并将它们删除。这样，一个电子式的文字就做好了，如下图所示。

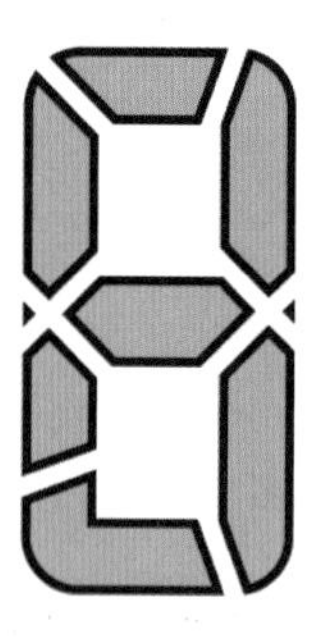

技巧提示

单击“裁剪”按钮后，生成的新图形将自动编组，可以使用编组选择工具将分割或者裁剪后的图形分别进行位置的移动，这样就能看出分割或者裁剪后的图形效果。

单击“轮廓”按钮后，生成的描边线将被分割成一段段的开放路径，但是，这些开放的路径会自动编组。

当选择的对象中前面的图形与后面的图形没有重叠部分时，单击“减去后方对象”按钮后，系统将自动保留最前面的图形，将后面的图形完全删除。

13.2 实例应用

难度程度：★★★☆☆ 总课时：40分钟
素材位置：13\实例应用\MUSIC主题海报

演练时间：40分钟

MUSIC主题海报

◎ 实例目标

本例主要以一幅斜纹理图像作为背景，加入手绘及置入的音乐素材作为主体，构成跳动活跃的画面效果。

◎ 技术分析

本例主要使用了绘图工具中的矩形工具、椭圆工具和圆角矩形工具来制作画面中的一些图形元素，还使用了混合工具、建立不透明蒙版和路径查找器来修饰图形，重点讲解了混合工具的使用。

制作步骤

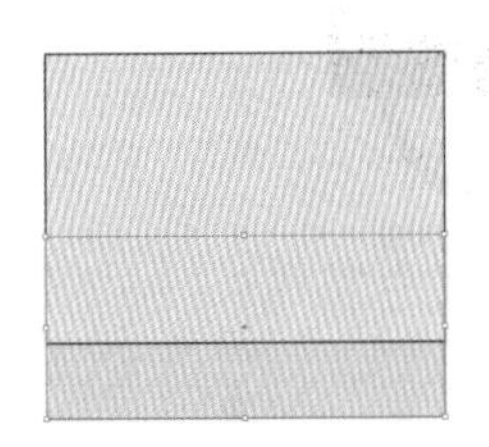

01 执行“文件/打开”命令，置入光盘中的“13\实例应用\MUSIC主题海报\素材6”文件，并单击控制面板中的“打开”按钮，得到素材，效果如下图所示。

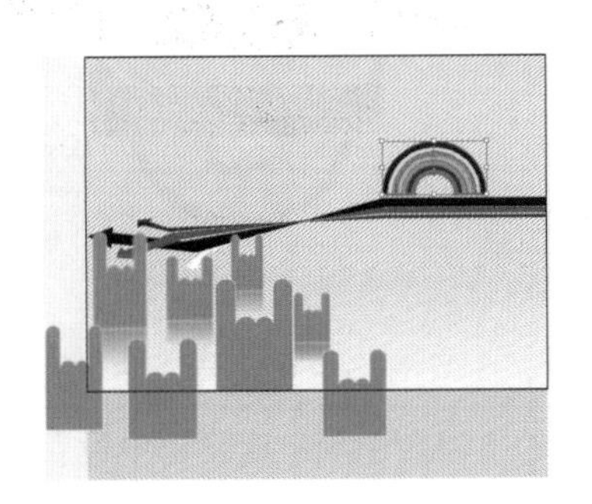

02 选择打开的素材中的彩虹，单击鼠标右键，在弹出的快捷菜单中选择“变换/旋转”命令，在弹出的对话框中设置参数，单击“复制”按钮，将得到的复制结果调整位置，得到效果如下图所示。

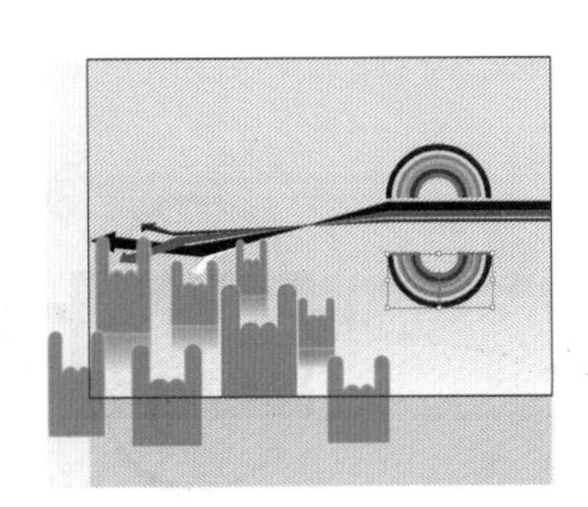

03 选择工具箱中的圆角矩形工具，在画面合适的位置绘制一个圆角矩形，执行“窗口/颜色”命令，在弹出的“颜色”面板中设置填充色，描边颜色为白色，在上方控制面板中设置描边粗细，得到效果如下图所示。

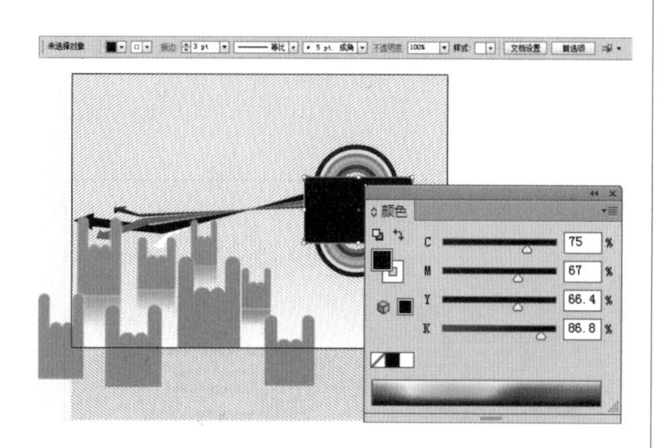

04 继续选择工具箱中的圆角矩形工具，在绘制好的黑色矩形图形中再绘制一个圆角矩形，执行“窗口/渐变色”命令，在弹出的“渐变色”面板中设置参数，如下图所示。

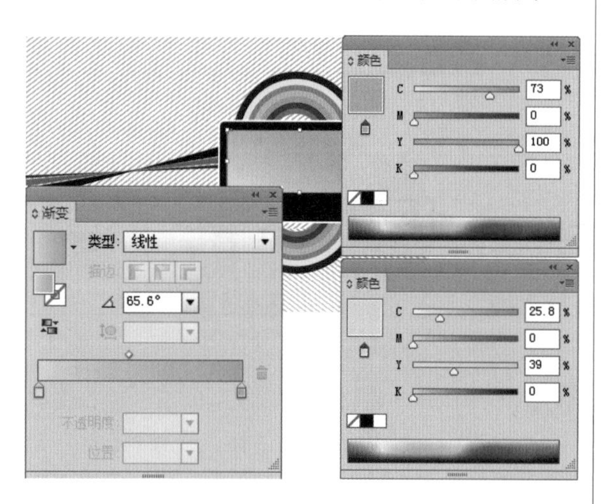

05 继续选择工具箱中的圆角矩形工具，绘制卡带镂空部分的一个圆角矩形，得到效果如下图所示。

06 选择渐变圆角矩形及上面绘制好的圆角矩形路径，执行“窗口/路径查找器”命令，单击“减去顶层”按钮，得到效果如下图所示。

07 选择工具箱中的矩形工具，绘制一个矩形，再选择直接选择工具，框选所绘矩形的下方两个控制点，并进行移动，填充白色，得到效果如下图所示。

08 选择绘制的图形，按【Alt+Shift】组合键进行平行复制移动，调整到合适的位置，以方便下面使用混合工具，效果如下图所示。

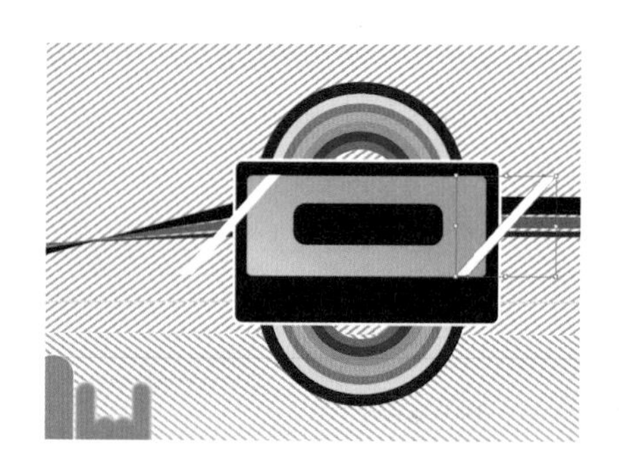

09 双击工具箱中的“混合工具”按钮，在弹出的“混合选项”对话框中设置参数，按“确定”按钮，得到如下图所示的效果。

10 选择混合后得到的图形，执行“对象/扩展”命令，以方便后面的操作，如下图所示。

11 继续选择混合后得到的这组图形及渐变图形，单击“窗口/路径查找器”命令下的“分割”按钮，得到效果如下图所示。

12 进行分割操作后，将不需要的部分删除，得到效果如下图所示。

13 分别选择工具箱中的椭圆工具和圆角矩形工具，在画面中绘制卡带的带孔部位，并调整其位置，得到效果如下图所示。

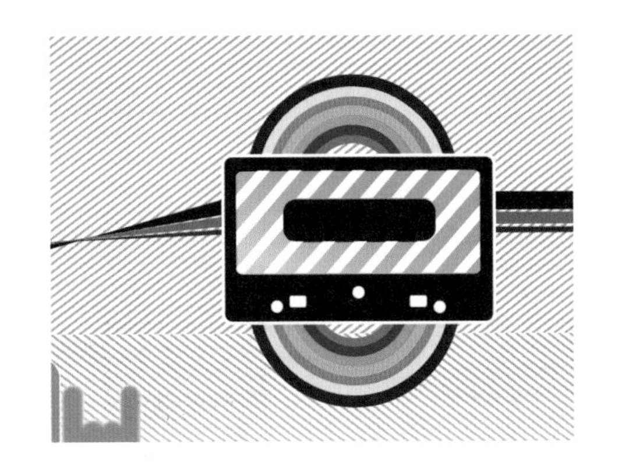

14 继续选择工具箱中的椭圆工具和钢笔工具，在卡带的中间位置绘制卡带孔，并按【Ctrl+G】组合键群组，得到效果如下图所示。

15 卡带部分绘制完毕，全选其中所有素材后按组合键【Ctrl+G】群组，得到效果如下图所示。

16 执行“文件/置入”命令，置入光盘中的“13\实例应用\MUSIC主题海报\素材3”文件，并单击控制面板中的“嵌入”按钮，按组合键【Ctrl+Shift+G】进行解组，选择如图的素材，移动位置，按住【Shift】键进行等比例调整，效果如下图所示。

17 继续选择置入文件的素材，对其位置进行移动调整，并按【Shift】键进行等比例缩放，得到效果如下图所示。

18 执行“文件/置入”命令，置入光盘中的“13\实例应用\MUSIC主题海报\素材4”文件，单击控制面板中的“嵌入”按钮，按住【Shift】键进行等比例的大小调整，效果如下图所示。

19 选择置入的素材，按【Alt】键进行多次的移动复制，按【Shift】键进行等比缩放，并选择素材，按组合键【Ctrl+[】或【Ctrl+]】调整素材的前后位置，得到的效果如下图所示。

20 继续将需要的素材置入并输入合适的文字，完善画面后全选画面中的所有素材，执行“对象/剪切蒙版/建立”命令，得到最终效果如下图所示。

Part 14（24.5-26小时）

对象的变形

【对象变形工具：50分钟】

镜像对象	10分钟
倾斜对象	10分钟
扭曲变形对象	10分钟
透视变形对象	10分钟
改变对象形状	10分钟

【实例应用：40分钟】

唱片海报	40分钟

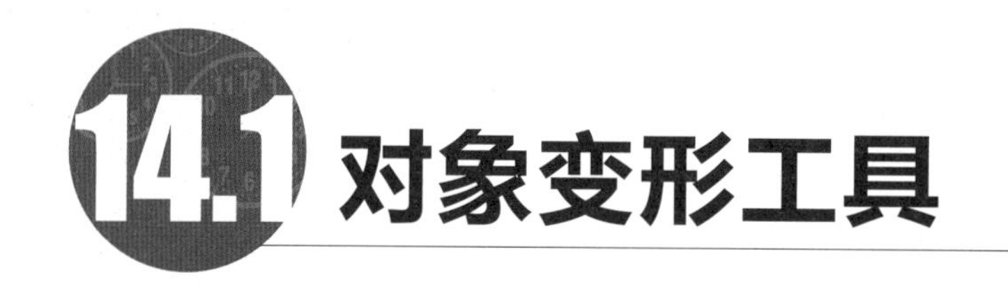

14.1 对象变形工具

难度程度：★★★☆☆ 总课时：50分钟
素材位置：14\基础知识讲解\示例图

对象的变形主要是利用工具箱中的变形工具，对需要变形的对象进行参数设置，也可以通过对象本身的边界框和控制柄进行操作。

这里的对象变形主要是以对象为单位进行变形，主要有移动对象、旋转对象、缩放对象、倾斜对象、镜像对象、扭曲变形对象和透视变形对象等。

14.1.1 镜像对象

使用选择工具选中对象，在工具箱中的“旋转工具”按钮上按住鼠标左键，在展开的工具列表中选择镜像工具（也可以直接按【O】键切换到镜像工具），然后用鼠标拖曳对象就可以对对象进行镜像变形。

01 执行“文件/打开”命令，在弹出的“打开”对话框中选择光盘素材文件“14\基础知识讲解\示例图\14–1”，然后单击“打开”按钮。打开做好的“花纹”图形，如下图所示。如果要再另外做一个大小相同、方向不同的花纹很耽误时间，此时就可以用镜像工具快速地制作出另外一个花纹。

02 用选择工具选中这个做好的花纹，然后用鼠标双击工具箱中“镜像工具”按钮，在弹出的“镜像”对话框中设置“轴”为“垂直”，然后单击“复制”按钮，用选择工具将镜像后的图形移动一段距离。这样，一个大小相同、方向不同的花纹很快就完成了，如下图所示。

技巧提示

在“镜像”对话框中，不仅可以设置沿“垂直”方向生成镜像，也可以设置沿“水平”方向生成镜像，如果选中“角度”单选按钮，还可以根据其输入的数值为“轴”进行镜像，如下图所示。

“选项”栏中的“对象”和“图案”复选框决定是否对填充的图案进行操作。

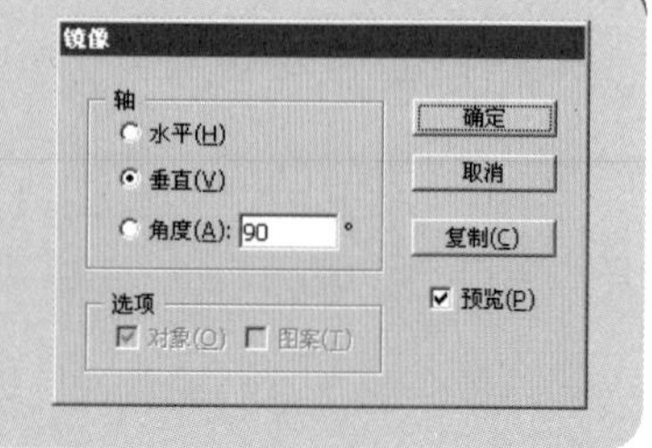

14.1.2 倾斜对象

对选择的对象进行倾斜操作时，不能用边界框和控制柄直接进行倾斜操作，而是需要设定原点，利用工具箱中的倾斜工具操作。

01 执行“文件/打开”命令，在弹出的“打开”对话框中选择光盘素材文件“14\基础知识讲解\示例图\14-1”，然后单击“打开”按钮，如下图所示。

02 用选择工具按住鼠标左键，框选打开的图形，然后在工具箱中的比例缩放工具列表中选择倾斜工具，在绘图区的任意位置单击鼠标左键，设定一个倾斜的原点，如下图所示。

03 当鼠标变成▶形状时，按住鼠标左键拖曳鼠标到需要的倾斜角度和方向后释放鼠标，就形成了一个倾斜效果的图形，如下图所示。

04 倾斜后的效果似乎不准确，再用选择工具选中图形，然后双击“倾斜工具”按钮，弹出“倾斜”对话框，在“倾斜角度”文本框中输入数值为“30”，再选择以“水平”方向为“轴”，最后单击“确定”按钮，效果如下图所示。

技巧提示

在使用倾斜工具对对象进行倾斜操作时，按住【Alt】键可以复制倾斜的图形。
在对对象进行倾斜操作前，按住【Alt】键并在绘图区上单击鼠标左键，可以弹出“倾斜”对话框。
在绘图过程中，利用工具箱中的倾斜工具可以很快很方便地制作图形的阴影。

14.1.3 扭曲变形对象

学习时间：10分钟

使用自由变形工具对对象进行扭曲变形操作时，同样也需要先用选择工具选中需要扭曲的对象，再用自由变形工具按住对象的4个控制柄的其中之一，再按住【Ctrl】键进行拖曳，就能对对象进行扭曲变形了。

01 执行“文件/打开”命令，在弹出的“打开”对话框中选择光盘素材文件“14\基础知识讲解\示例图\14–3”，然后单击“打开”按钮，如下图所示。

02 使用选择工具，按住鼠标左键框选打开的图形，选择工具箱中的自由变形工具，用鼠标左键按住对象4个角上的控制柄其中之一，如下图所示。

03 按住【Ctrl】键，当鼠标变成▶形状时，进行拖曳，将出现一个预览的蓝色框，如下图所示。

04 将图形拖曳到合适的位置后释放鼠标，拖曳的对象将按照拖曳的方向和大小进行扭曲变形，形成扭曲变形后的图形，如下图所示。

14.1.4 透视变形对象

使用自由变形工具，可以对对象进行透视变形操作，方法与扭曲变形类似。

01 执行“文件/打开”命令，在弹出的“打开”对话框中选择光盘素材文件“14\基础知识讲解\示例图\14-3”，然后单击“打开”按钮，如下图所示。

02 使用选择工具，按住鼠标左键框选这个打开文件中的图形，选择工具箱中的自由变形工具，用鼠标左键按住对象的4个控制柄其中之一，如下图所示。

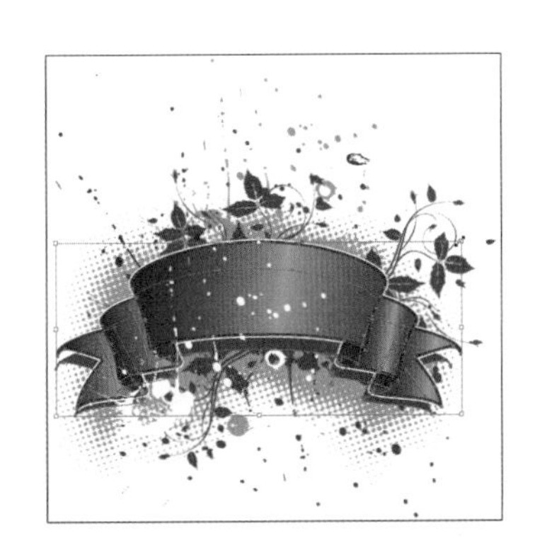

03 按住【Ctrl+Shift+Alt】组合键，当鼠标变成▶形状时，进行拖曳，将出现一个蓝色的预览框，如下图所示。

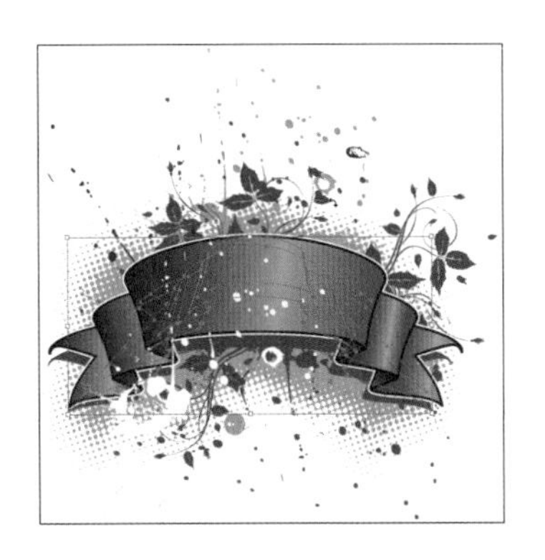

04 拖曳控制柄到合适的位置后释放鼠标，拖曳的对象将按照拖曳的方向和大小发生透视变形，形成透视效果的图形，如下图所示。

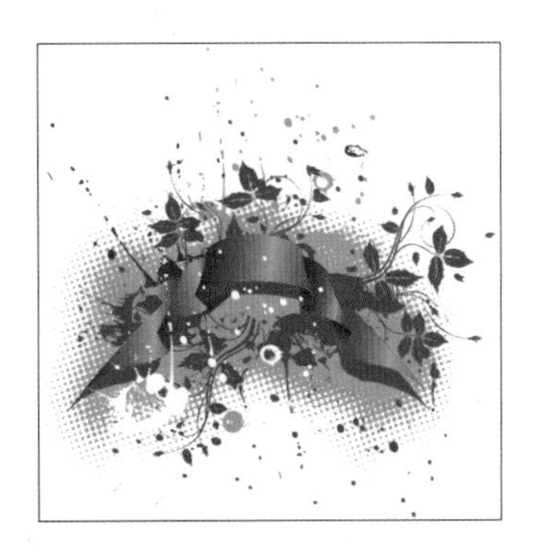

“变换”面板

“变换”面板如下图所示。

X、Y参考点：在“X”和“Y”文本框中输入数值，可以使图形在绘图区中向*X*方向和*Y*方向准确移动。单击左边图标中的小白块，可以进行更精确的调整。

宽和高：输入数值，可以对对象进行精确的缩放调整。单击“锁定”按钮，当按钮变化时，输入一项数值后，另一项数值也会随之发生变化，对象的缩放就属于等比例缩放，再单击一次按钮后，调整图形的宽或高，缩放就可以不等比例了。

旋转：在此下拉列表框中输入数值，可以让选择对象按照此数值进行精确旋转。

倾斜：让选择对象按照输入的数值发生倾斜变化。

14.1.5 改变对象形状

学习时间：10分钟

利用改变形状工具，可以在选择的路径上对节点进行调整，也可以在选择的路径上添加具有调节控制柄的节点。

01 执行“文件/打开”命令，在弹出的“打开”对话框中选择光盘素材文件“14\基础知识讲解\示例图\14-4”，然后单击“打开”按钮，打开一幅需要修改的图片，如下图所示。

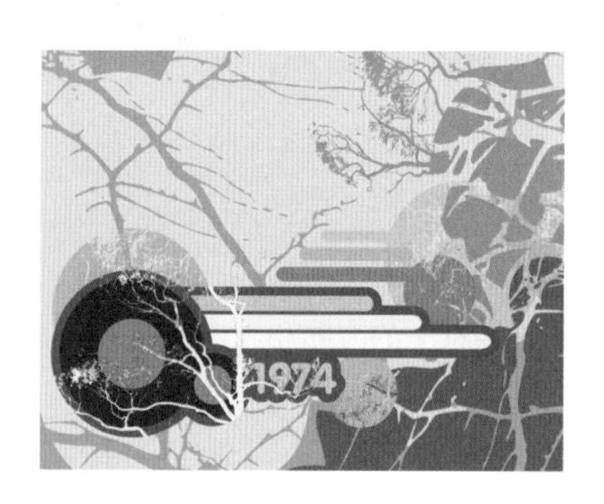

02 这是一幅需要修改形状的图形，用工具箱中的选择工具选中图形，如下图所示。

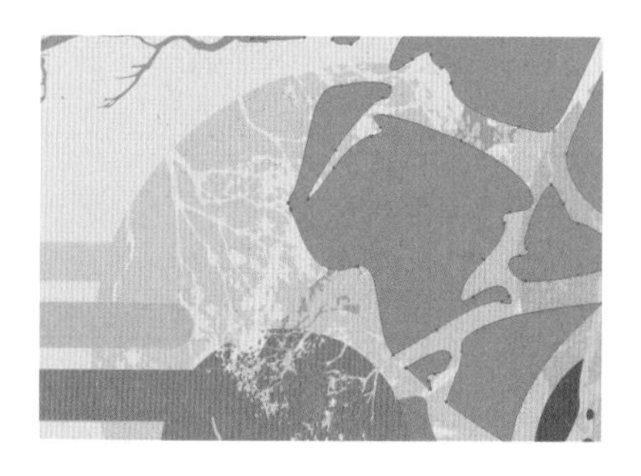

03 单击工具箱中的“改变形状工具”按钮，然后将鼠标移动在选中图形路径上，当鼠标变成形状时单击鼠标，在路径上添加3个节点，如下图所示。

04 用直接选择工具选中需要修改的节点，然后再选择工具箱中的改变形状工具，按住鼠标左键拖曳节点为需要修改的样式后释放鼠标，如下图所示。

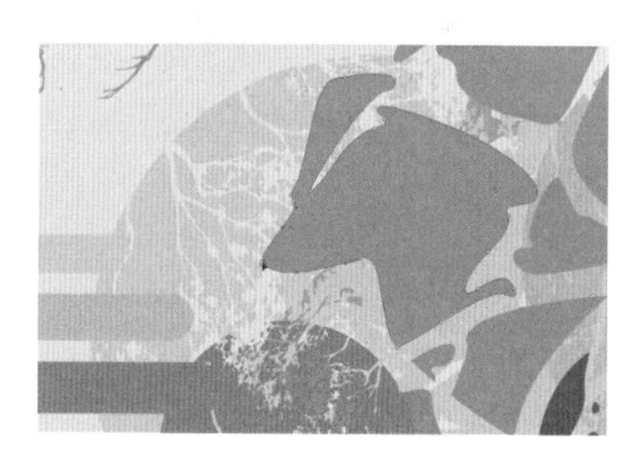

技巧提示

用改变形状工具移动节点时，按住【Alt】键，可以复制原图形。

在利用自由变换工具对图形进行镜像变形时，拖曳鼠标要超出图形相反边的边框，否则就只是在缩放图形。按住【Alt】键，可以对图形以中心为原点进行镜像操作。

在利用自由变换工具对图形进行倾斜变形时，将鼠标移动到绘图区中的图形边界的控制柄上按下鼠标，然后再按住【Ctrl】键，当鼠标变成、、形状时，拖曳鼠标就可以对选择对象进行倾斜。按住【Ctrl+Alt】组合键，可以对选择对象以中心为原点进行倾斜操作。

对复合路径图形进行透视变形时，要先释放复合路径，再进行透视变形。

14.2 实例应用

难度程度：★★★☆☆ 总课时：40分钟
素材位置：14\实例应用\唱片海报

演练时间：40分钟

唱片海报

◉ 实例目标

本例使用专辑要素作为基本元素，对其进行调整排列，突出体现专辑主题，简约大气。

◉ 技术分析

本例主要使用了绘图工具中的矩形工具、椭圆工具和基本形状工具来制作画面中的一些图形元素，还使用了路径查找器和偏移路径来修饰图形，重点介绍了路径查找器的使用。

制作步骤

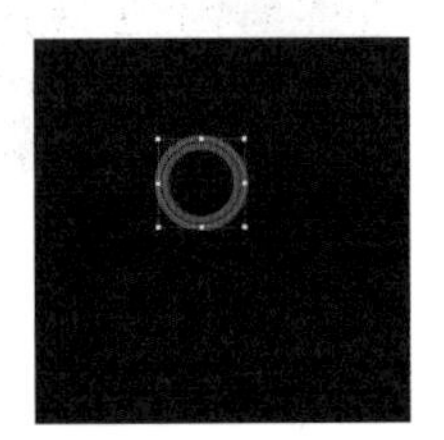

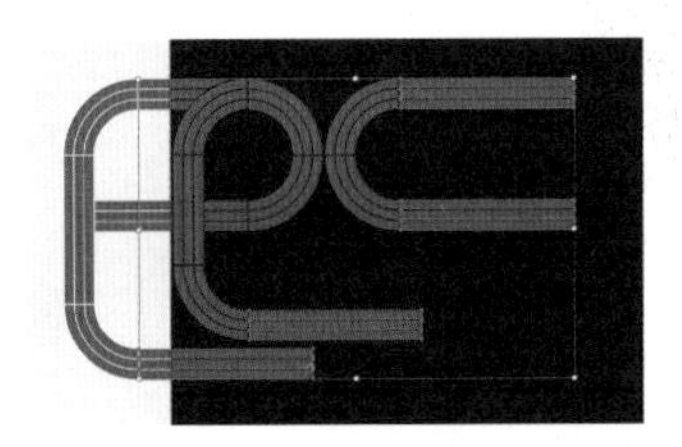

01 运行Illustrator CS6，执行菜单“文件/新建”命令，在弹出的“新建文档”对话框中设置参数，单击“确定”按钮，新建文件，如下图所示。

02 选择工具箱中的矩形工具，按组合键【Ctrl+U】打开智能参考线，在画面中绘制与画面相同大小的矩形，执行“窗口/颜色”命令，对“颜色”面板进行参数设置，效果如下图所示。

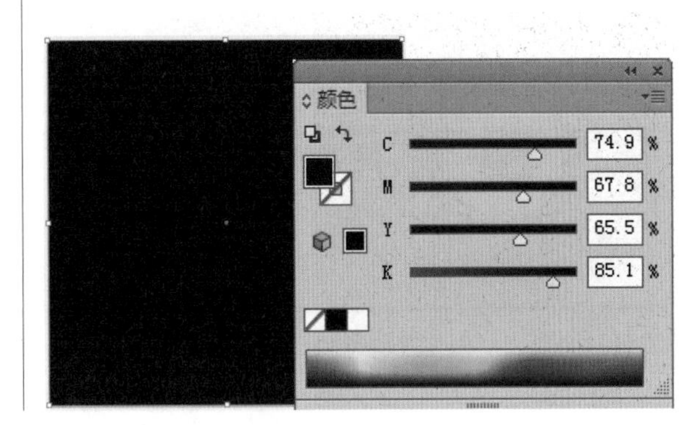

03 选择工具箱中的椭圆工具，在画面中单击鼠标，在弹出的“椭圆”对话框中设置参数，确定得到正圆后，执行“窗口/颜色”命令，对其进行描边参数设置，效果如下图所示。

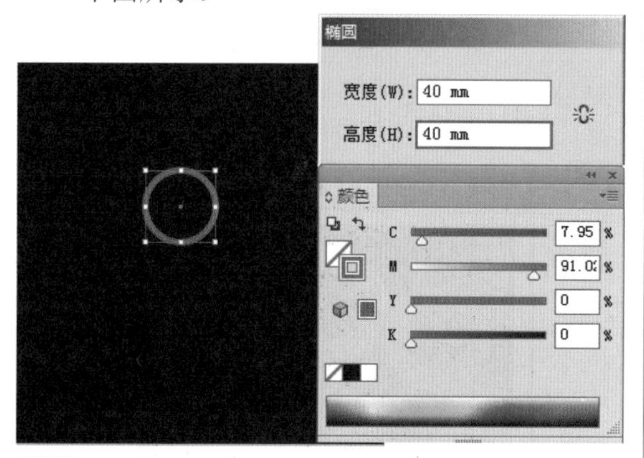

04 选择绘制好的正圆形，执行“对象/路径/偏移路径”命令，在弹出的对话框中设置参数，执行两次，通过选中“预览”复选框可以看到将要得到的效果，确定后得到效果如下图所示。

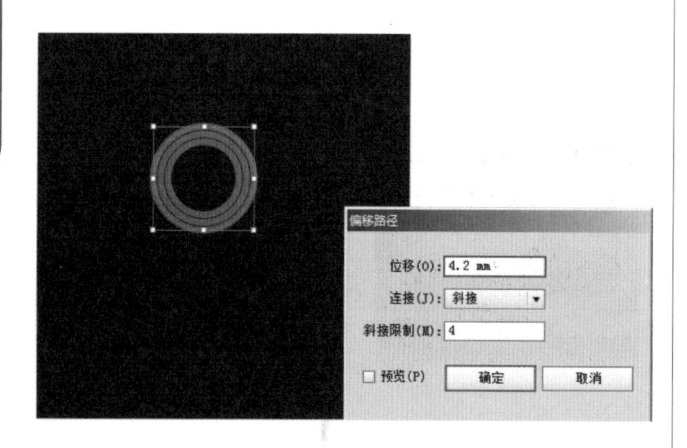

05 全选绘制好的正圆，执行“对象/扩展”命令，在弹出的“扩展”对话框中设置参数，按组合键【Ctrl+G】将其群组，效果如下图所示。

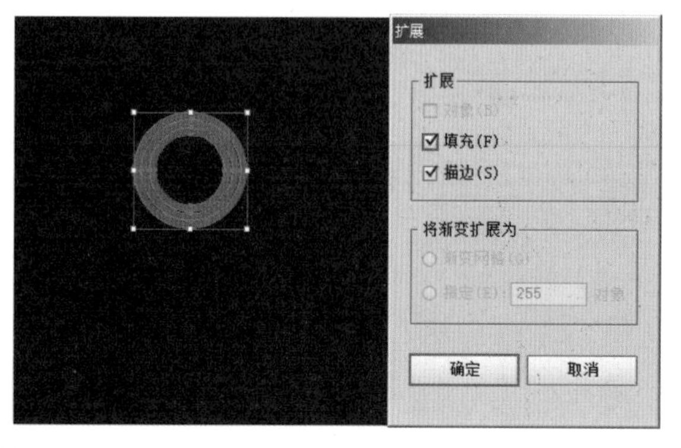

06 绘制裁切区域。选择工具箱中的矩形工具，在画面中单击，在弹出的“矩形”对话框中进行参数设置，如下图所示，单击“确定”按钮。

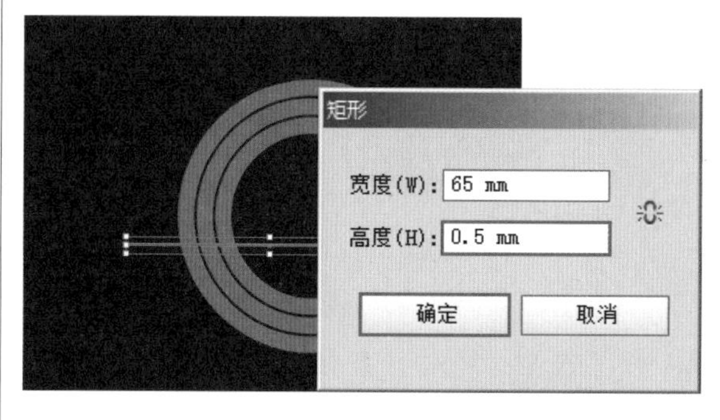

07 选择矩形图形，将其移动到与圆环同心的位置，前面我们已经将智能参考线打开，得到效果如下图所示。

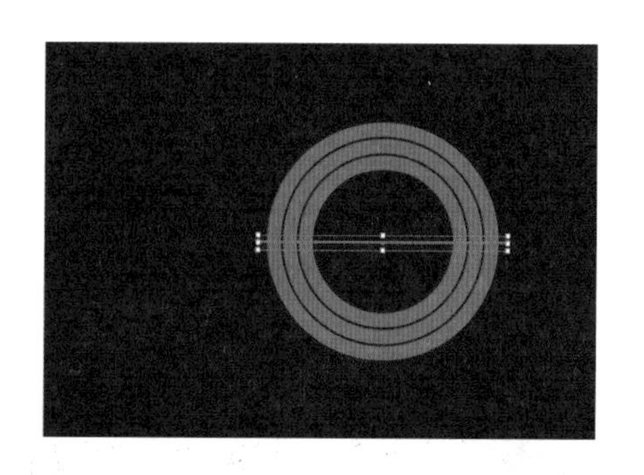

08 选择绘制好的矩形图形，单击鼠标右键，选择“变化/旋转”命令，在弹出的对话框中设置参数，单击“复制”按钮后得到效果如下图所示。

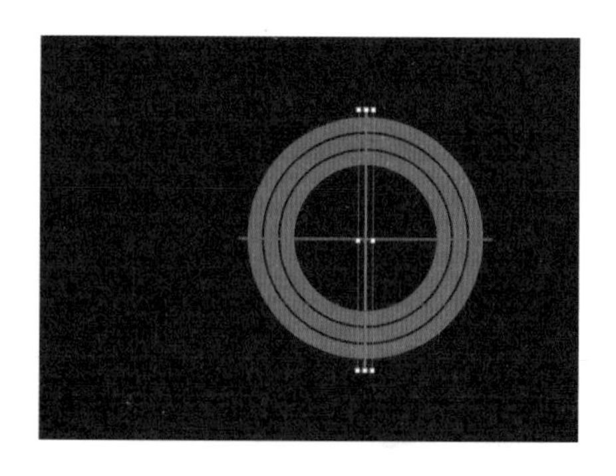

09 全选绘制好的这组图形，执行“窗口/路径查找器”命令，在弹出的面板中单击“分割”按钮，如下图所示。

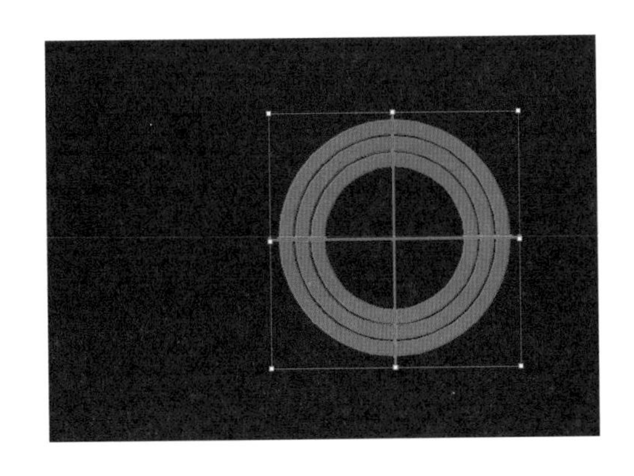

10 选择分割后的这组图形，按住组合键【Ctrl+Shift+G】解组，使用工具箱中的选择工具，将多余的图形删除，效果如下图所示。

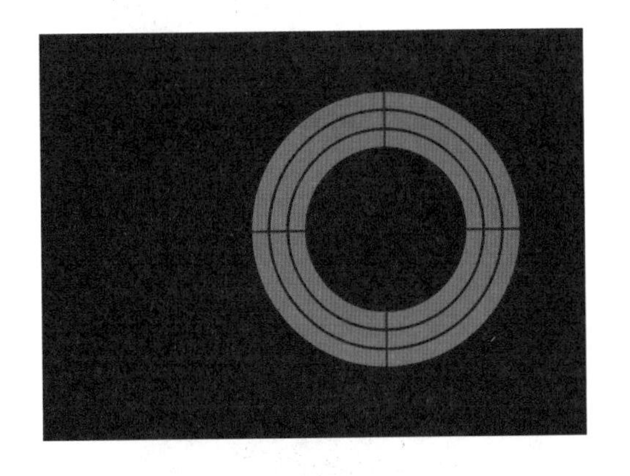

11 选择工具箱中的钢笔工具，按住【Shift】键绘制一条直线，描边为10pt，颜色与圆环图形相同，效果如下图所示。

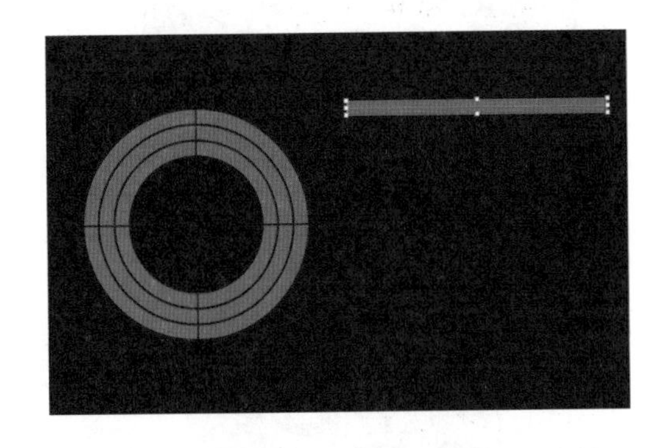

12 选择绘制的直线，执行“对象/扩展”命令，在弹出的对话框中设置参数，得到效果如下图所示。

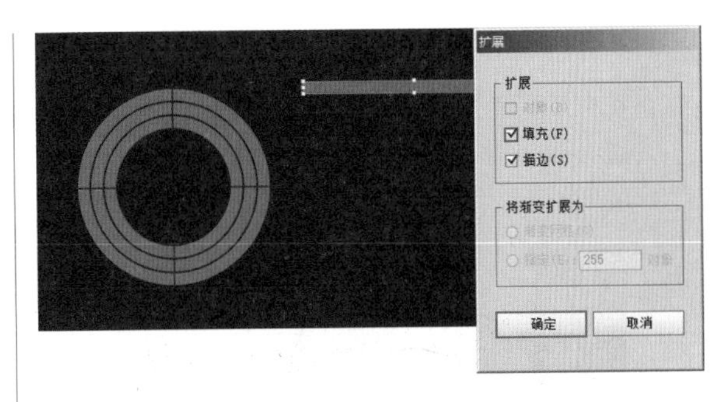

13 选择圆环的右半边，按组合键【Ctrl+G】进行群组，按【Shift】键将其平行移动到画面左边，效果如下图所示。

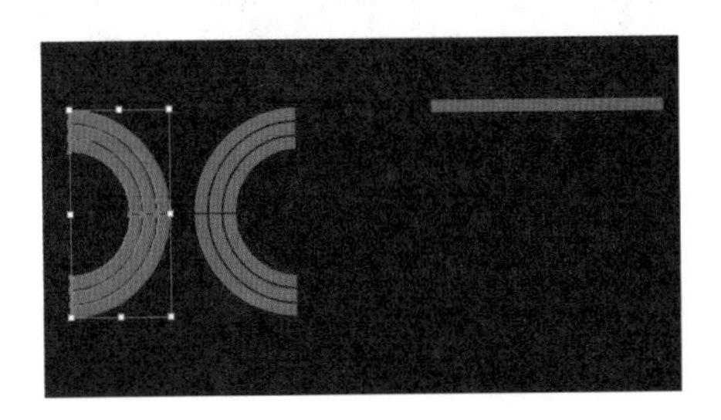

14 选择直线，按组合键【Ctrl+U】打开智能参考线，将其移动至与圆环对齐，效果如下图所示。

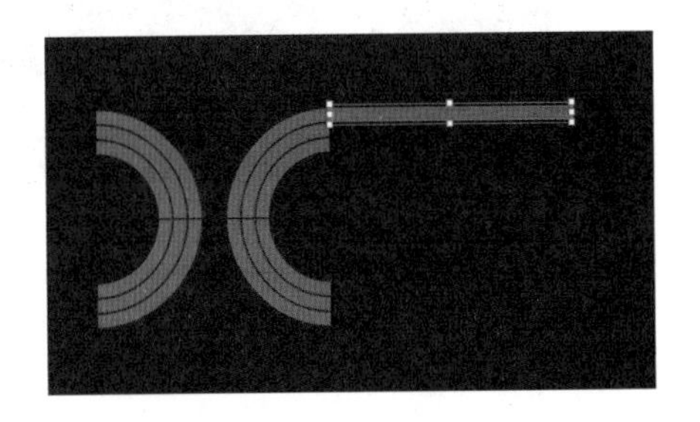

15 选择直线，按住【Alt+Shift】组合键，并向下拖动直线，复制出垂直且间距与圆环相等的两条直线，效果如下图所示。

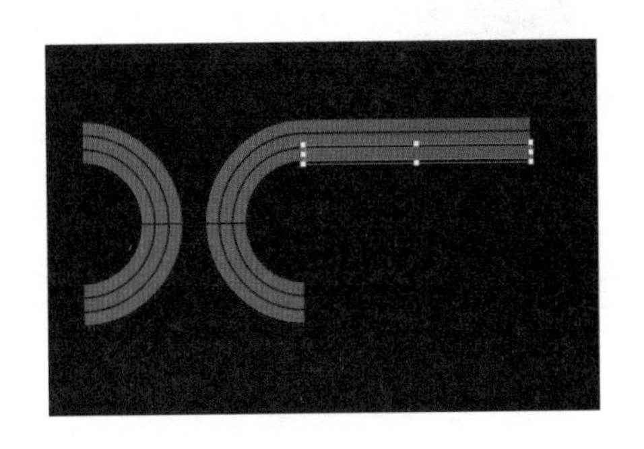

16 选择绘制出的这组直线，按组合键【Ctrl+G】进行群组后，再次按住【Alt+Shift】组合键并向下移动，复制出另一组直线，将其与圆环对齐，效果如下图所示。

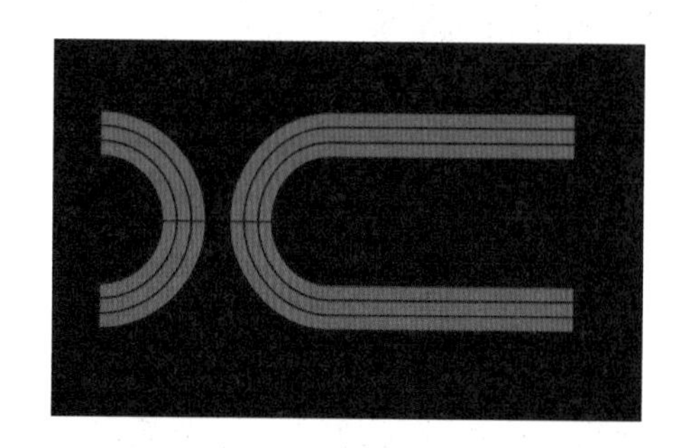

17 选择之前移动的圆环，将其移动到需要的位置，再进行解组后，选择其中的一半移动并旋转。再选择绘制好的直线组，按【Shift】键平行移动与圆环对齐，得到效果如下图所示。

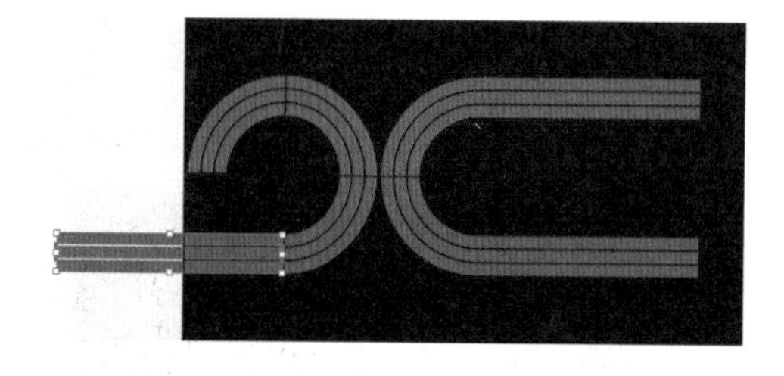

18 继续选择直线组，单击鼠标右键，执行“变换/旋转”命令，在弹出的对话框中设置参数，单击“复制”按钮后，对得到的图形进行移动，得到效果如下图所示。

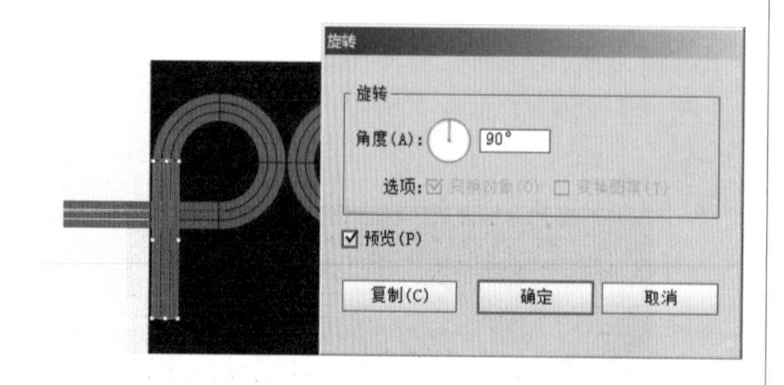

19 选择工具箱中的选择工具，缩短直线组，得到效果如下图所示。

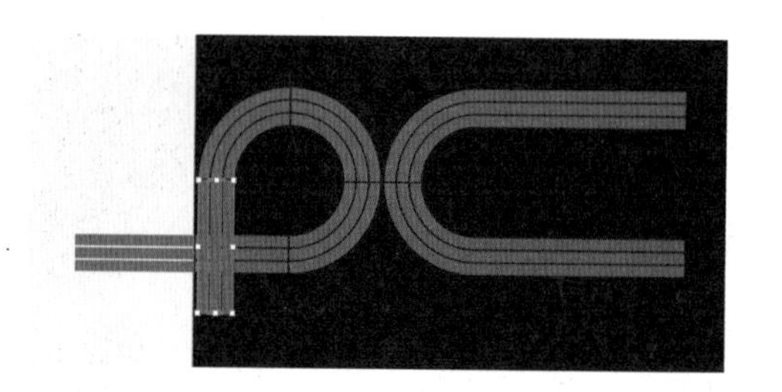

20 选择工具箱中的矩形工具，在图中绘制描边为1pt的矩形来方便裁切直线组，如下图所示。

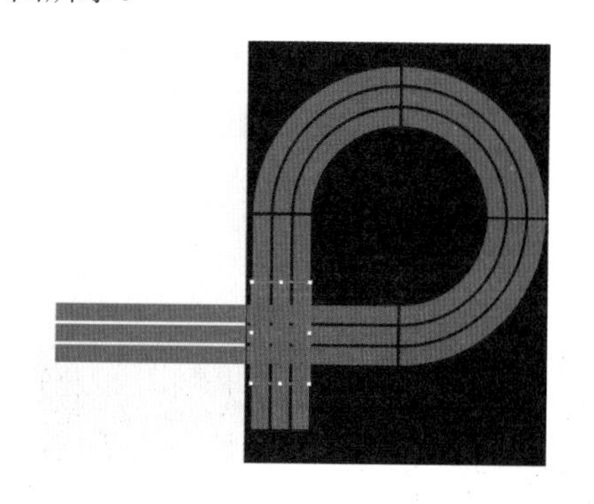

21 继续使用前面的方法进行绘制图形，完善效果后，全选执行“对象/剪切蒙版/建立”命令，得到最终效果如下图所示。

Part 15（26-28小时）

变形工具组

【变形工具分类：80分钟】

变形工具	15分钟
旋转扭曲工具	10分钟
缩拢工具	10分钟
膨胀工具	10分钟
扇贝工具	10分钟
晶格化工具	10分钟
褶皱工具	15分钟

【实例应用：40分钟】

“舞蹈宣传”广告设计	40分钟

15.1 变形工具分类

难度程度：★★★☆☆ 总课时：80分钟
素材位置：15\基础知识讲解\示例图

Illustrator CS6软件为用户提供了7种灵活化的变形工具，它们是Illustrator CS6中最神奇的变形工具，可以快速而有效地对图形和文字进行变形，让用户的绘图过程更加方便快捷。

15.1.1 变形工具

学习时间：15分钟

变形工具的使用方法与Photoshop中的涂抹工具相似。变形工具还可以按照画笔的大小对选择对象的曲线形状进行拖曳变形。

"变形工具选项"对话框

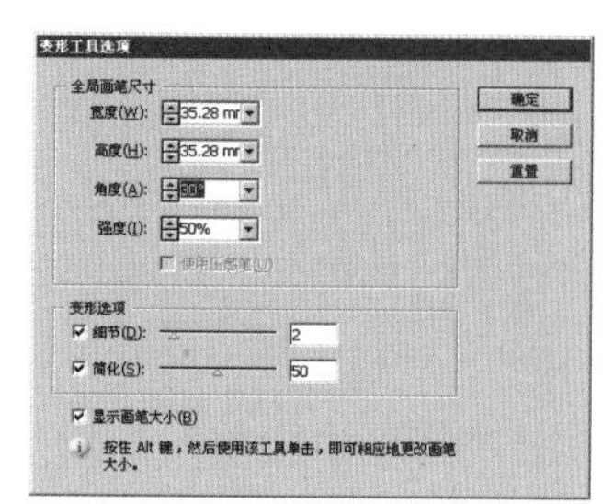

双击工具箱中"变形工具"按钮，打开"变形工具选项"对话框，如右图所示。

全局画笔尺寸：在该栏中，可以设置变形画笔的"宽度"、"高度"、"角度"和画笔作用时的"强度"，其中，画笔"强度"的数值越大，对象变形就越明显。

使用压感笔：在使用数位板时，选中此复选框，可以让变形功能配合数位板的感压特性对选择对象进行变形。

细节：这个复选框用来控制变形对象的细节。右侧文本框中的参数值越大，变形对象的节点也就越多，而画笔的细节表现得就越明显。

简化：在对选择对象进行变形时，会产生很多的节点，右侧文本框中的数值越大，选择对象的变形就越平滑，也就是对节点进行了简化，减少了对象的复杂度。

显示画笔大小：选中此复选框，鼠标就会以画笔的大小显示，即为一个空心圆⊕，它的大小相当于变形工具的作用区域大小。

01 执行"文件/打开"命令，在弹出的"打开"对话框中选择光盘素材文件"15\基础知识讲解\示例图\15-1"，然后单击"打开"按钮，如下图所示。

02 双击工具箱中的"变形工具"按钮，在弹出的"变形工具选项"对话框中，设置"全局画笔尺寸"栏和"变形选项"栏中的各项参数，如下图所示。

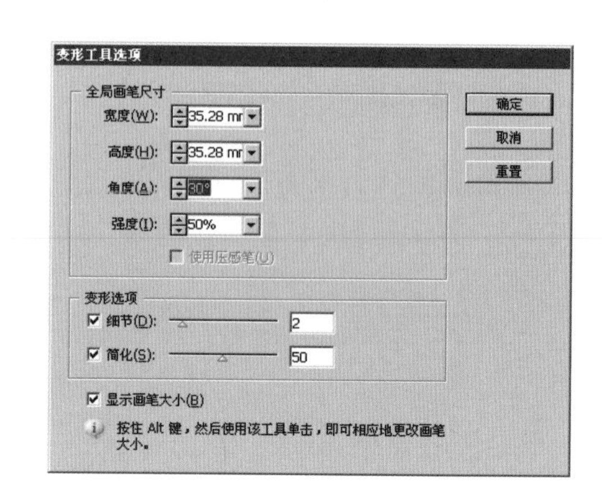

03 设置完成后，当鼠标变成⊕形状时，将鼠标移动到图形上，按住鼠标左键拖曳鼠标，在图形上涂抹，涂抹时将会出现蓝色的预览框，如下图所

04 通过蓝色预览框可以看出变形后的效果，当涂抹到需要的效果后释放鼠标，这样对象的变形操作就完成了，如下图所示。

15.1.2 旋转扭曲工具

学习时间：10分钟

旋转扭曲工具可以对选择对象进行旋转扭曲变形，双击“旋转扭曲工具”按钮，可以打开“旋转扭曲工具选项”对话框，其选项和参数与“变形工具选项”对话框中的选项和参数大致相同，只需要对相应的参数进行设置就可以了，设置完成后，使用旋转扭曲工具拖曳选择对象就可以对对象进行扭曲变形。

01 执行“文件/打开”命令，在弹出的“打开”对话框中选择光盘素材文件“15\基础知识讲解\示例图\15-2”，然后单击“打开”按钮，如下图所示。

02 在工具箱中的“变形工具”按钮上按住鼠标左键，选择旋转扭曲工具，按住鼠标左键拖曳鼠标就能对选择对象进行扭曲旋转。拖曳时将出现蓝色的预览框，可以根据预览框来确定扭曲旋转的程度和效果，如下图所示。

15.1.3 缩拢工具

学习时间：10分钟

缩拢工具主要是针对选择对象进行向内收缩挤压变形的操作。同样的，“收缩工具选项”对话框中的选项和参数设置与工具列表中的其他工具的选项对话框中的设置类似。

01 执行“文件/打开”命令，在弹出的“打开”对话框中选择光盘素材文件“15\基础知识讲解\示例图\15-3”，然后单击“打开”按钮，如下图所示。

02 在工具箱中的变形工具列表中选择缩拢工具，将鼠标靠近选择对象并按住鼠标，选择对象就会进行收缩变形，在操作过程中将出现红色的预览框，可以根据预览框来确定收缩的效果，如下图所示。

15.1.4 膨胀工具

膨胀工具的作用与缩拢工具恰好相反，“膨胀工具”主要是针对选择对象进行向外扩张膨胀变形的操作。“膨胀工具选项”对话框中的参数设置与工具列表中的其他工具的参数设置是相近的。

01 执行“文件/打开”命令，在弹出的“打开”对话框中选择光盘素材文件“15\基础知识讲解\示例图\15-4”，然后单击“打开”按钮，打开一幅人物图形，下面将对第2个人物的腿进行膨胀处理，如下图所示。

02 在工具箱中的变形工具列表中选择膨胀工具，移动鼠标靠近选择对象并按住鼠标，选择对象就会发生膨胀变形，如下图所示。

15.1.5 扇贝工具

扇贝工具是用来实现对图形进行扇形扭曲的细小皱褶状的曲线变形操作的，使图形的效果向某一原点聚集。当用扇贝工具拖曳选择对象时，选择对象上就会产生像扇子或者贝壳形状的变形效果。“扇贝工具选项”对话框中的“扇贝选项”栏与同一工具组中的其他工具对话框中的参数属性不同。

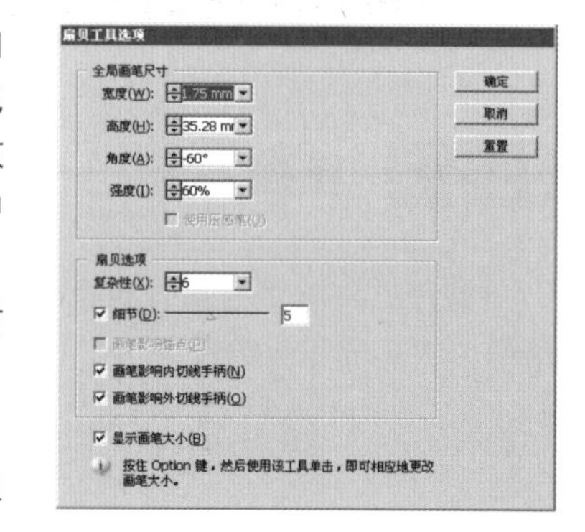

双击工具箱中“扇贝工具”按钮，打开“扇贝工具选项”对话框，如右图所示。

复杂性：扇形扭曲产生的弯曲路径的数值。

细节：用来设置变形对象的细节，数值越大，变形对象产生的节点就越多，而变形对象的细节效果也就越明显。

画笔影响锚点：选择对象的变形节点的每一转角均产生相对应的转角节点。

画笔影响内切线手柄：选择对象变形时，每一个变形都会有一个三角形的变形牵引框，选择对象将沿三角形的正切方向变形。

画笔影响外切线手柄：选择对象将沿三角形的反正切方向变形。

技巧提示

在进行扇贝变形时，至少要选中“画笔影响锚点”、“画笔影响内切线手柄”和“画笔影响外切线手柄”复选框中的一项，最多只能选择两项。

01 执行“文件/打开”命令，在弹出的“打开”对话框中选择光盘素材文件“15\基础知识讲解\示例图\15-5”，然后单击“打开”按钮，如下图所示。

02 在工具箱中中双击“扇贝工具”按钮，在弹出的“扇贝工具选项”对话框中对“全局画笔尺寸”栏和“扇贝选项”栏中的参数进行设置，如下图所示。

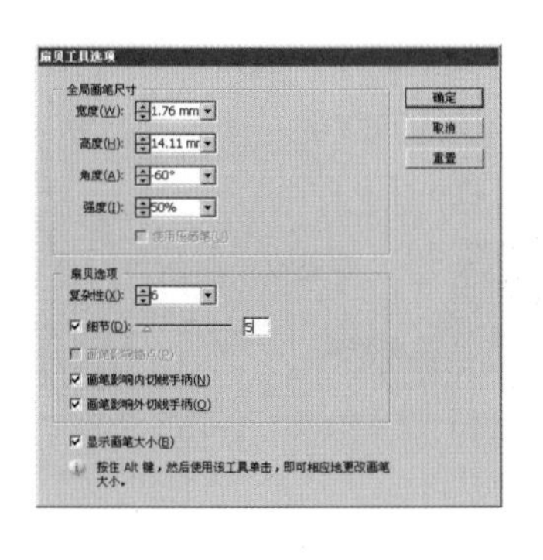

03 设置完成后，将鼠标靠近并拖曳选择对象，将会出现一个蓝色的预览框，可以通过此预览框来观察选择对象产生的效果，如下图所示。

04 通过预览框确定产生的效果是需要的效果后释放鼠标，此时图形就产生了像扇子或者贝壳形状的变形效果，如下图所示。

15.1.6 晶格化工具

学习时间：10分钟

双击“晶格化工具”按钮，弹出“晶格化工具选项”对话框，设置和使用方法与“扇贝工具选项”对话框的设置和使用方法相同，产生的效果也与扇贝工具类似，都是类似于锯齿形状的变形效果，只是晶格化工具是根据结晶形状而使图形产生放射状的效果，扇贝工具则是根据三角形状而产生的扇形扭曲变形效果。

01 打开光盘素材文件“15\基础知识讲解\示例图\15-5”，在工具箱中的变形工具列表中选择晶格化工具，将鼠标靠近并拖曳选择对象，如下图所示。

02 同样通过预览框确定变形效果后，释放鼠标，此时图形就产生放射状的变形效果，如下图所示。

15.1.7 褶皱工具

学习时间：15分钟

褶皱工具可以用于建立类似皱纹或者折叠纹的形状，使对象产生抖动的变形效果。双击“褶皱工具”按钮，在弹出的“褶皱工具选项”对话框中，“褶皱选项”栏的参数与同一工具组中的其他工具对话框中的参数属性不同。

双击工具箱中“褶皱工具”按钮，打开“褶皱工具选项”对话框，如右图所示。

水平：用来设置水平方向的褶皱数，数值越大褶皱的效果就越明显，当设置参数为0时，水平方向没有褶皱效果。

垂直：设置垂直方向的褶皱数，同样数值越大褶皱的效果就越明显，当设置参数为0时，垂直方向没有褶皱效果。

复杂性：设置褶皱产生的弯曲路径的数值。

01 打开光盘素材文件“15\基础知识讲解\示例图\15-5”（因为这3种工具产生的效果有些类似，打开相同的图片方便对比）。选择褶皱工具，将鼠标靠近并拖曳选择对象，如下图所示。

02 释放鼠标，图形产生的变形效果与前面两种变形工具有些类似，不同的是褶皱工具产生的效果是带有抖动的变形，如下图所示。

技巧提示

在变形工具组中，虽然工具不同，但是它们的使用方法却是相似的，即先在工具箱中单击需要的工具按钮，然后再将鼠标移动到绘图区中的选择对象上拖曳鼠标，就可以得到相应的效果。在这组工具组中，除了使用变形工具在对象上单击鼠标不能产生相应的效果外，选择其他工具后，在对象上单击鼠标都会产生相应的效果。

使用此工具组中的工具时，鼠标在默认情况下为空心圆形状，其半径越大，在操作时影响的区域就会越大。

使用此工具组中的工具时，按住【Alt】键的同时拖曳鼠标，可以改变鼠标的大小和形态。双击相应的工具按钮，在弹出的对话框中可以对变形工具参数进行精确的设置。

15.2 实例应用

难度程度：★★★☆☆ 总课时：40分钟
素材位置：15\实例应用\“舞蹈宣传”广告设计

演练时间：40分钟

“舞蹈宣传”广告设计

◎ 实例目标

在本例广告的制作过程，以云朵效果作为背景，以一个舞蹈姿势的人物形象作为主体图像，添加立体文字与矢量花纹为辅助图形，整体图像表现出一种时尚动感的效果。

◎ 技术分析

本例运用了文字工具、椭圆工具、变形工具、旋转扭曲工具、渐变效果、透明度等效果。重点介绍了变形工具以及旋转扭曲工具的使用。

制作步骤

01 新建文档。执行菜单“文件/打开”命令，选择随书光碟中的“15\实例应用\“舞蹈宣传”广告设计\素材1”，单击“打开”按钮，得到素材，此图效果如下图所示。

02 使用椭圆工具按【Shift】键绘制一个正圆形，选择“窗口/渐变”命令，在弹出的对话框中双击“渐变滑块”设置合适的参数，填充蓝色到透明的渐变，如下图所示。

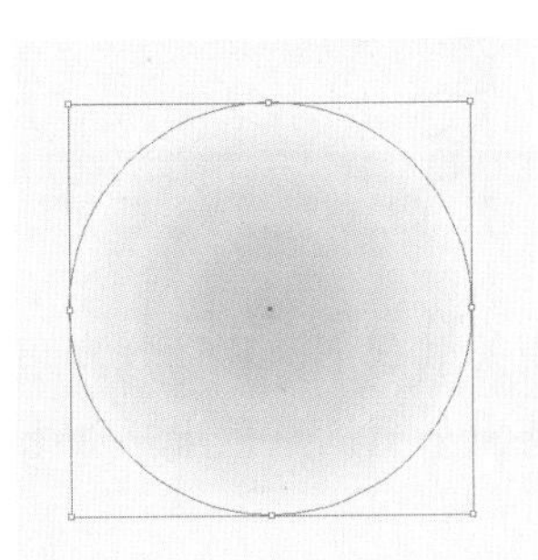
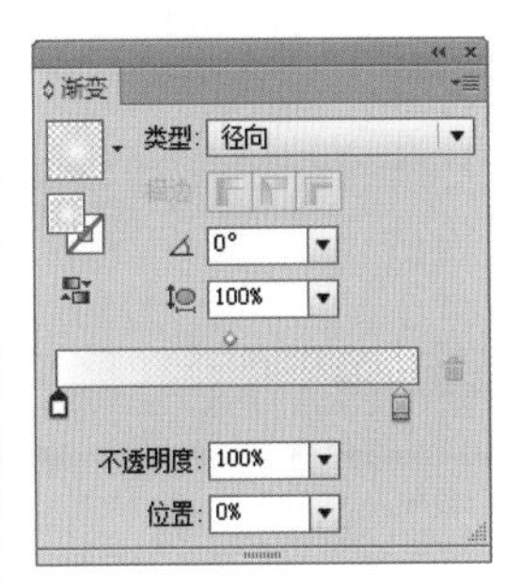

03 选中绘制好的正圆形，移动到画面右下方的位置，调整其大小至满意效果，如下图所示。

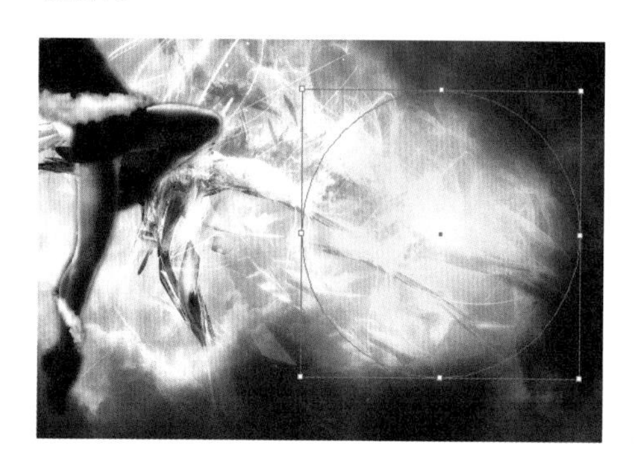

04 使用选择工具选中填充蓝色渐变的正圆形，按住 【Alt】键拖动鼠标，复制一个相同的图形，移动到合适的位置，如下图所示。

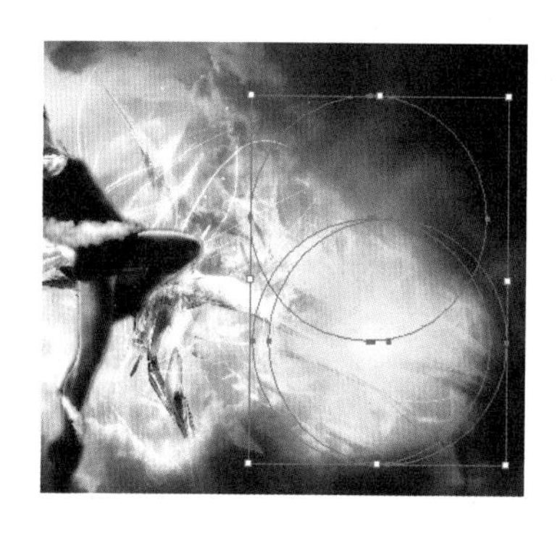

05 使用椭圆工具，在画面任意位置拖曳光标绘制一个椭圆形，调出“渐变”对话框，双击“渐变滑块”设置合适的参数，如下图所示。

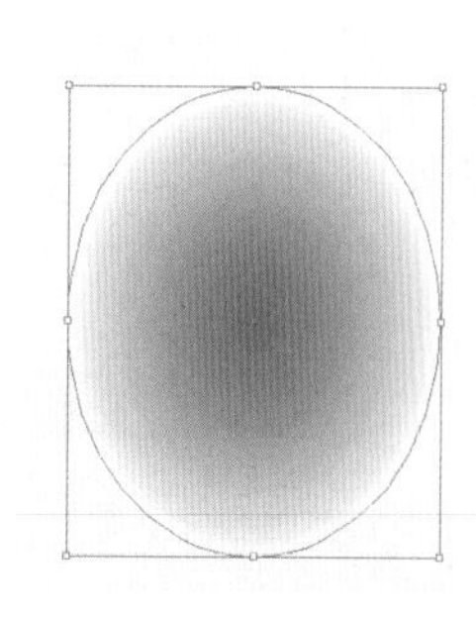

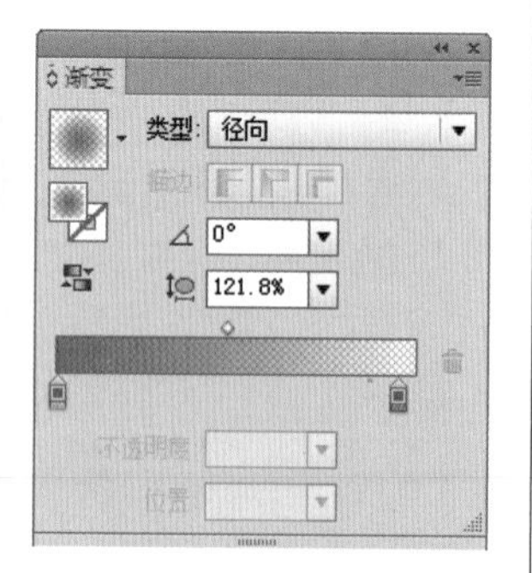

06 选中填充红色渐变的椭圆形，移动到舞蹈模特的腿部，调整大小至满意效果，如下图所示。

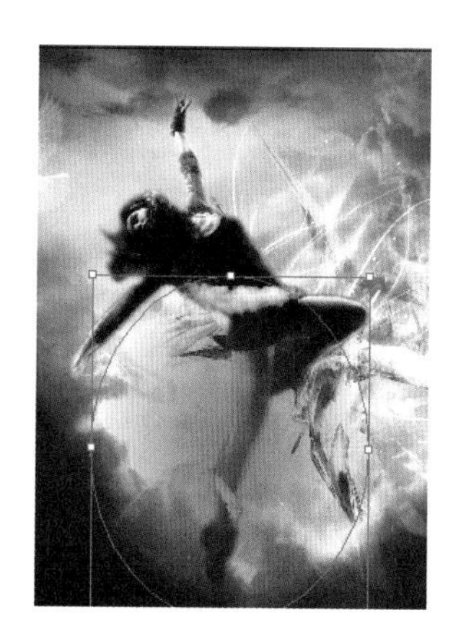

07 在画面任意位置绘制一个正圆形，执行菜单“窗口/颜色”命令，在弹出的“颜色对话”框中填充蓝色，如下图所示。

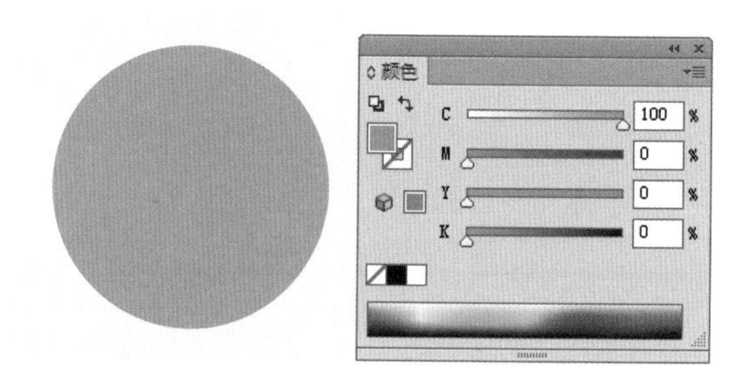

08 在工具栏中双击旋转扭曲工具按钮，在弹出的对话框中设置合适的参数，然后使用此工具在绘制好的蓝色正圆形上方单击，得到如下图所示的效果。

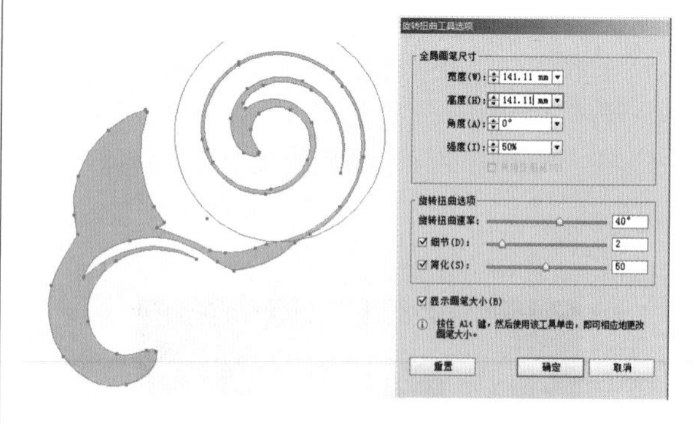

09 在此图形上方多次执行旋转扭曲动作，调整画笔尺寸，直至满意的效果，如下图所示。

10 在工具栏中双击变形工具按钮，在弹出的对话框中设置合适参数，然后使用此工具在扭曲后的图形上方拖曳鼠标，得到如下图所示的效果。

11 在此图形不同位置多次执行“变形”动作，调整画笔尺寸，直至满意的效果，如下图所示。

12 使用旋转扭曲工具和变形工具，绘制多个不规则图形，填充不同颜色，如下图所示。

13 选中绘制的不规则图形，移动到画面合适位置，调整到合适大小。调出“透明度”对话框，设置合适的参数，如下图所示。

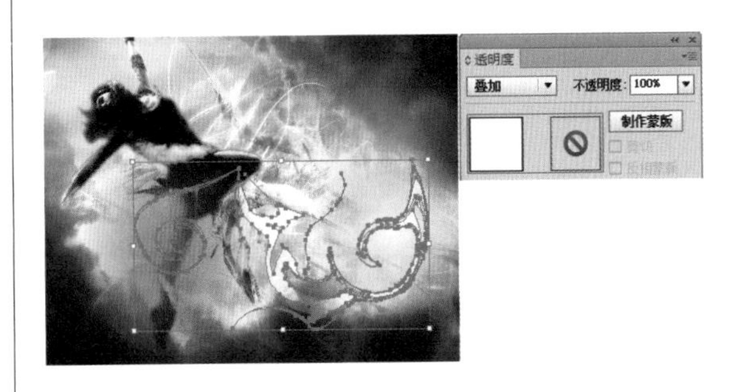

14 将前面绘制好的不规则图形全部移动到画面合适位置，调整大小和透明度参数至满意的效果，如下图所示。

15 选择画笔工具，执行菜单“窗口/画笔”命令，在弹出的“画笔”对话框中单击右上角的下拉菜单，选择“打开画笔库/装饰/典雅的卷曲和花形画笔组”，选择合适的图形后，使用画笔在画面中拖曳鼠标绘制花纹，如下图所示。

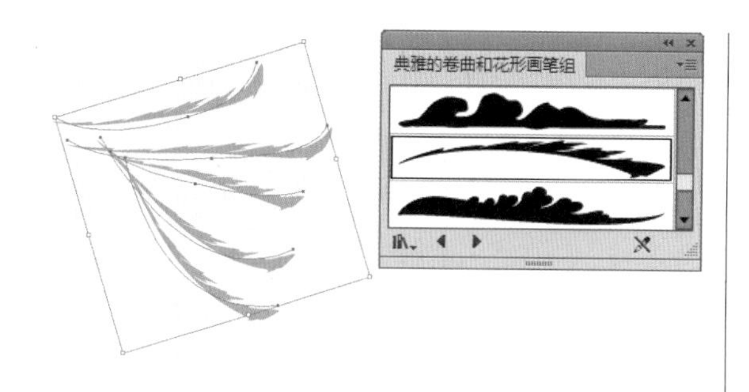

16 选中绘制好的图形，执行菜单“对象/扩展”命令，在弹出的对话框中单击“确定”按钮，如下图所示。

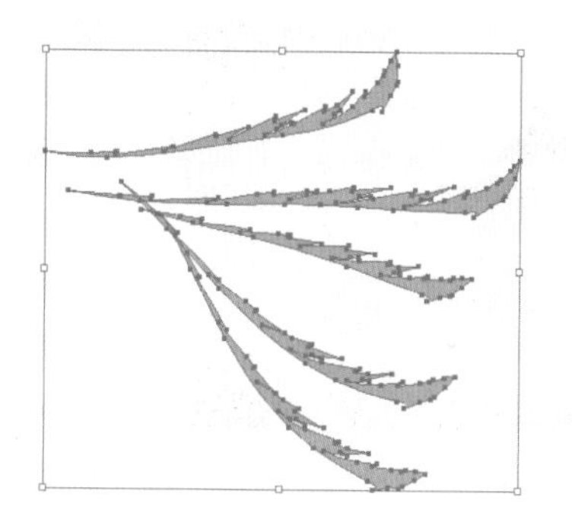

17 选中扩展后的花纹，调出“渐变”对话框，在“渐变条”边缘单击，添加“渐变滑块”，调整合适的颜色，填充红色到白色的渐变，如下图所示。

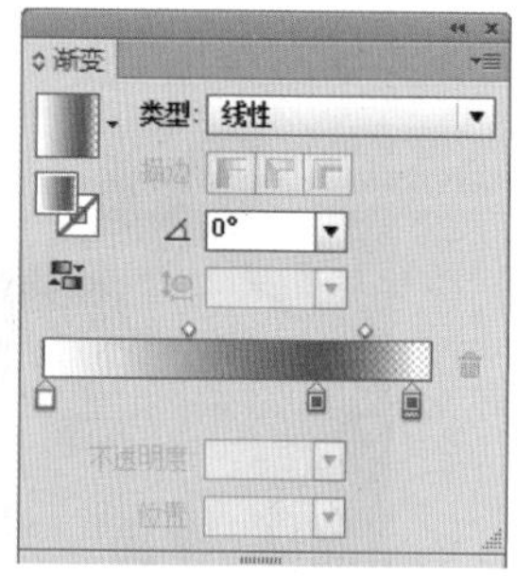

18 使用选择工具 选中绘制好的花纹图形，按住【Alt】键拖动鼠标，复制一个相同的图形，填充黄色。然后执行菜单“对象/编组”命令，方便后期制作，如下图所示。

19 选中绘制好的花纹图形，移动到画面合适位置，使用【Ctrl+[】快捷键向下调整图像层次，移动至模特下方。调出“透明度”对话框设置合适的效果参数，如下图所示。

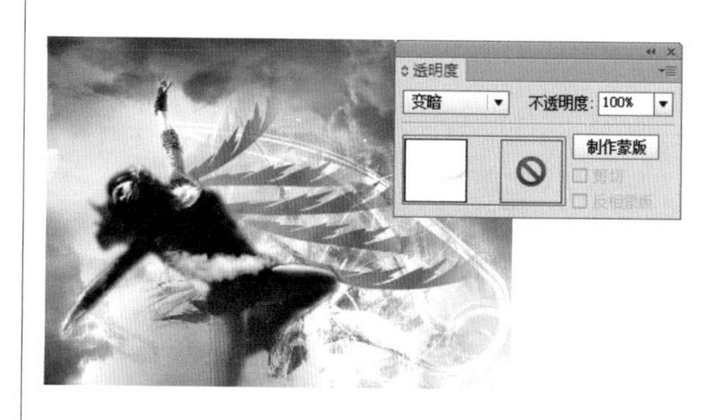

20 继续在画板中输入文字，设置其3D效果，使其达到如下图所示的效果，最后调整画面整体颜色、位置等，得到最终效果。

Part 16（28-30小时）

封套变形

【关于封套变形：80分钟】

使用默认封套变形	20分钟
使用封套网格	15分钟
使用对象进行封套变形	10分钟
编辑封套变形	20分钟
“封套选项”对话框	15分钟

【实例应用：40分钟】

啤酒广告	40分钟

16.1 关于封套变形

难度程度：★★★☆☆ 总课时：80分钟
素材位置：16\基础知识讲解\示例图

封套变形就是将选择图形放置到某一个形状中，然后依照这个形状进行变形，这是使用普通工具无法得到的变形效果。封套变形可以应用到以链接方式置入的文件和图表等任何图形上。

执行“对象/封套扭曲”命令，系统将自动弹出“封套扭曲”子菜单，如右图所示。

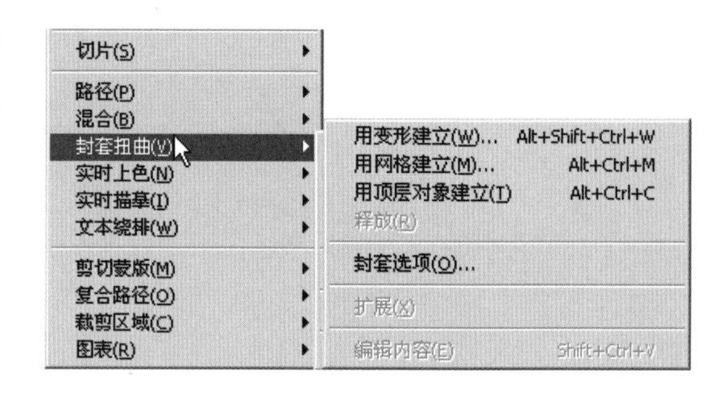

封套变形的3种方法包括默认变形、在对象上应用封套网格效果，以及建立任意形状的封套应用到选择对象上。

释放：对应用封套效果的对象进行释放，使对象还原成应用封套前的效果。

封套选项：使用这个命令，可以对封套变形的属性进行编辑。

扩展：当对象应用封套后，就无法再应用其他类型的封套效果，此时，选择此命令就可以将应用封套的对象转换成图形对象，使其可以再应用其他效果。

编辑内容：可以对已经应用封套效果的对象再进行编辑。

16.1.1 使用默认封套变形

执行“对象/封套扭曲/用变形建立”命令，打开“变形选项”对话框，如下图所示。在对话框中可以对选择对象进行变形前的“样式”、“弯曲”和“扭曲”等参数项设置。对话框中的具体参数功能如下：

样式：单击右侧的下拉按钮，在下拉列表中有15种可供选择的图形封套样式，每种样式生成的效果不同，但是对话框下方的参数项都是相同的。

弯曲：当数值为正数时，选择对象的左边变形的程度较明显，反之，数值为负值时，选择对象的右边变形的程度较明显。

水平、垂直：在这里可以设置对象将沿水平方向还是沿垂直方向进行变形。

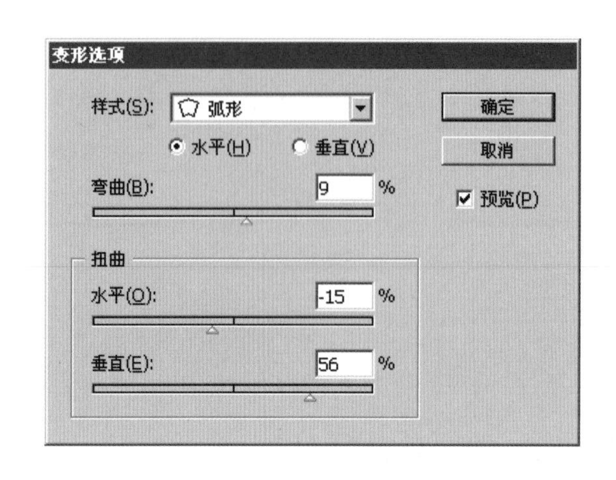

弧形
下弧形
上弧形
拱形
凸出
凹壳
凸壳
旗形
波形
鱼形
上升
鱼眼
膨胀
挤压
扭转

01 执行“文件/打开”命令，在弹出的“打开”对话框中选择光盘素材文件“16\基础知识讲解\示例图\16-1”，然后单击“打开”按钮，如下图所示。

02 用选择工具选中图形，执行“对象/封套扭曲/用变形建立”命令，在弹出的“变形选项”对话框中选择封套“样式”为“弧形”，并进行其他参数设置。设置完成后就能得到相应的变形效果，如下图所示。

16.1.2 使用封套网格

学习时间：15分钟

执行“对象/封套扭曲/用网格建立”命令，在弹出的“封套网格”对话框中可以设置网格的“行数”和“列数”。设置完成后，选择直接选择工具，对变形网格节点或者变形网格指向线进行如同变形贝塞尔曲线式的编辑，这样封套网格才能适合实际需要。

01 打开光盘素材文件“16\基础知识讲解\示例图\16-1”，用选择工具选中图形，执行“对象/封套扭曲/用网格建立”命令，在弹出的“封套网格”对话框中进行参数设置，如下图所示。

02 选择工具箱中的直接选择工具，按住鼠标拖曳需要修改的变形网格节点和网格节点指向线。改变网格形状，选中对象的形状也会随之而改变，如下图所示。

16.1.3 使用对象进行封套变形

学习时间：10分钟

除了以上两种变形方法外，用户还可以发挥自己的想象力，自行创建封套效果，这就要应用到第三种封套变形方法。在需要进行封套变形的对象上层，使用任意工具绘制出一个形状来作为变形封套。

16.1.4 编辑封套变形

学习时间：20分钟

Illustrator CS6将完成封套变形后的对象与封套组合，但是完成封套变形以后的对象仍然可以进行编辑，以改变封套的形状和各项设置。

对封套的形状可以使用直接选择工具来编辑封套对象的形状，编辑完成后封套的内容也会随之变形。

01 执行“文件/打开”命令，在弹出的“打开”对话框中选择光盘素材文件“16\基础知识讲解\示例图\16-2”，然后单击“打开”按钮，如下图所示。

02 选择工具箱中的多边形工具，在打开文件的绘图区中按住【Shift】键拖曳鼠标绘制出一个底边与水平线平行的多边形图形。然后用选择工具选中绘图区中的被变形图形和绘制的多边形图形，如下图所示。

03 执行“对象/封套扭曲/用顶层对象建立”命令，这样，图片文件将会以绘制的图形作为封套进行变形。用选择工具在绘图区空白处单击，封套图形将不再显示，如下图所示。

04 用直接选择工具框选绘图区的图形，这时封套形状将会出现节点，拖曳鼠标调整封套形状，如下图所示。

05 用选择工具选中完成封套编辑后的封套图形，执行“对象/封套扭曲/扩展”命令，这时封套图形就会转换为图形对象，就可以进行下一步的再次封套变形操作了，如下图所示。

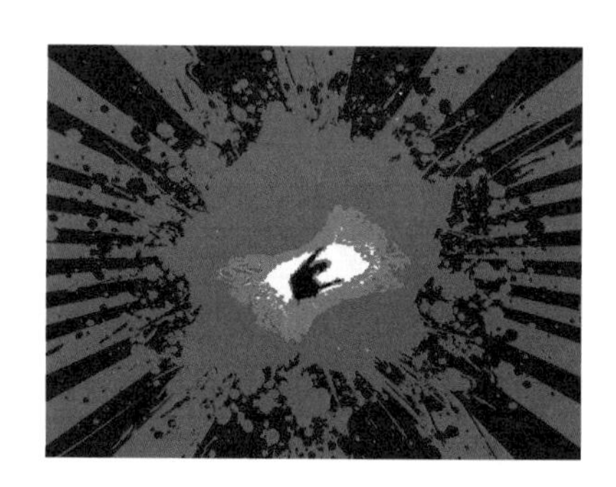

06 用选择工具选中图形，执行“对象/封套扭曲/用变形建立”命令，在弹出的“变形选项”对话框中选择封套“样式”为“鱼眼”，并进行其他的参数项设置，如下图所示。

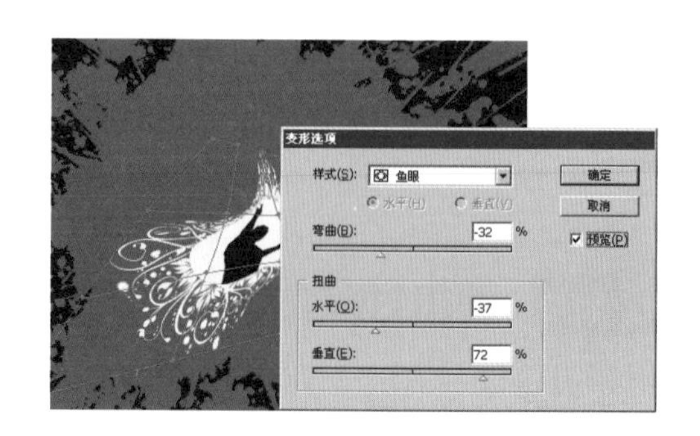

07 用直接选择工具选中封套变形后的对象，图形将出现编辑节点，这时，拖曳鼠标调整图形，调整过程中图形将随之而变化，如下图所示。

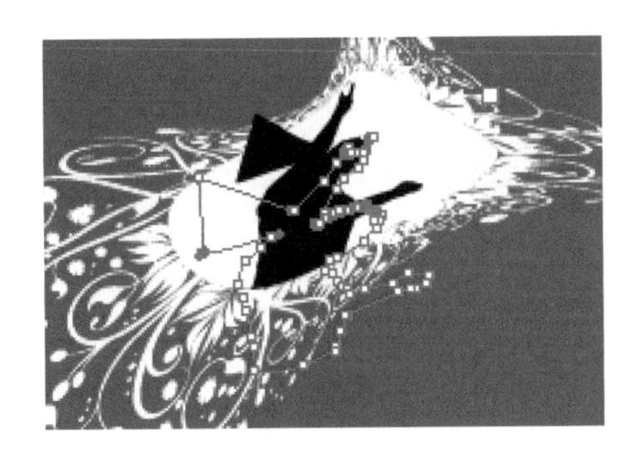

08 接下来对封套变形的对象效果进行进一步的编辑，用选择工具选中图形，执行"对象/封套扭曲/封套选项"命令，在弹出的"封套选项"对话框中进行设置，这样就完成了对选择对象的封套变形效果，如下图所示。

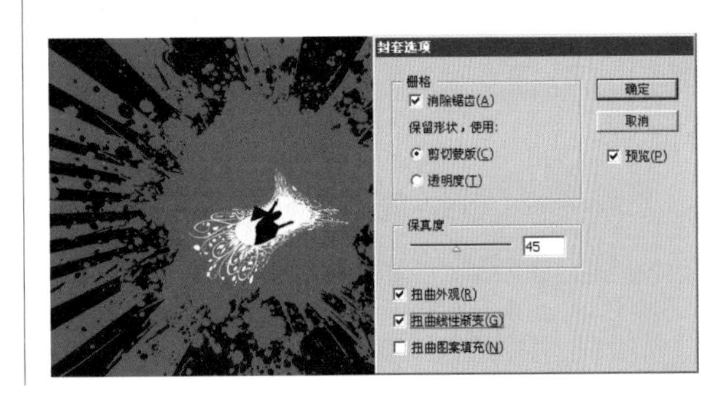

16.1.5 "封套选项"对话框

学习时间：15分钟

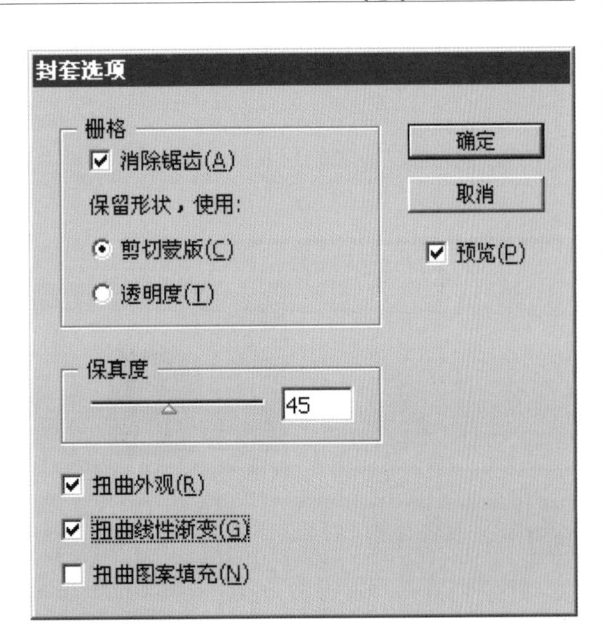

执行菜单"对象/封套/封套选项"命令，打开"封套选项"对话框如右图所示，对话框中的具体参数功能如下：

消除锯齿：在栅格化图形后，选中此复选框，可以得到比较平滑的图形变形效果。在栅格化图形后，保留封套形状有两种选择，一种是剪切蒙版的效果，一种是以栅格化的透明度来保留封套形状。

保真度：设置封套与以封套进行变形的对象间相似的程度，数值越大，封套的节点就越多，封套内的对象也就更加接近封套的形状。

扭曲外观：封套内的对象如果应用了"外观"属性，选中此复选框后，外观属性也会随封套而改变。

扭曲线性渐变：如果封套内的对象进行了线性渐变填充，选中此复选框后，填充的线性渐变也会随封套而变形。

扭曲图案填充：封套内的对象若填充了图案，选中此复选框后，填充的图案也会随封套而变形。

执行"对象/封套扭曲/编辑封套"命令后，系统将在此命令的位置处显示"编辑内容"命令，选择此命令可以再对封套对象进行编辑，编辑完成后，用选择工具直接在绘图区中单击就可以完成此次编辑。

若要删除封套，可以直接执行"对象/封套扭曲/释放"命令，封套将会呈现出灰色填充的样式，然后将封套删除，这样图形就会恢复到封套变形前的图形。执行"对象/封套扭曲/扩展"命令，封套变形将会应用到图形上，而封套将被删除。

16.2 实例应用

难度程度：★★★☆☆ 总课时：40分钟
素材位置：16\实例应用\啤酒广告

演练时间：40分钟

啤酒广告

◉ 实例目标

本例“啤酒广告”图形创意设计实例的制作，使用了网格工具制作画面朦胧光影的背景效果，着重体现产品自身散发的特点。

◉ 技术分析

本例主要使用了绘图工具中的矩形工具、椭圆工具和钢笔工具来制作画面中的一些图形元素，还使用了效果和3D命令来修饰图形，重点介绍了网格工具的使用。

制作步骤

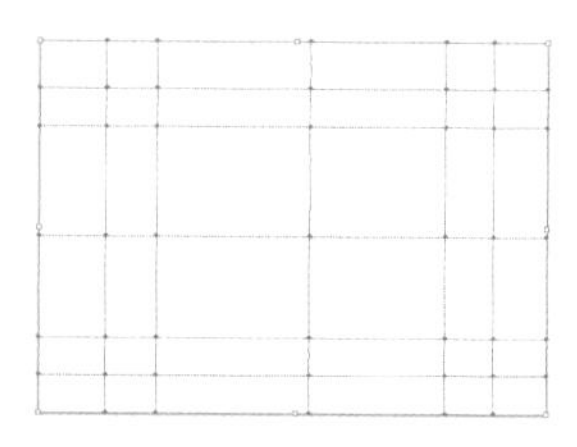

01 运行Illustrator CS6，执行“文件/新建”命令，在弹出的“新建文档”对话框中设置参数，单击“确定”按钮，新建文件，如下图所示。

新建文档
名称(N)：啤酒广告
配置文件(P)：[自定]
画板数量(M)：1
间距(I)：7.06 mm　列数(O)：1
大小(S)：A4
宽度(W)：297 mm　单位(U)：毫米
高度(H)：210 mm　取向：
出血(L)：上方 0 mm　下方 0 mm　左方 0 mm　右方 0 mm
高级
颜色模式(C)：CMYK
栅格效果(R)：高 (300 ppi)
预览模式(E)：默认值
使新建对象与像素网格对齐(A)
模板(T)...　确定　取消

02 选择工具箱中的矩形工具，按组合键【Ctrl+U】打开智能参考线，在画面中绘制同画面大小相同的矩形，效果如下图所示。

03 选择工具箱中的网格工具，在绘制得到的矩形上添加网格锚点，得到效果如下图所示。

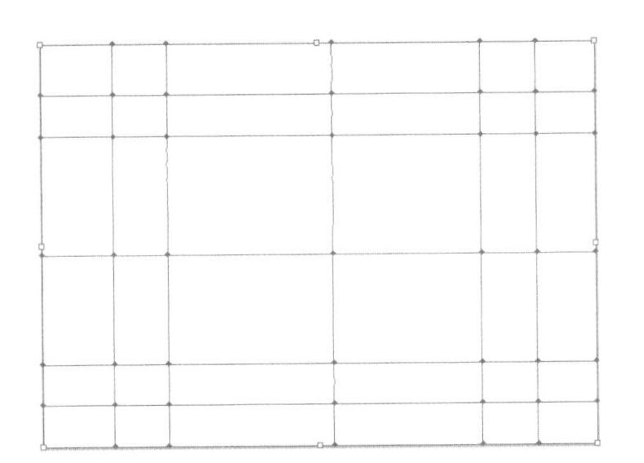

04 单击添加的锚点，调节锚点的控制柄，以方便后面的操作，得到效果如下图所示。

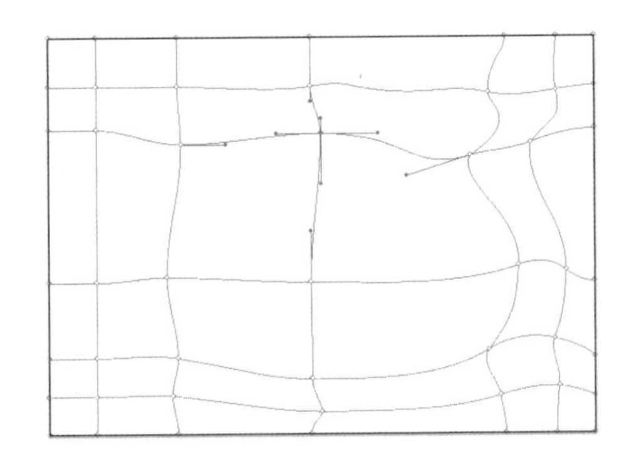

05 继续选择图形中的网格锚点，执行“窗口/颜色”命令，在弹出的面板中设置参数，得到效果如下图所示。

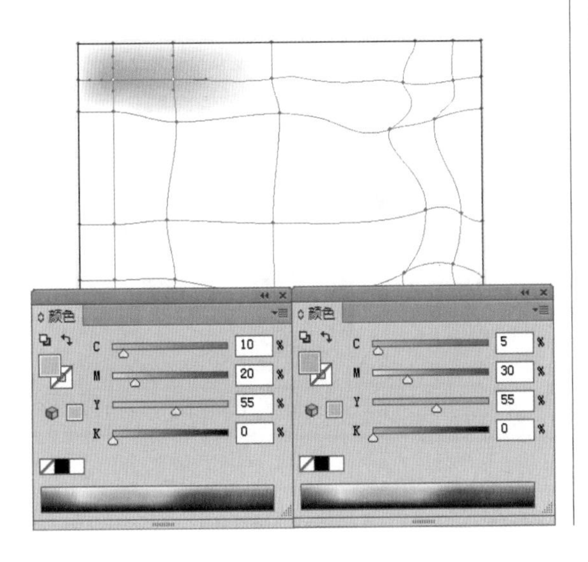

06 再次执行同上操作，选择下一个网格锚点，进行颜色设置，得到效果如下图所示。

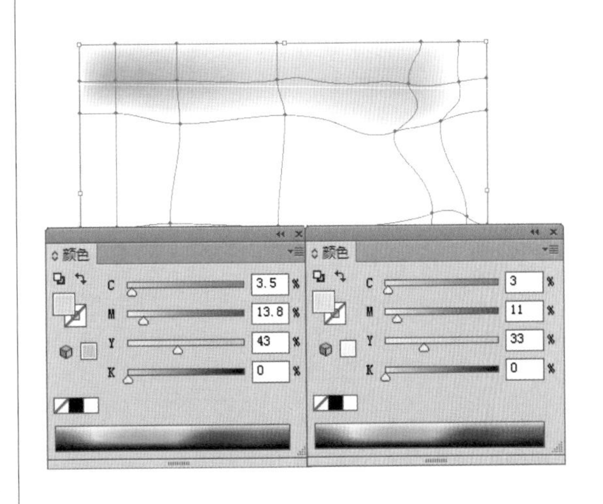

07 执行同上操作，选择下一个网格锚点，进行颜色设置，效果如下图所示。

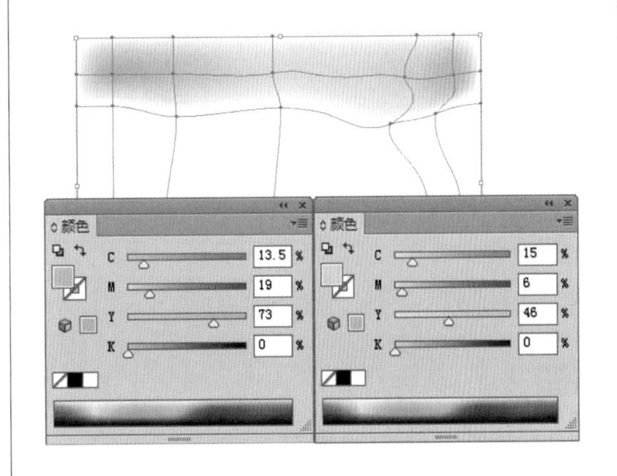

08 执行同上操作，选择下一个网格锚点，进行颜色设置，得到效果如下图所示。

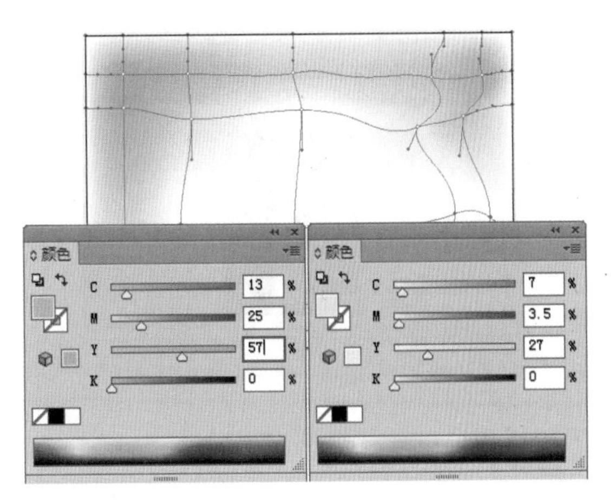

09 继续多次执行颜色设置，使整个画面颜色过渡均匀，中间使用白色，作为高光部分，得到效果如下图所示。

10 选择工具箱中的文字工具T，在画面中输入文字“zero-invonron.cn”，在打开的“字符”面板中设置文字参数，填充白色，效果如下图所示。

11 执行“文件/置入”命令，置入光盘中的“16\实例应用\啤酒广告\素材1”文件，并单击控制面板的“嵌入”按钮，按住【Shift】键进行等比例的大小调整，绘制出啤酒瓶的轮廓路径，效果如下图所示。

12 选择绘制并调整完成的路径及置入的素材，执行“对象/剪切蒙版/建立”命令，得到效果如下图所示。

13 选择建立蒙版得到的素材，按组合键【Ctrl+C】复制、【Ctrl+F】粘贴到画面最前面，单击鼠标右键，执行“变换/旋转”命令，得到效果如下图所示。

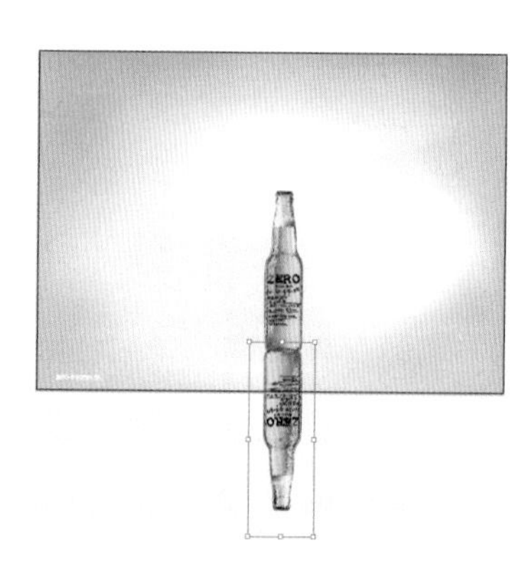

14 继续置入素材，进行效果制作，调整画面中的素材，使其更加美观，全选画面中的所有素材，执行“对象/剪切蒙版/建立”命令，得到最终效果如下图所示。

Part 17（30-32小时）

应用效果

【效果的应用：90分钟】

【实例应用：30分钟】

17.1 效果的应用

难度程度：★★★☆☆ 总课时：90分钟
素材位置：17\基础知识讲解\示例图

Illustrator CS6中的“效果”菜单可以为矢量图形和位图图像添加各种效果，也可以为对象应用各种类似于Photoshop中的滤镜所产生的效果。“效果”菜单中的命令仅仅是对选择对象的外表进行改变，而选择对象的基本属性并没有改变，是作为对象的外观属性来添加到应用的对象上的，因此可以随时调整参数来更改应用的效果。

单击菜单栏中的“效果”菜单项，就会弹出“效果”菜单，如右图所示。

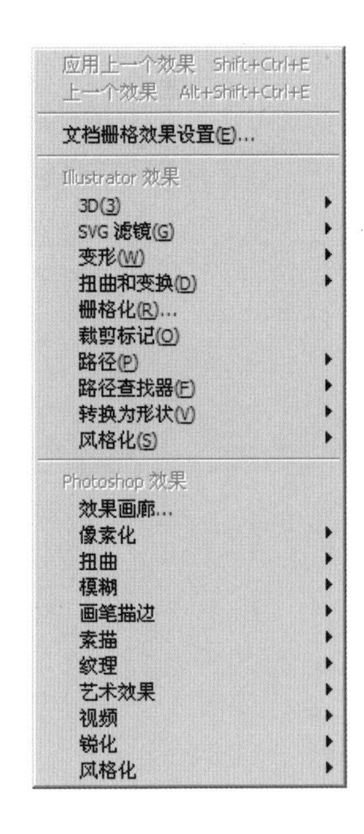

应用上一个效果：可以再次使用最后应用过的效果，适合用于不断反复地应用某一效果的场合，需要特别注意的是，使用它可以等效于应用刚刚使用过的效果，按下【Shift+Ctrl+E】组合键就可以执行该命令。

上一个效果：可以再次应用刚刚应用过的效果，按下【Ctrl+Alt+Shift+E】组合键即可。

在应用效果之前，首先要导入应用效果的图像或矢量图形。执行“文件/打开”命令或者执行“文件/置入”命令，都可以导入位图或矢量图形。

01 执行“文件/打开”命令，在弹出的“打开”对话框中选择光盘素材文件“17\基础知识讲解\示例图\17-1”，然后单击“打开”按钮打开该文件，为应用效果做好准备，如下图所示。

02 在工具箱中选择选择工具，选择打开的图像，然后执行“文件/文档颜色模式/RGB颜色”命令，将其转换为RGB颜色模式，如下图所示。

技巧提示

Illustrator CS6提供的常用滤镜大致为两种：矢量滤镜和位图滤镜。在Illustrator CS6中，矢量滤镜应用于工具绘制的滤镜图像中，而位图滤镜则应用在扫描和在Illustrator中做过位图处理的图像中。

位图滤镜等效于Photoshop中当前使用的滤镜，使用它能对图像应用Photoshop中的多种效果。要使用位图滤镜，必须在“文件”菜单中将文档颜色模式转换为RGB模式。在CMYK模式中可以使用的滤镜有像素化、模糊和锐化滤镜等。

03 执行“效果/艺术效果/海绵”命令，在弹出的“海绵”对话框中进行设置，设置完成后单击“确定”按钮，选择的效果就应用到了图像中，如下图所示。

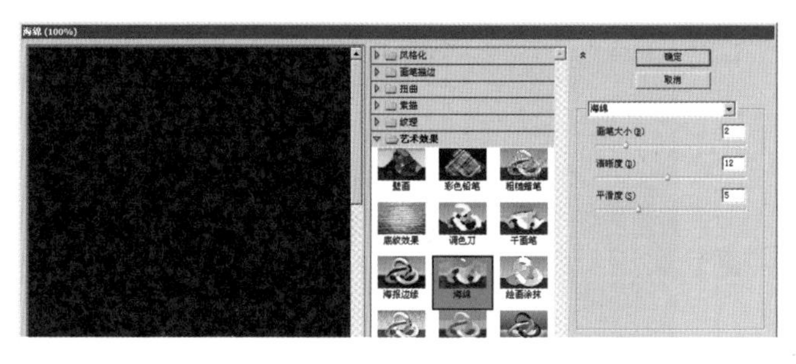

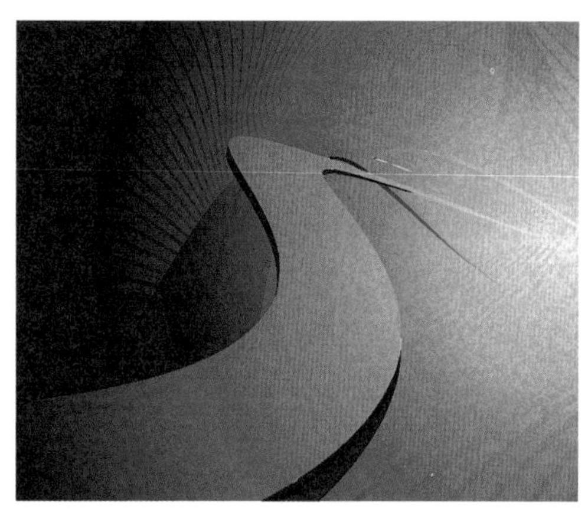

17.1.1 简单制作3D效果

学习时间：35分钟

在Illustrator CS6中，可以利用特效功能制作3D效果，可以用简单的2D图像表现出3D外观或者制作立体的文本及立体的照明效果，而且利用3D效果还可以制作立方体模型。

“3D”子菜单中包含了“凸出和斜角”、”绕转”和“旋转”效果。

“凸出和斜角”效果

01 打开光盘素材文件“17\基础知识讲解\示例图\17—2”，选择图像中的一个或多个圆角矩形，如下图所示。

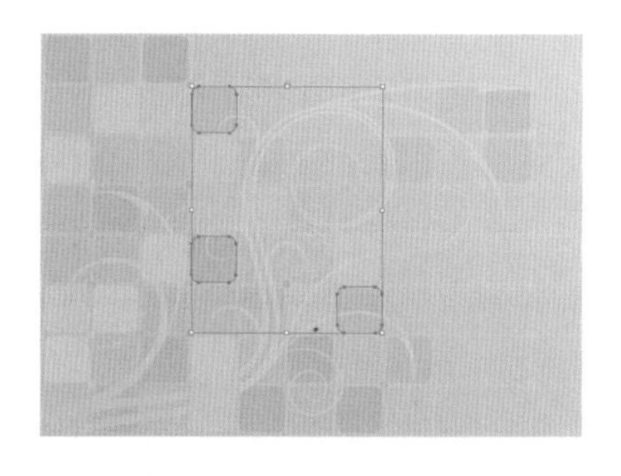

02 执行“效果/3D/凸出和斜角”命令，在弹出的对话框中进行设置，设置完成后单击“确定”按钮，如下图所示。

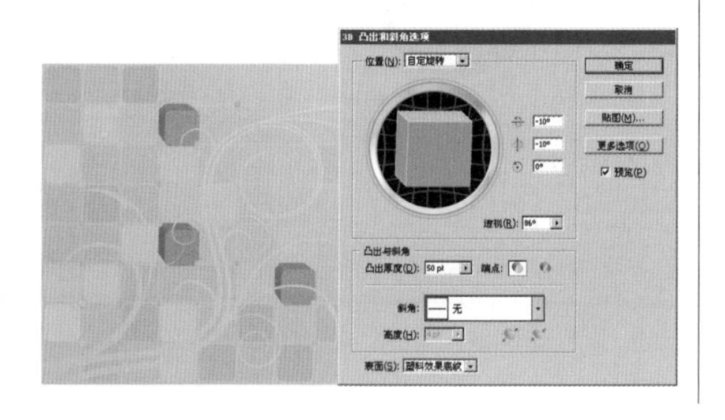

03 在弹出的“3D凸出和斜角选项”对话框中进行不同的设置会得到不同的结果，如下图所示。

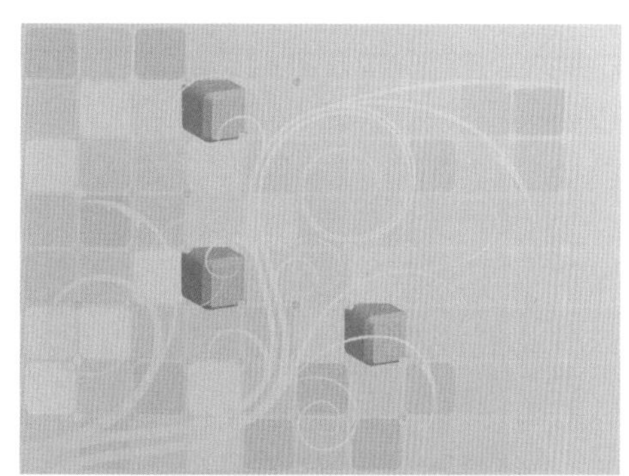

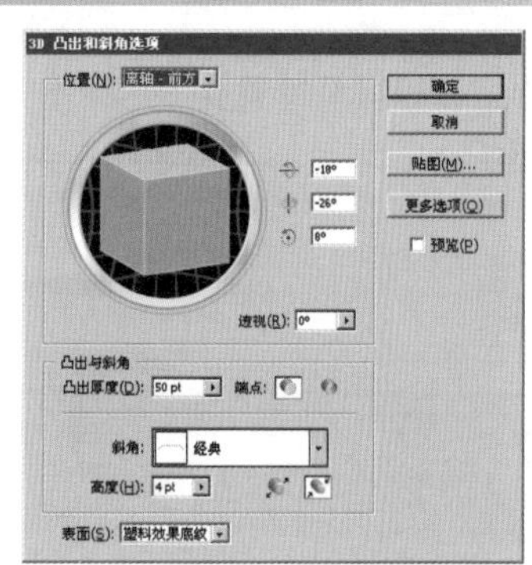

"绕转"效果

01 打开光盘素材文件"17\基础知识讲解\示例图\17–3"，选择其中的一片叶子，如下图所示。

02 执行"效果/3D/绕转"命令，在弹出的对话框中进行设置，设置完成后单击"确定"按钮，效果如下图所示。

"旋转"效果

它可以将图像以多种角度旋转。在对话框中直接输入数值，或者通过预览，直接利用鼠标调整图像，就可以实现旋转。

01 打开光盘素材文件"17\基础知识讲解\示例图\17–2"，选择图像中的一个或多个圆角矩形，如下图所示。

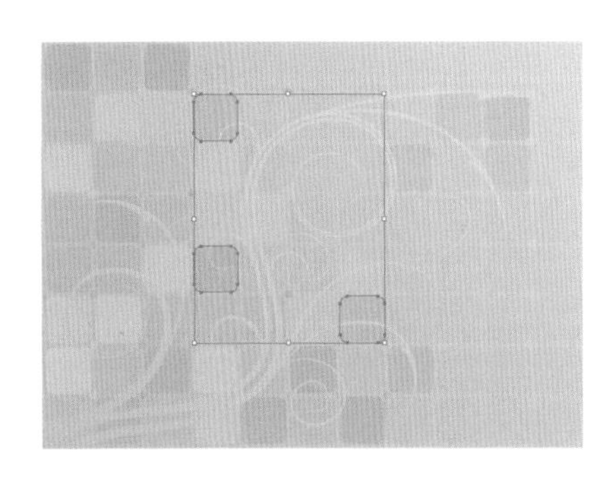

02 执行"效果/3D/凸出和斜角"命令，在弹出的对话框中进行设置，设置完成后单击"确定"按钮，如下图所示。

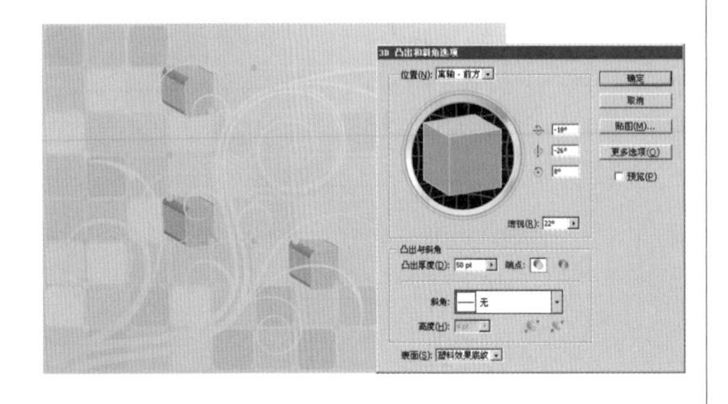

03 执行"效果/3D/旋转"命令，在弹出的对话框中进行设置，设置完成后单击"确定"按钮，如下图所示。

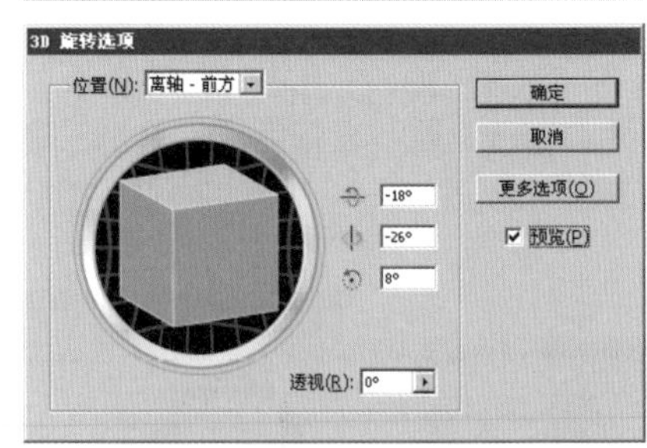

17.1.2 随心所欲应用效果

除了使用“3D”效果命令为对象添加立体效果外，还可以利用“效果”菜单中的“变形”效果命令来修改对象的形状。

“变形”效果

在“变形”子菜单中包括弧形、下弧形、上弧形、拱形、凸出、凹壳、凸壳、旗形、波形、鱼形、上升、鱼眼、膨胀、挤压和扭转等15种效果，下面就以“弧形”效果为例进行讲解。

01 执行“文件/打开”命令，在弹出的”打开”对话框中选择光盘素材文件“17\基础知识讲解\示例图\17–4”，然后单击“打开”按钮打开该文件，如下图所示。

02 使用选择工具选择该图像，然后执行“效果/变形/弧形”命令，在弹出的对话框中进行设置，设置完成后单击“确定”按钮，如下图所示。

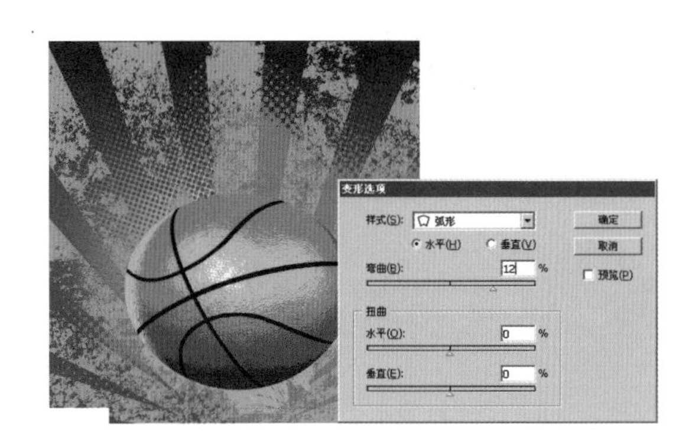

技巧提示

在执行“变形”子菜单中的其他命令时，会出现不同的效果，可以在执行各种命令后弹出的对话框中进行设置，设置不同，所得到的效果也不会相同，如下图所示。

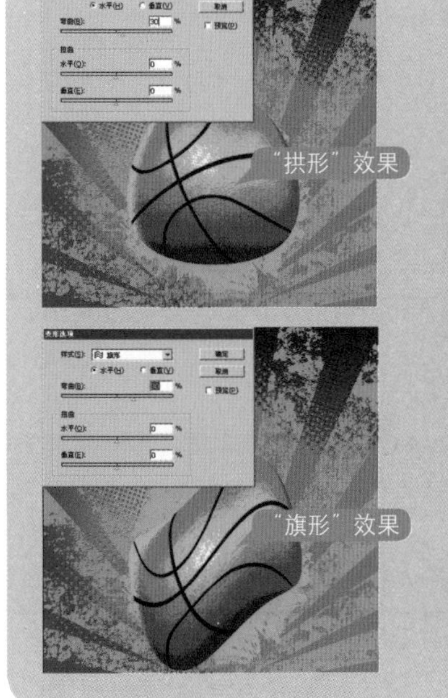

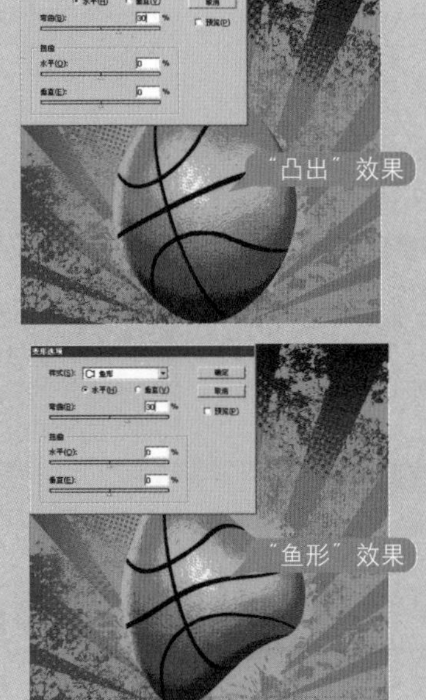

“扭曲和变换”效果

“扭曲和变换”命令可以为对象应用各种扭曲变形的效果。下面以“变换”效果为例进行讲解。

01 执行“文件/打开”命令，在弹出的“打开”对话框中选择光盘素材文件“17\基础知识讲解\示例图\17-5”，然后单击“打开”按钮打开该文件，如下图所示。

02 使用选择工具选择该图像，然后执行“效果/扭曲和变换/变换”命令，在弹出的对话框中进行设置，设置完成后单击“确定”按钮，如下图所示

技巧提示

在执行“扭曲和变换”子菜单中的其他命令时，会出现不同的效果，可以在选择各种命令后弹出的对话框中进行设置，设置不同，所得到的效果也不会相同，如下图所示。

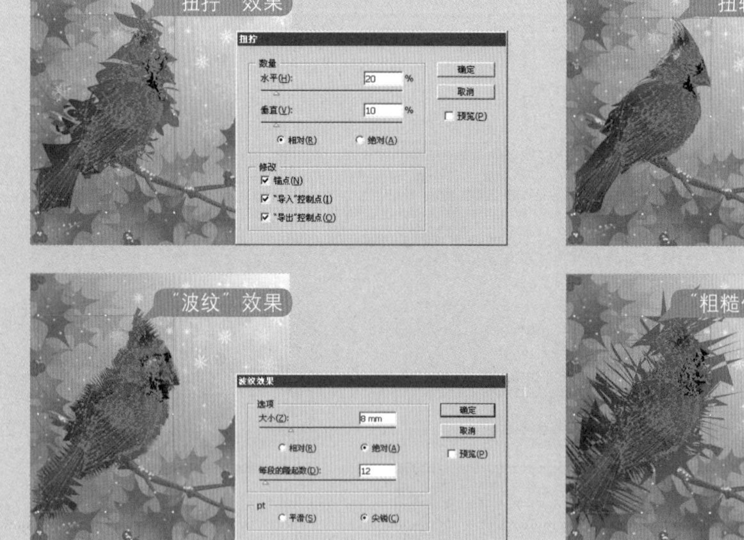

“粗糙化”效果

"路径"效果

"路径"效果子菜单中包括"位移路径"效果、"轮廓化对象"效果和"轮廓化描边"效果，其中，"轮廓化对象"效果和"轮廓化描边"效果用于生成图像和边线的轮廓效果，经常会用到，下面以"位移路径"效果为例进行介绍。

01 执行"文件/打开"命令，在弹出的"打开"对话框中选择光盘素材文件"17\基础知识讲解\示例图\17-5"，然后单击"打开"按钮打开该文件，如下图所示。

02 使用选择工具选择该图像，然后执行"效果/路径/位移路径"命令，在弹出的对话框中进行设置，设置完成后单击"确定"按钮就会发现路径发生了变化，如下图所示。

"路径查找器"效果

在"路径查找器"子菜单中包含了"相加"、"交集"、"差集"、"相减"、"减去后方对象"、"分割"、"修边"、"合并"、"裁减"、"轮廓"、"实色混合"、"透明混合"和"陷印"等效果，下面以"相加"效果为例进行介绍。

01 执行"文件/打开"命令，在弹出的"打开"对话框中选择光盘素材文件"17\基础知识讲解\示例图\17-5"文件，然后单击"打开"按钮打开该文件，如下图所示。

02 在"图层"面板中单击图层左侧的"列表"按钮，查看子图层，构成图层的各个子图层就出现了，如下图所示。

03 单击图层右侧的 ○ 按钮，当它变成同心圆形状时，图层中所有的图层将被选中，如下图所示。

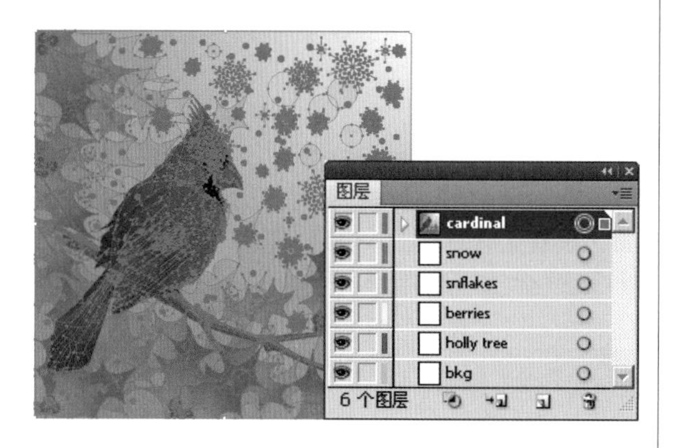

04 然后执行菜单中的“效果/路径查找器/相加”命令，图层的所有图像将合并到一起，但是看到的贝济埃曲线并没有改变，如下图所示。

05 在工具箱中选择椭圆工具 ○，在鸟的下面绘制一个椭圆图形，如下图所示。

06 单击图层右侧的 ○ 按钮，选中图层中所有的图层。然后执行菜单中的“效果/路径查找器/相加”命令，图层的所有图像将合并到一起，如下图所示。

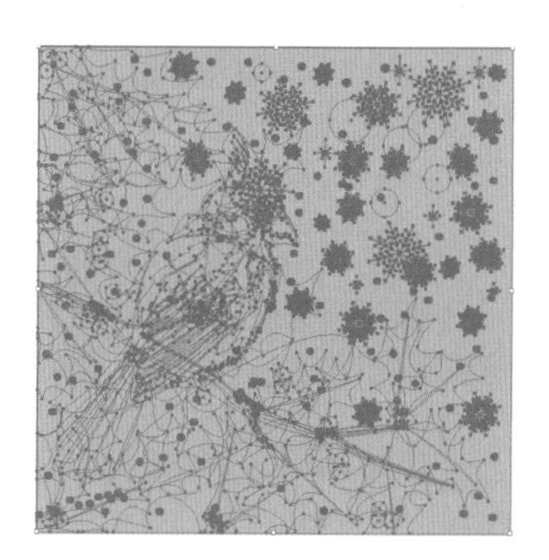

“栅格化”效果

“栅格化”效果是将矢量图位图化的命令，位图化实际上并不是将矢量图转换成了位图，而是应用了类似“转换成位图”的效果。

执行菜单“效果/栅格化”命令，打开“栅格化”对话框，如右图所示，对话框中的具体参数功能如下：

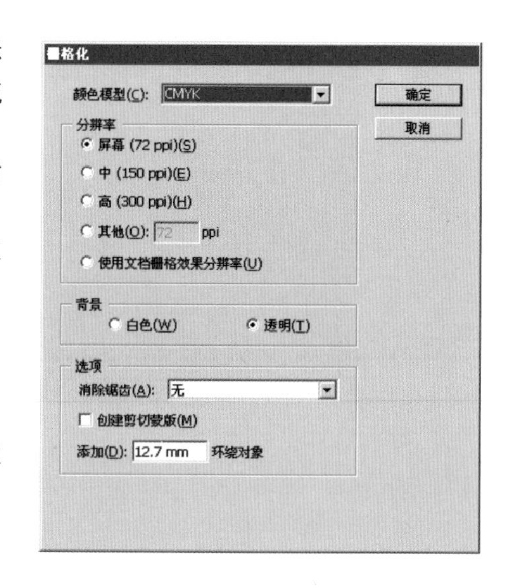

颜色模型：在它的下拉列表中有3种颜色模式，即CMYK模式、灰度模式和位图模式。

分辨率：支持屏幕、中、高和自定分辨率等。

背景：可以将位图的背景设置为“白色”或“透明”。

消除锯齿：在图像的边框部分应用抗锯齿效果。

创建剪切蒙版：以图像的边框为中心创建蒙版并使之位图化。

添加：在图像周围制作矩形图像。

01 执行“文件/打开”命令，在弹出的“打开”对话框中选择光盘素材文件“17\基础知识讲解\示例图\17-6”，然后单击“打开”按钮打开该文件，如下图所示。

02 使用选择工具选择该图像，然后执行“效果/栅格化”命令，在弹出的对话框中进行参数设置，如下图所示。

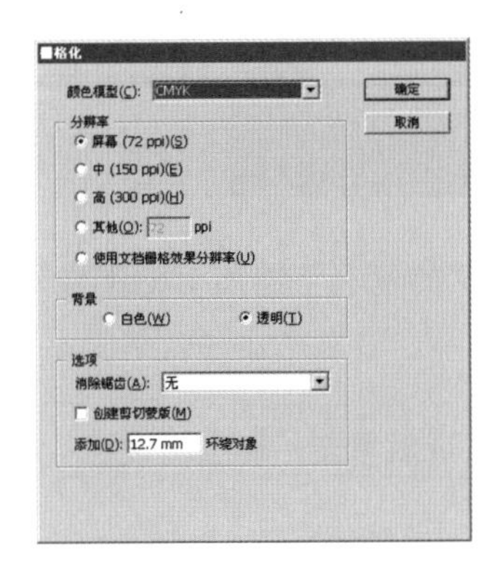

03 设置完成后单击“确定”按钮就完成了将矢量图像位图化的命令，如下图所示。

04 执行“对象/栅格化”命令也可以将图形栅格化，但是执行此命令后，图像完全转换成了位图，如下图所示。

“转换为形状”效果

这是自Illustrator 9开始才新增的特效命令，它用于把现有的图像转换成矩形、圆角矩形或椭圆，但它只是将图像的外观转换成矩形、圆角矩形或椭圆，弧线的样子不会改变。

“矩形”效果可在不改变贝济埃曲线的情况下将现有的图像外形变换成矩形。

选择非倒影楼房图形，执行菜单“效果/转换为形状/矩形”命令，打开“形状选项”对话框，进行设置后得到图形效果，如下图所示。对话框中的具体参数功能如下：

形状：包括矩形、圆角矩形和椭圆等3种形状可供用户选择。

绝对：在与图像大小无关的情况下调整形状的大小。

相对：以图像的大小为准来调整某一个需要扩大的定格点。

圆角半径：当选择的是"圆角矩形"时，该项可用，用于调整矩形的圆角度数。

01 执行"文件/打开"命令，在弹出的"打开"对话框中选择光盘素材文件"17\基础知识讲解\示例图\17-7"，然后单击"打开"按钮打开该文件，如下图所示。

02 使用选择工具选择非倒影楼房图形，然后执行"效果/转换为形状/矩形"命令，在弹出的对话框中进行参数设置，设置完成后单击"确定"按钮，如下图所示。

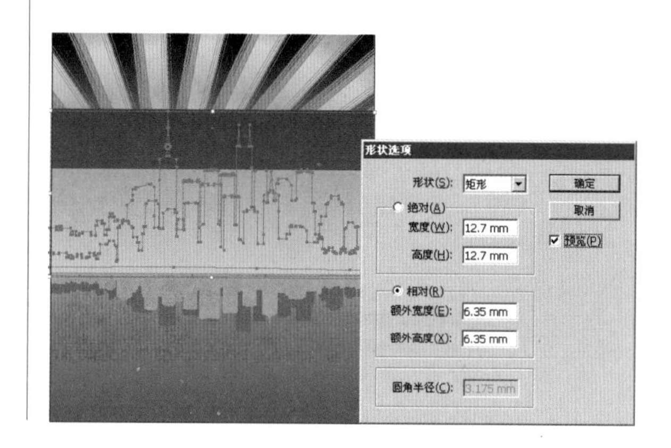

"圆角矩形"效果是在不改变现有的图像贝济埃曲线样式的情况下将所有的图像转换成圆角矩形。

01 选择其中的非倒影楼房图形，执行"效果/转换为形状/圆角矩形"命令，在弹出的对话框中进行参数设置，如下图所示。

02 设置完成后单击"确定"按钮，最后形成的效果如下图所示。

"椭圆"效果是在不改变现有图像贝济埃曲线样式的情况下将所有的图像转换为椭圆形。

01 选择非倒影楼房图形，执行"转换为形状/椭圆"命令，在弹出的对话框中进行参数设置，如下图所示。

02 设置完成后单击"确定"按钮，最后形成的效果如下图所示。

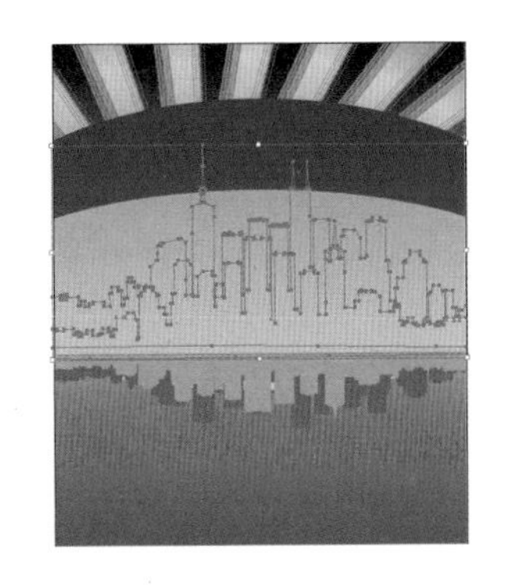

"风格化"效果

在"效果"菜单的"风格化"子菜单中，包括了"内发光"、"外发光"、"涂抹"和"羽化"等效果。

"内发光"效果

01 执行"文件/打开"命令，在弹出的"打开"对话框中选择光盘素材文件"17\基础知识讲解\示例图\17-8"，然后单击"打开"按钮打开该文件，如下图所示。

02 使用选择工具选择该图像，然后执行"效果/风格化/内发光"命令，在弹出的对话框中进行参数设置，设置完成后单击"确定"按钮，如下图所示。

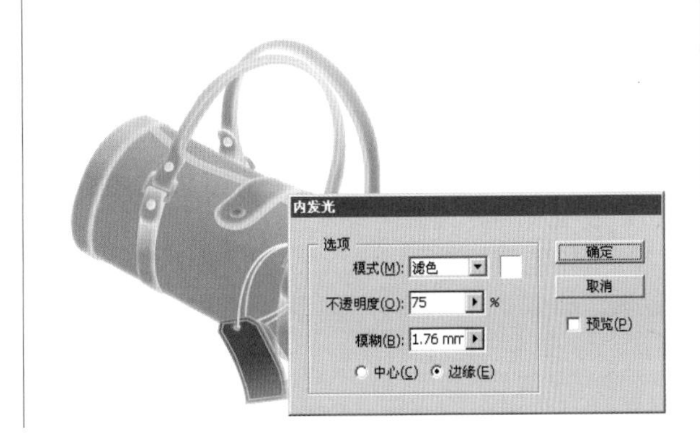

技巧提示

在弹出的"内发光"对话框的"选项"栏中可以进行不同的设置。

模式：表示可以设置要应用内发光的混合模式，在弹出的下拉列表中选择不同的混合模式，会得到不同的图像效果。

不透明度：可以调整内发光的不透明度效果。

模糊：调整内发光的模糊程度，其调整范围为0～50.8mm。

"中心"和"边缘"单选按钮可以用来设置图像的内发光是从图像的中间开始应用还是从边缘开始应用。

"涂抹"效果

执行菜单"效果/风格化/涂抹"命令，打开"涂抹选项"对话框，对话框中的具体参数功能如下。

设置：单击旁边的倒三角按钮，在弹出的下拉列表中可以随意选择其中的一项，选项不同，得到的图像结果会不同，如下图所示。

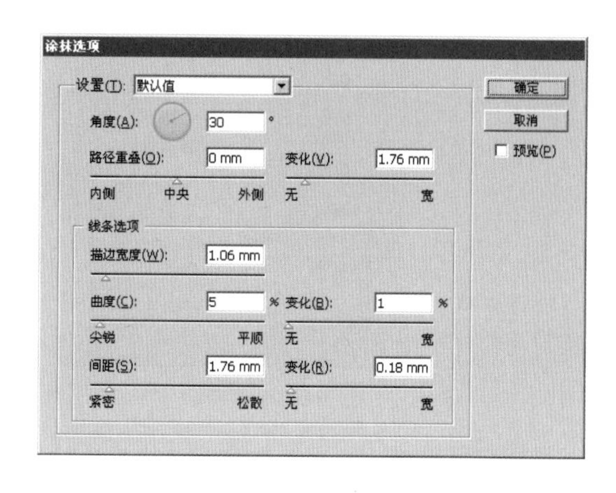

角度：调整描绘线的角度。

路径重叠：用来设定路径重叠的长度，可以拖动下方的滑块进行调节。

变化：以设定好的线长为准，用来设定图像内部线的排列是否规则。

描边宽度：用于设置描边的宽度数值，可以直接输入数值，也可以通过拖曳下边的滑块来进行调节。

曲度：可以把线设置为直线或曲线。

变化：在把线设置为直线或曲线的同时，用来设定线的排列是否规则。

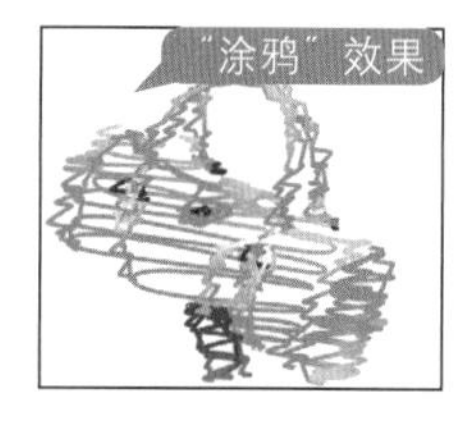

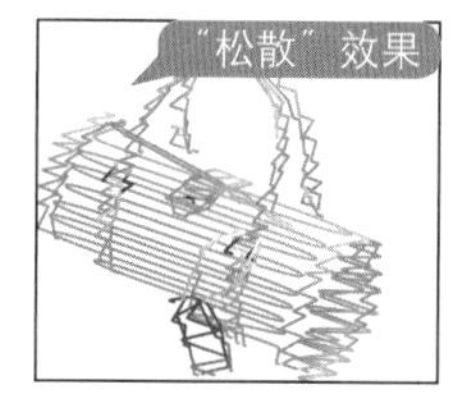

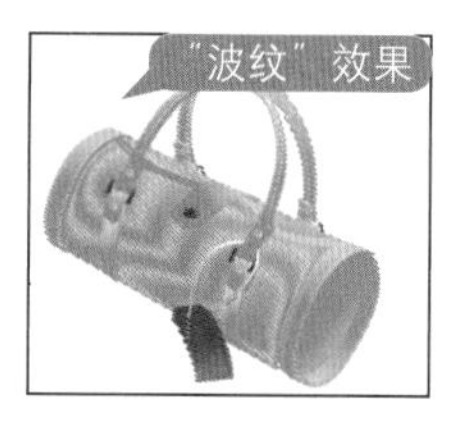

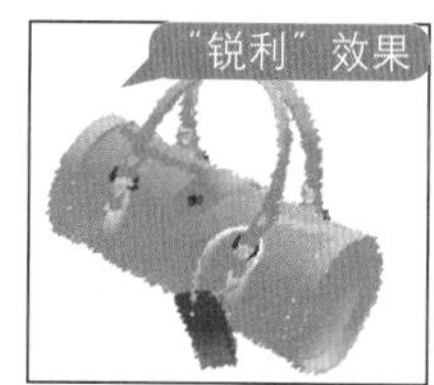

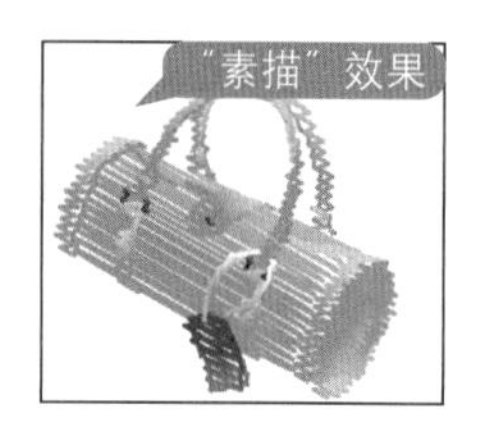

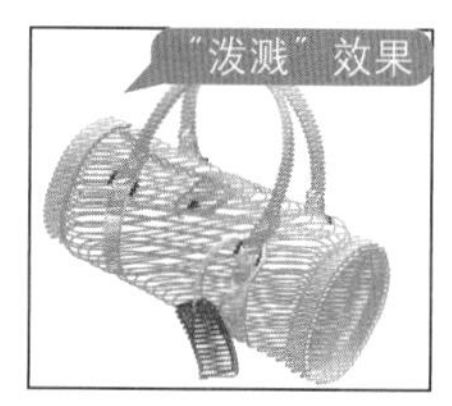

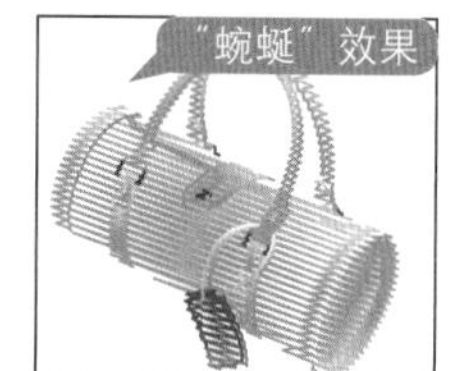

间距：用来设置线的间距。

变化：用来设置间距是否规则。

重新选择"包"图形，执行"效果/风格化/涂抹"命令，在弹出的"涂抹选项"对话框中进行设置，设置完成后单击"确定"按钮就会得到如下图所示的效果。

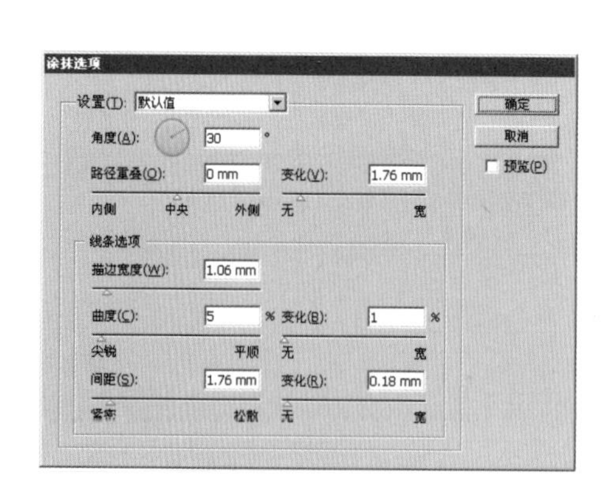

"圆角"效果

执行"效果/风格化/圆角"命令，可以将对象的外观转换成为圆角形状。

01 执行“文件/打开”命令，在弹出的”打开”对话框中选择光盘素材文件“17\基础知识讲解\示例图\17-9”，然后单击“打开”按钮打开该文件，如下图所示。

02 使用选择工具选择该文件，然后执行“效果/风格化/圆角”命令，在弹出的“圆角”对话框中进行设置，设置完成后单击“确定”按钮，即可完成圆角效果设置，如下图所示。

“外发光”效果

01 执行“文件/打开”命令，在弹出的“打开”对话框中选择光盘素材文件“17\基础知识讲解\示例图\17-10”，然后单击“打开”按钮打开该文件，如下图所示。

02 使用选择工具选择该文件，然后执行“效果/风格化/外发光”命令，在弹出的“外发光”对话框中进行设置，设置完成后单击“确定”按钮，即可完成外发光效果设置，如下图所示。

“投影”效果

01 执行“文件/打开”命令，在弹出的“打开”对话框中选择光盘素材文件“17\基础知识讲解\示例图\17-11”，然后单击“打开”按钮打开该文件，如下图所示。

02 使用选择工具选择该文件，然后执行“效果/风格化/投影”命令，在弹出的“投影”对话框中进行设置，设置完成后单击“确定”按钮，即可完成投影效果设置，如下图所示。

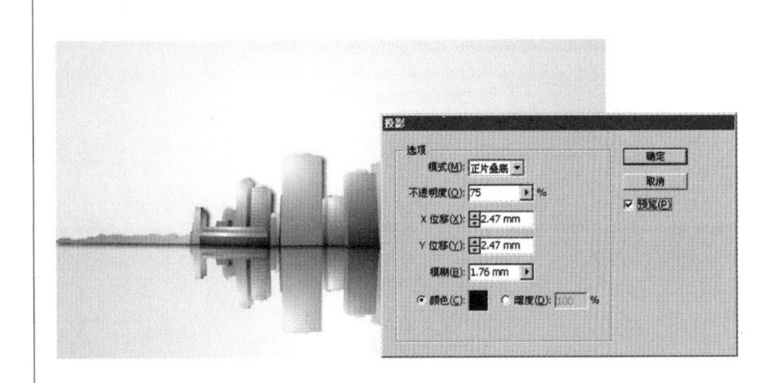

17.2 实例应用

难度程度：★★★☆☆ 总课时：30分钟
素材位置：14\实例应用\鞋盒海报

演练时间：30分钟

鞋盒海报

◉ 实例目标

本例主要以光影作为画面的主要效果，采用渐变工具与不透明蒙版结合使用，制作了一个立体的鞋盒。

◉ 技术分析

本例主要使用了绘图工具中的矩形工具、椭圆工具和钢笔工具来制作画面中的一些图形元素，还使用了渐变色和不透明蒙版来修饰图形，重点介绍了“渐变色”的使用。

制作步骤

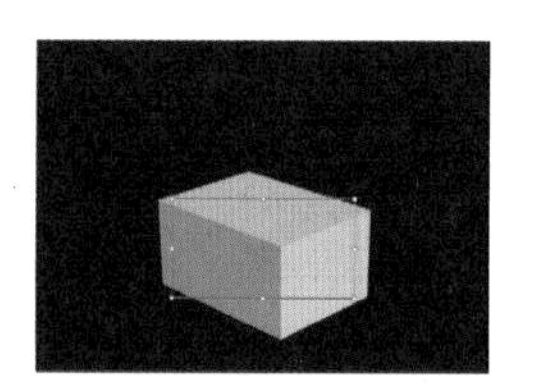

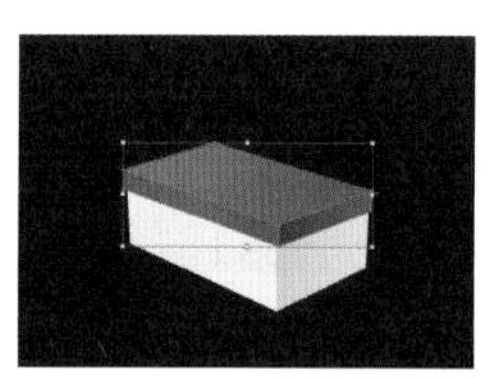

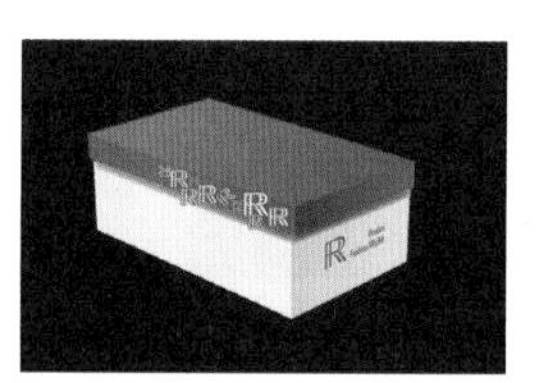

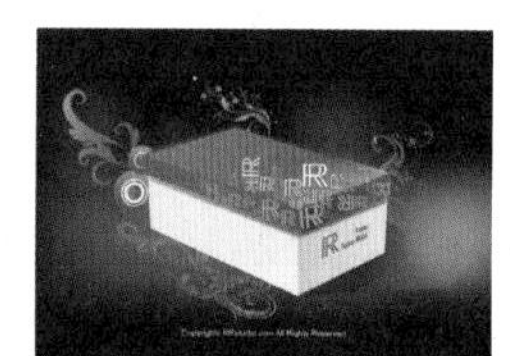

01 运行Illustrator CS6，执行“文件/新建”命令，在弹出的“新建文档”对话框中设置参数，单击“确定”按钮，新建文件，如下图所示。

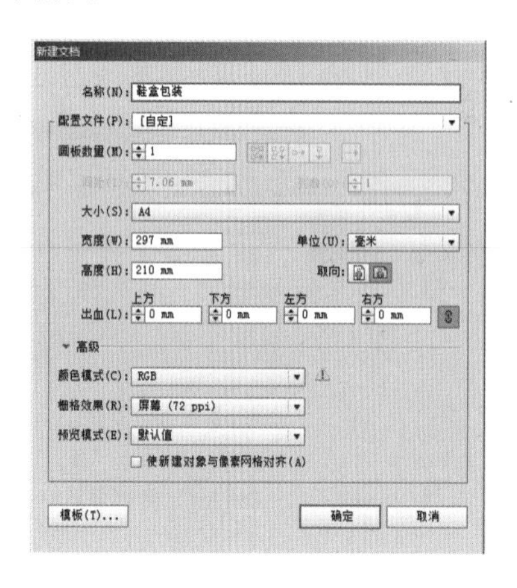

02 选择工具箱中的矩形工具，在画面中绘制与画面相同大小的矩形，执行“窗口/颜色”命令，在“颜色”面板中进行参数设置，填充黑色，效果如下图所示。

03 继续选择工具箱中的矩形工具，在画面中拖曳鼠标绘制一个矩形，执行“窗口/颜色”命令，设置为白色，效果如下图所示。

04 选择绘制的矩形，执行“效果/3D/凸出和斜角”命令，在弹出的对话框中设置参数，按“确定”按钮得到长方体，如下图所示。

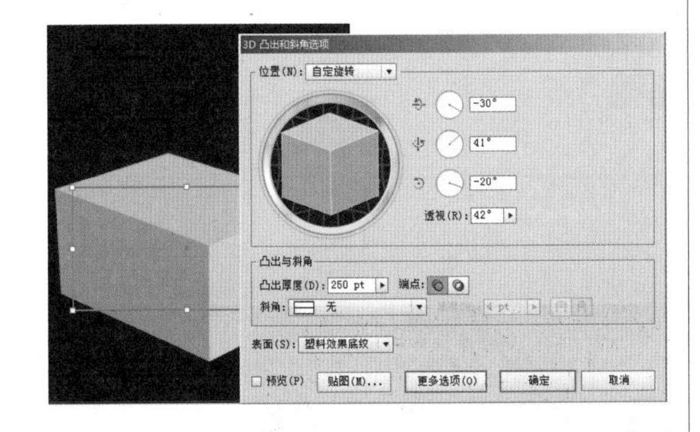

05 选择应用了三维效果的长方体，拖动控制点，调整其大小，效果如下图所示。

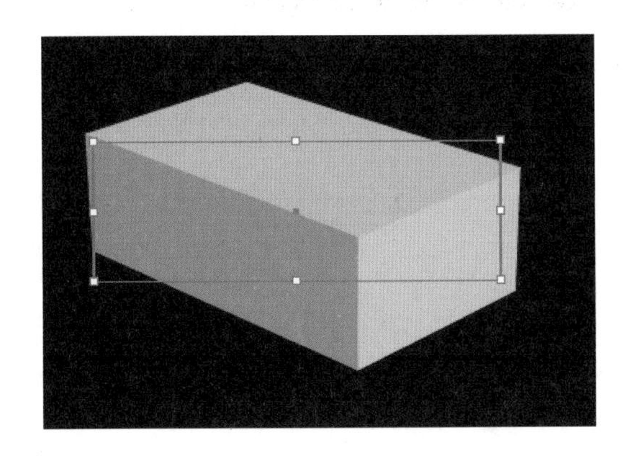

06 选择该长方体，按【Alt+Shift】组合键进行垂直复制移动，得到另一个长方体，为了方便操作，设置另外的颜色，效果如下图所示。

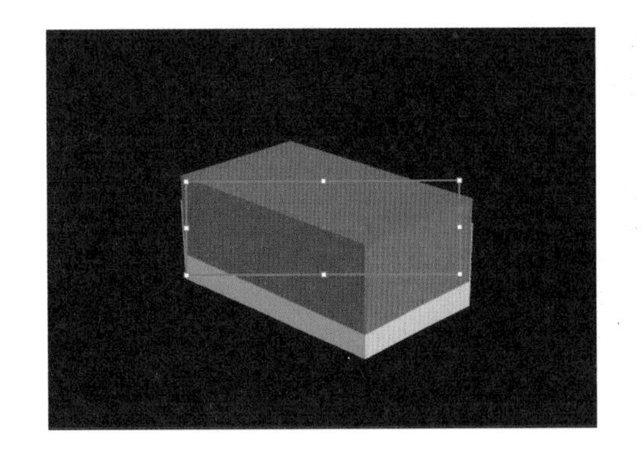

07 选择复制得到的长方体，执行“窗口/外观”命令，在弹出的“外观”面板中，双击“3D 凸出和斜角”选项，如下图所示。

08 在弹出的“3D 凸出和斜角选项”对话框中设置参数，通过预览调整其透视效果，确定后，调节其控制点改变长方体高度，得到效果如下图所示。

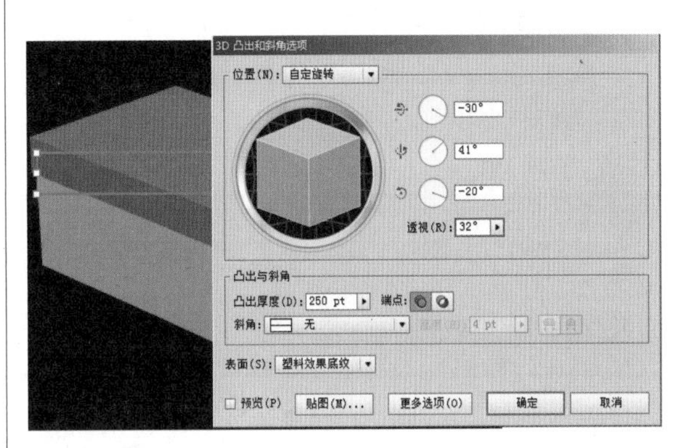

09 全选绘制的两个长方体，执行“对象/扩展”命令，并按组合键【Ctrl+Shift+G】解组，执行“窗口/渐变”命令，在弹出的面板中设置参数，如下图所示。

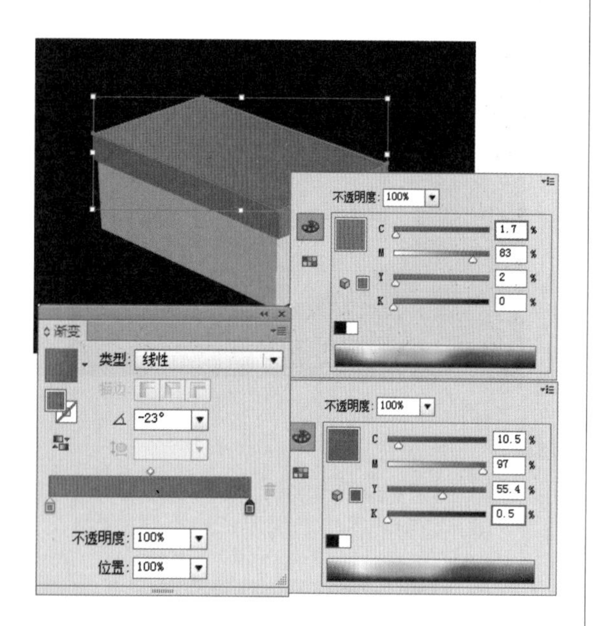

10 选择解组后的另一面矩形，执行“窗口/渐变”命令，在弹出的面板中设置参数，通过双击滑块对渐变色进行设置，在滑杆中间单击添加滑块，如下图所示。

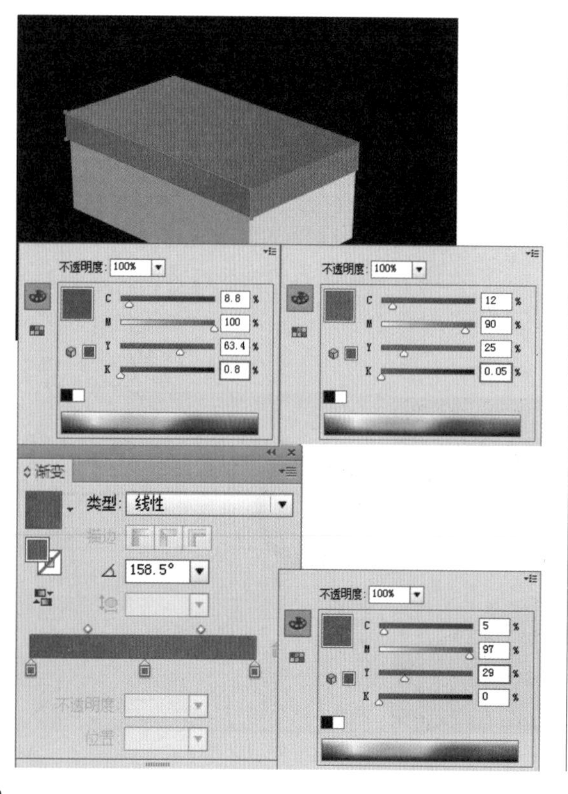

11 选择解组后的其中一个矩形图形，执行“窗口/渐变”命令，在弹出的面板中设置参数，通过双击滑块对渐变色进行设置，如下图所示。

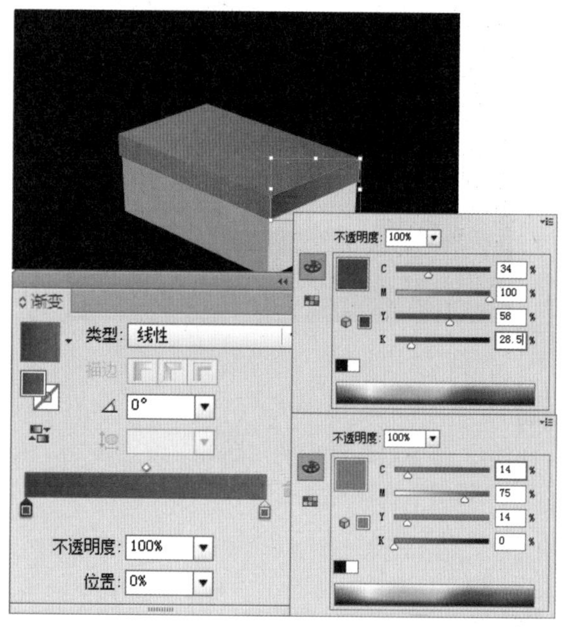

12 选择工具箱中的文字工具 T，在画面中输入文字，进行创建轮廓，调整文字，填充颜色。最后置入光盘中所给素材，调整各素材位置，效果如下图所示。

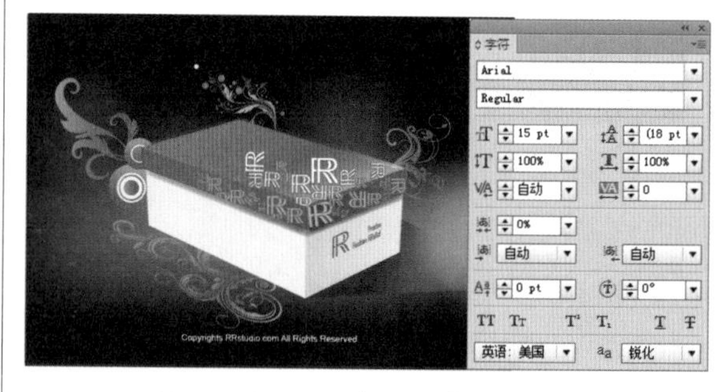

Part 18（32-34小时）

滤镜效果

【滤镜的应用：90分钟】

【实例应用：30分钟】

18.1 滤镜的应用

难度程度：★★★☆☆ 总课时：90分钟
素材位置：18\基础知识讲解\示例图

在Illustrator CS6中，“效果”菜单下半部分的命令与Photoshop中的滤镜所产生的效果基本相同，利用这些效果命令，可以为矢量图形或位图图像添加各种滤镜效果。

18.1.1 展示画家画风的“艺术效果”

学习时间：15分钟

利用“艺术效果”子菜单，可以把美术效果和画家的画风体现出来。下面就以“艺术效果”子菜单中的“彩色铅笔”命令为例，分别介绍位图和矢量图在应用该命令后的效果。

01 执行“文件/打开”命令，在弹出的“打开”对话框中选择光盘素材文件（位图）“18\基础知识讲解\示例图\茶杯”文件，然后单击“打开”按钮打开该文件，如下图所示。

02 使用选择工具选择该图形，然后执行“效果/艺术效果/彩色铅笔”命令，在弹出的对话框中进行设置，如下图所示。

03 设置完成后单击“确定”按钮，就会发现执行“彩色铅笔”命令后的图像效果和原来的图像效果有很大的不同，如下图所示。

04 执行“文件/打开”命令，在弹出的“打开”对话框中选择光盘素材文件（矢量图）“18\基础知识讲解\示例图\18-1”，然后单击“打开”按钮打开该文件，如下图所示。

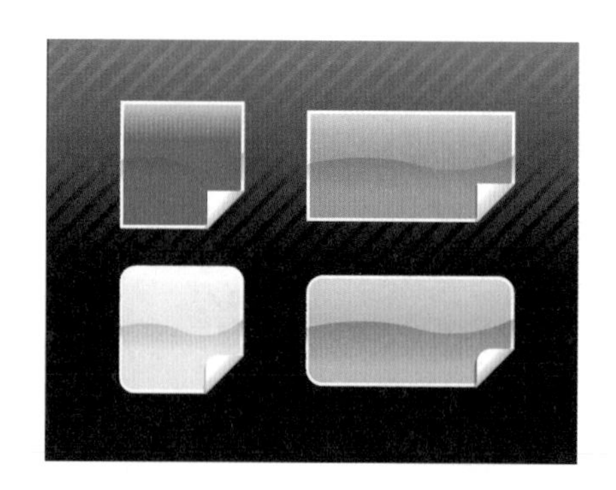

05 使用选择工具选择该图形，然后执行“效果/艺术效果/彩色铅笔”命令，在弹出的对话框中进行设置，设置完成后的效果如右图所示。

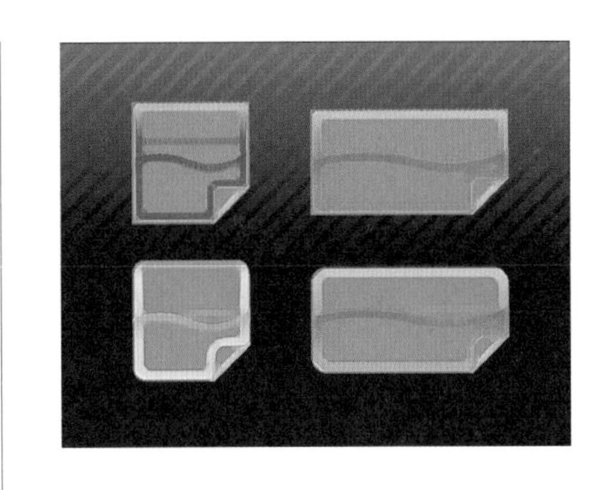

18.1.2 应用“模糊”效果

学习时间：15分钟

“模糊”的意思是将图像进行模糊处理。在Illustrator CS6中，提供了3种“模糊”效果，分别是“径向模糊”、“特殊模糊”和“高斯模糊”效果。下面就以“径向模糊”效果为例，分别介绍应用该效果的矢量图和位图。

01 执行“文件/打开”命令，在弹出的“打开”对话框中选择光盘素材文件（矢量图）“18\基础知识讲解\示例图\18-2”，然后单击“打开”按钮打开该文件，如下图所示。

02 使用选择工具选择该文件，执行“效果/模糊/径向模糊”命令，在弹出的对话框中进行设置，设置完成后单击“确定”按钮，图像呈现径向模糊效果，如下图所示。

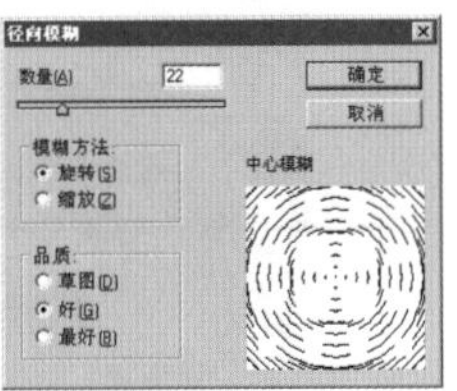

03 执行“文件/打开”命令，在弹出的“打开”对话框中选择光盘素材文件（位图）“18\基础知识讲解\示例图\绿叶”，然后单击“打开”按钮打开该文件，如下图所示。

04 使用选择工具选择该文件，执行“效果/模糊/径向模糊”命令，在弹出的对话框中进行设置。设置完成后单击“确定”按钮，图像呈现径向模糊效果，如下图所示。

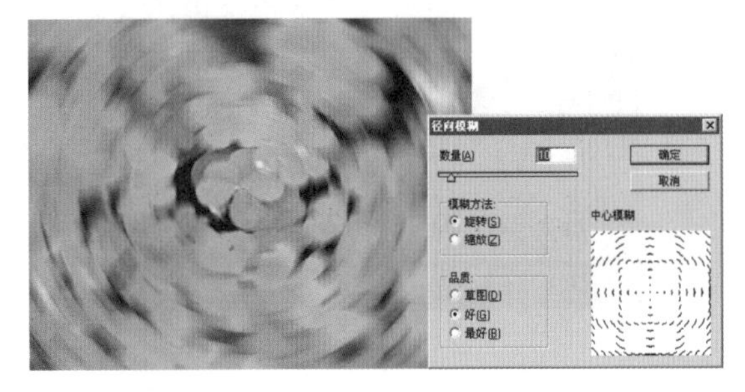

18.1.3 具有丰富效果的“画笔描边”

应用“画笔描边”特效，可以使用不同的画笔和不同的油墨笔触来产生绘画式的精美艺术效果，其中包含“喷溅”、“喷色描边”、“墨水轮廓”、“强化的边缘”、“成角的线条”、“深色线条”、“烟灰墨”和“阴影线”等效果。下面就通过对矢量图和位图分别应用“喷溅”效果来讲解该类效果的应用。

01 执行“文件/打开”命令，在弹出的”打开”对话框中选择光盘素材文件（矢量图）“18\基础知识讲解\示例图\18−3”，然后单击“打开”按钮，打开该文件，如下图所示。

02 使用选择工具选择该文件，执行“效果/画笔描边/喷溅”命令，在弹出的对话框中进行参数设置，如下图所示。

03 设置完成后单击“确定”按钮，就会发现应用“喷溅”效果后的图像效果和原图像相比发生了很大变化，如下图所示。

04 执行“文件/打开”命令，在弹出的“打开”对话框中选择光盘素材文件（位图）“18\基础知识讲解\示例图\石头”，然后单击“打开”按钮，打开该文件，如下图所示。

05 使用选择工具选择该文件，执行“效果/画笔描边/喷溅”命令，在弹出的对话框中进行参数设置，如下图所示。

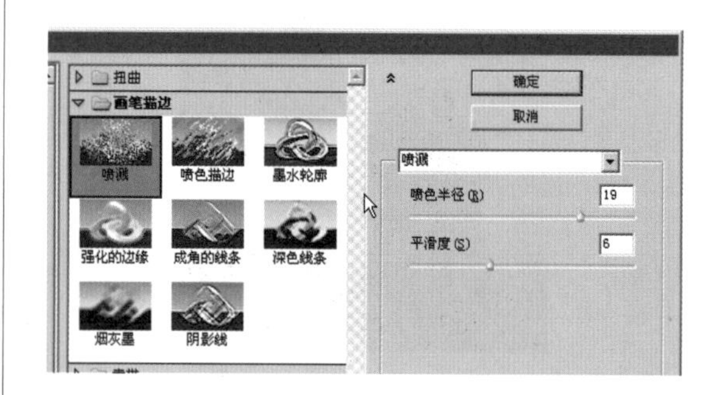

06 设置完成后单击“确定”按钮，就会发现应用“喷溅”效果后的图像效果和原图相比发生了很大变化，如下图所示。

18.1.4 制作图像的“扭曲”效果

“扭曲”子菜单中有3种可以应用于矢量图或位图变形的效果，即“扩散亮光”、“海洋波纹”和“玻璃”效果。下面就通过“海洋波纹”命令来分别讲述“扭曲”命令应用于矢量图和位图后的效果。

01 执行“文件/打开”命令，在弹出的“打开”对话框中选择光盘素材文件（矢量图）“18\基础知识讲解\示例图\18-3”，然后单击“打开”按钮打开该文件，如下图所示。

02 使用选择工具选择该文件，执行“效果/扭曲/海洋波纹”命令，在弹出的对话框中进行参数设置，如下图所示。

03 设置完成后单击“确定”按钮，就会发现应用“海洋波纹”效果后的图像效果和原图像相比有了很大变化，如下图所示。

04 执行“文件/打开”命令，在弹出的”打开”对话框中选择光盘素材文件（位图）“18\基础知识讲解\示例图\猫”文件，然后单击“打开”按钮打开该文件，如下图所示。

05 使用选择工具选择该文件，执行“效果/扭曲/海洋波纹”命令，在弹出的对话框中进行参数设置，如下图所示。

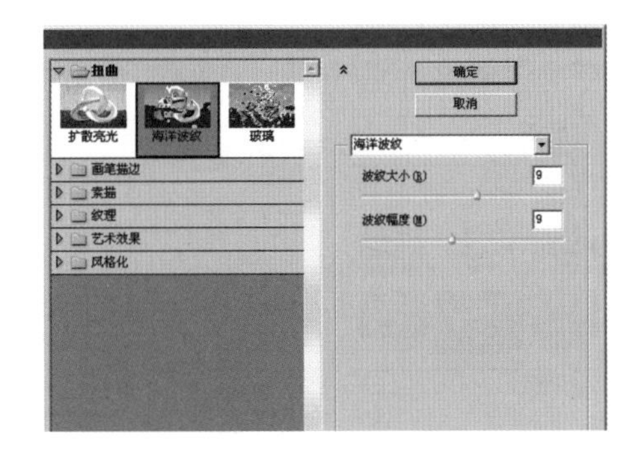

06 设置完成后单击“确定”按钮，其效果如下图所示。

18.1.5 为图像添加瑕疵的“纹理”效果

“纹理”效果子菜单中有许多效果命令，它们可以通过调整像素的模样、颜色和排列方式等来获得独特的效果，其中包括“拼缀图”、“染色玻璃”、“纹理化”、“颗粒”、“马赛克拼贴”和“龟裂纹”等效果。下面通过“染色玻璃”效果分别介绍该效果应用于矢量图和位图的情况。

01 执行“文件/打开”命令，在弹出的“打开”对话框中选择光盘素材文件（矢量图）“18\基础知识讲解\示例图\18-4”文件，然后单击“打开”按钮打开该文件，如下图所示。

02 使用选择工具选择该文件，执行“效果/纹理/染色玻璃”命令，在弹出的对话框中进行参数设置，如下图所示。

03 设置完成后单击“确定”按钮，就会发现应用“染色玻璃”效果后的图像效果和原图像相比有了很大的变化，如下图所示。

04 执行“文件/打开”命令，在弹出的“打开”对话框中选择光盘素材文件（位图）“18\基础知识讲解\示例图\西瓜”文件，然后单击“打开”按钮打开该文件，如下图所示。

05 使用选择工具选择该文件，执行“效果/纹理/染色玻璃”命令，在弹出的对话框中进行参数设置，如下图所示。

06 设置完成后单击“确定”按钮，就会发现应用“染色玻璃”效果后的图像效果和原图像相比有了很大变化，如下图所示。

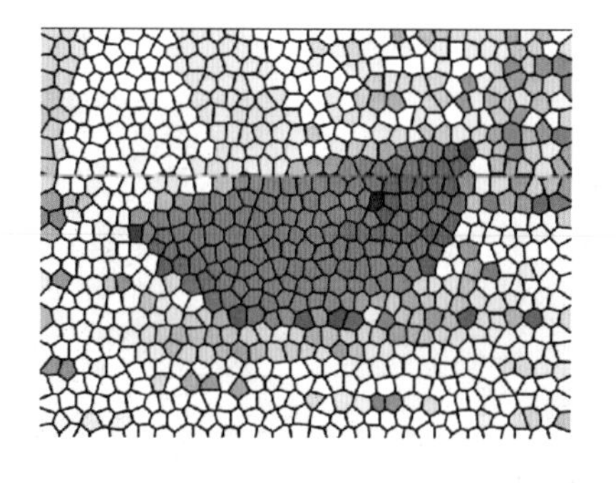

18.1.6 制作鲜明耀眼的图像

在“效果”菜单中的“锐化”子菜单具有清晰锐化处理图像的功能，“锐化”子菜单可以将拍得模糊的照片变得清晰。

“锐化”子菜单中只有一个“USM锐化”命令。这个效果是利用暗房的高反差方法，调整图像边缘细节的对比度，并在边缘的各侧绘制出一条更亮或者更暗的线条，以加强图像的边缘效果，使图像产生更清晰的幻觉效果。执行“效果”/“锐化”/“USM锐化”命令，弹出如图11–139所示的“USM锐化”对话框，其中各个选项的功能如下：

数量：设置对图像进行锐化的程度。

半径：设置图像的锐化范围的大小。

阈值：图像中颜色色相的近似程度，及处理像素分布的程度。

01 执行“文件/打开”命令，在弹出的“打开”对话框中选择光盘素材文件（矢量图）“18\基础知识讲解\示例图\18–5”文件，然后单击“打开”按钮打开该文件，如下图所示。

02 使用选择工具选择该文件，执行“效果/锐化/USM锐化”命令，在弹出的对话框中进行参数设置，设置完成后单击“确定”按钮，效果如下图所示。

03 执行“文件/打开”命令，在弹出的“打开”对话框中选择光盘素材文件（位图）“18\基础知识讲解\示例图\房屋”，然后单击“打开”按钮打开该文件，如下图所示。

04 使用选择工具选择该文件，执行“效果/锐化/USM锐化”命令，在弹出的对话框中进行设置，设置完成后单击“确定”按钮，效果如下图所示。

Part 32-34小时
18 滤镜效果

18.2 实例应用

难度程度：★★★☆☆ 总课时：30分钟
素材位置：18\实例应用\时尚都市

演练时间：30分钟

时尚都市

◉ 实例目标

本例的制作中，以一幅城市的夜景图像作为背景，将经过处理的人物图像和矢量花纹结合在一起，得到时尚华丽的整体效果。

◉ 技术分析

本例主要使用了工具箱中的混合工具和渐变色来制作加工画面中的一些图形元素，还使用了模糊和风格化设置来修饰图形，重点介绍了混合工具的使用。

制作步骤

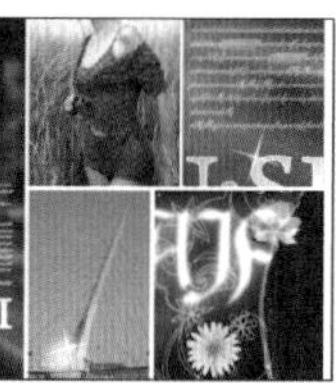

01 运行Illustrator CS6，执行“文件/新建”命令，在弹出的“新建文档”对话框中设置参数，单击“确定”按钮，新建文件，如下图所示。

02 执行“文件/置入”命令，置入光盘中的“18\实例应用\时尚都市\素材1”文件，单击控制面板中的“嵌入”按钮，按住【Shift】键进行等比调整，效果如下图所示。

03 选择置入的图片，执行“效果/模糊/高斯模糊”命令，在弹出的“高斯模糊”对话框中设置参数，效果如下图所示。

04 选择工具箱中的椭圆工具，按住【Shift】键在画面中绘制一个颜色填充为白色的圆形，如下图所示。

05 继续使用椭圆工具绘制一个较前者稍大的正圆，同时选取绘制好的两个正圆，单击“对齐”面板中的“垂直居中对齐”按钮，效果如下图所示。

06 选择工具箱中的混合工具，用鼠标双击，在弹出的“混合选项”对话框中进行参数设置，确定后依次单击前面绘制好的两个正圆形，得到效果如下图所示。

07 选择制作好的这列圆形，按住【Alt+Shift】组合键拖曳平行复制到一边，再单击鼠标右键，执行“变换/旋转”命令进行180°旋转，得到相对称的另一组圆形，效果如下图所示。

08 全选绘制好的两组图形，按【Ctrl+G】组合键进行群组，双击“旋转工具”按钮，在弹出的对话框中进行参数设置，效果如下图所示。

09 继续执行相同的操作，按组合键【Ctrl+D】进行图形的复制，直到得到想要的效果，如下图所示。

10 全选这组由正圆组成的图形，按组合键【Ctrl+G】群组，如下图所示。

11 选择群组的图形，执行“窗口/透明度”命令，在弹出的“透明度”面板中设置参数，效果如下图所示。

12 执行“文件/置入”命令，置入光盘中的“18\实例应用\时尚都市\素材5”文件，按住【Shift】键进行等比例的大小调整，并移动到合适的位置，效果如下图所示。

13 在打开的文件中选择蓝色的花，按组合键【Ctrl+C】复制、【Ctrl+V】粘贴到当前的画面中，并调整其大小和位置，选择工具箱中椭圆工具，在花朵上方按【Shift】键绘制正圆，效果如下图所示。

14 最后调整画面整体效果，使画面更加美观，选择全部素材，执行“对象/剪切蒙版/建立”命令，裁掉画面多余部分，最终效果如下图所示。

Part 19（34-37小时）

使用图层

【图层的应用：140分钟】

“图层”面板	15分钟
创建新图层	15分钟
暂时隐藏/显示图层	15分钟
合并图层和编组	15分钟
锁定图层、编组和路径	15分钟
删除图层、编组和路径	15分钟
复制图层、编组和路径	15分钟
更改图层、编组和路径的顺序	15分钟
图层属性设置	15分钟
移动、复制对象至其他图层	05分钟

【实例应用：40分钟】

“娱乐城”广告设计	40分钟

19.1 图层的应用

难度程度：★★★☆☆ 总课时：140分钟
素材位置：19\基础知识讲解\示例图

在Illustrator CS6软件中，可以把图层看作是许多形状相同的透明画纸的叠加，位于不同画纸中的图形放置在一起便形成了完成的图形。

19.1.1 “图层”面板

学习时间：15分钟

在新建的文件中，默认情况下，只有一个“图层1”。在“图层”面板上可以建立新的图层，复制和隐藏图层内的图形对象。注意，每一个文件都可以由很多的图层组成。

“图层”面板

“图层”面板如下图所示，面板主菜单如下图所示。

图层：它是“图层”面板上的主要成分，在图层中包括子图层、编组和路径。

子图层：子图层是图层下的一个附属图层，它的属性与图层相同，所以在子图层下也可以再包括子图层、编组和路径。

编组层：编组层是对象编组后与图层之间的一个附属关系，编组层下也可以再包括子图层、编组和路径。

对象层：对象被包含在图层、子图层还有编组中。而对象是指被处理的图形。

建立/释放剪切蒙版：单击此按钮可以建立一个剪切蒙版，再次单击可以将建立的蒙版删除。

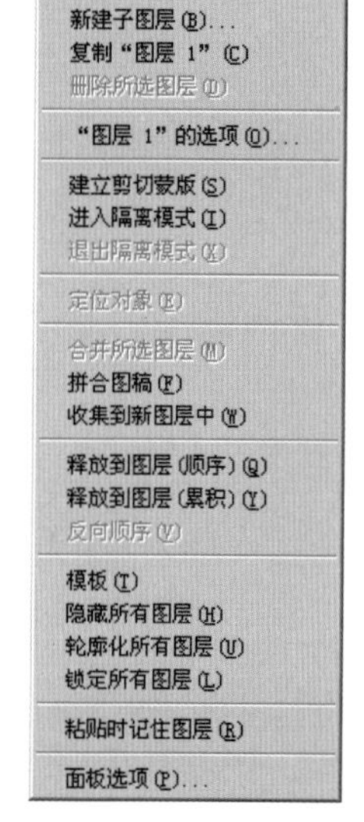

创建新子图层：这个按钮要在图层下才可用，单击它可以在图层下新建一个子图层。

创建新图层：单击此按钮可以快速地新建一个图层。

删除所选图层：无论是图层、子图层、编组，还是路径，当它们处于被选中状态时，单击此按钮就能快速地将其删除。

眼睛图标：单击此图标，图标会消失，呈▢状态，这时，对应图层上的图形将不可见，再次单击这个位置，眼睛图标会重新出现，而相应图层上的图形也恢复可见状态。

锁图标：锁图标位于眼睛图标的右侧，默认情况下处于灰色状态▢，单击此位置后，就会出现锁图标，表明相应图层上的图形已经被锁定，不能再进行编辑、修改等操作，再次单击就会恢复正常编辑状态，而锁图标也会消失。

倒三角按钮：单击此按钮将弹出主菜单，选择相应的命令就可以执行相应的命令。

技巧提示

单击“图层”面板上图层或编组层左侧的▷图标，就可以展开图层或编组层，看到图层或编组层下面的其他图层、编组层或者路径层。

01 打开Illustrator CS6，执行“文件/新建”命令，在弹出的“新建文档”对话框中设置大小为A4，“取向”为横向的新文件，然后再执行“窗口/图层”命令，在显示出来的“图层”面板中，只有一个“图层1”存在，如下图所示。

02 选择工具箱中的矩形工具和星形工具，在绘图区上绘制出任意的图形。这时，发现“图层”面板上增加了3个路径层，如下图所示。

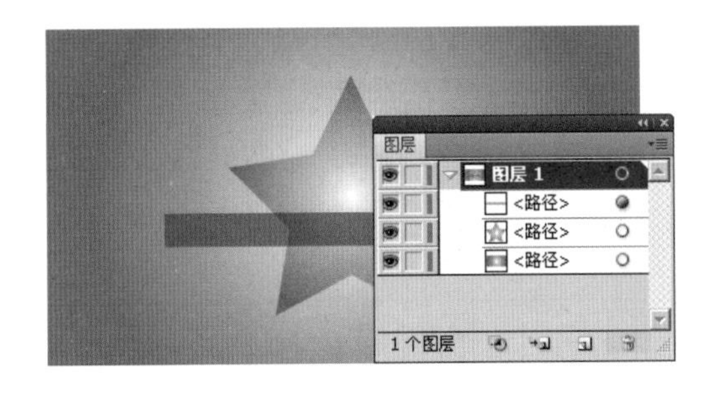

03 用工具箱中的选择工具选择两个矩形图形，然后执行“对象/编组”命令，将两个矩形图形编组，通过“图层”面板，可以很清楚地看见两个矩形图形与编组层之间形成了一个附属关系，而它们又都是“图层1”中的子图层，如下图所示。

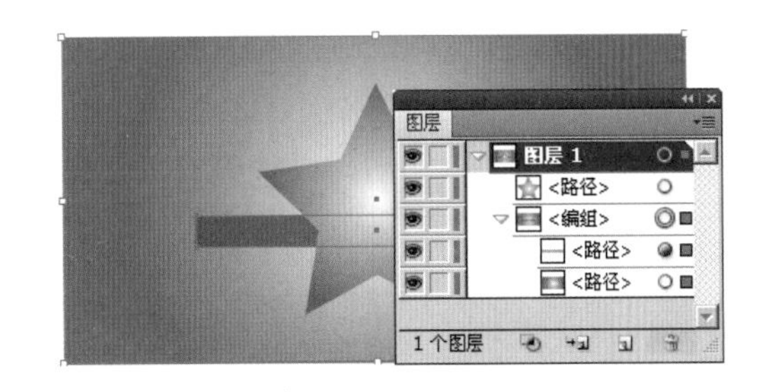

19.1.2 创建新图层

学习时间：15分钟

创建新图层的方法有两种：一种是在“图层”面板上单击“创建新图层”按钮，就可以创建一个新的图层；另外一种是单击“图层”面板右上角的倒三角按钮，在弹出的主菜单中选择“新建图层”命令，然后单击弹出的“图层选项”对话框中的“确定”按钮，就可以在“图层”面板上新建一个图层了。

01 执行“文件/打开”命令，在弹出的“打开”对话框中选择光盘素材文件“19\基础知识讲解\示例图\19-1”，然后单击“打开”按钮。打开文件后，在“图层”面板上可以看见整个文件只有一个图层，如右图所示。

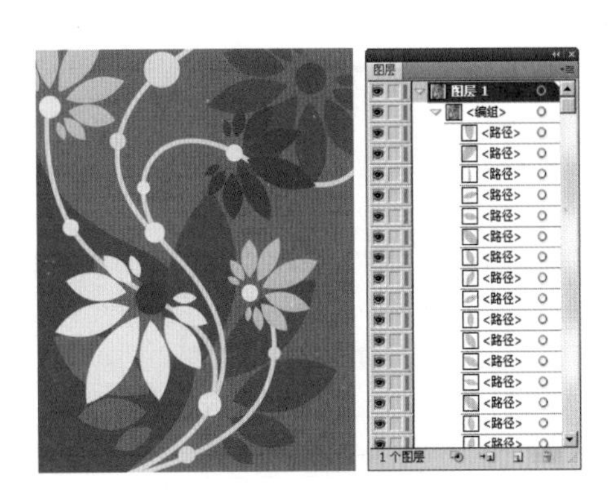

02 为了能使后面对选择对象的编辑更方便，单击面板上的“创建新图层”按钮，此时，“图层”面板上将出现一个名为“图层2”的新建图层，如下图所示。

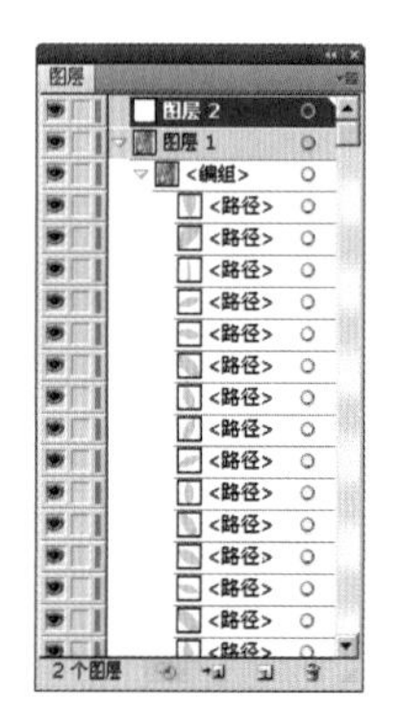

03 用鼠标先单击一个文字对象的图层，然后按住【Shift】键，将所有的黄色图形图层选中，再用鼠标将其拖曳到新建的“图层2”里，如下图所

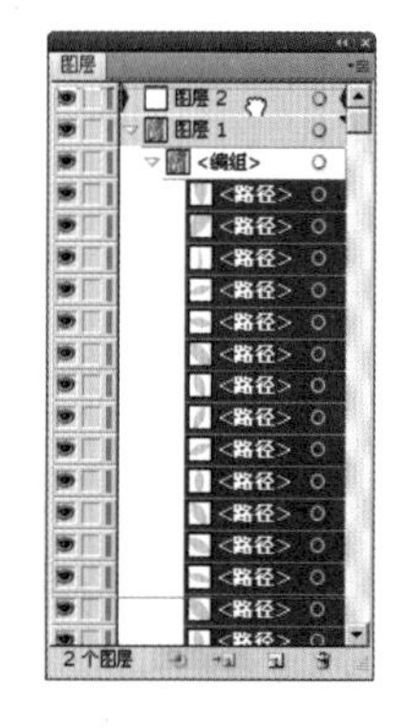

04 释放鼠标后，选中的图层就位于“图层2”中了，确定选中“图层2”，此时“创建新子图层”按钮处于可用状态，如下图所示。

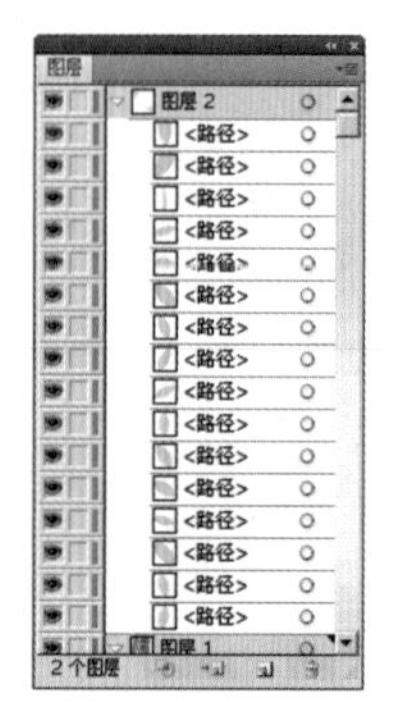

05 用鼠标单击“图层”面板上的“创建新子图层”按钮，这时，在“图层2”下就出现了一个新的子图层“图层3”，如下图所示。

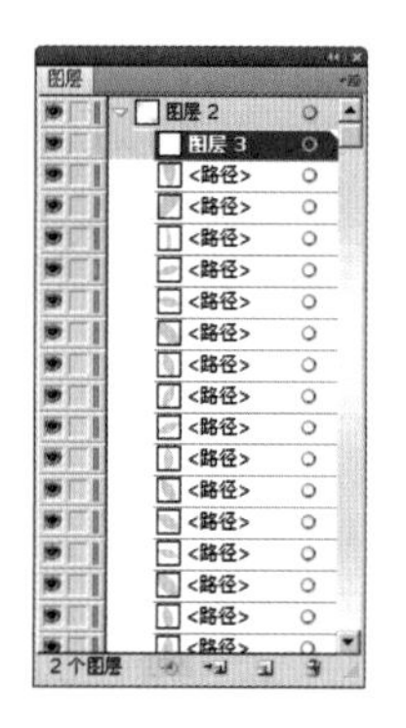

06 按住【Shift】键，用鼠标先将所有的文字对象图层选中，再用鼠标将其拖曳到新建的“图层3”中，释放鼠标后，文字对象图层就位于“图层3”下面了，如下图所示。

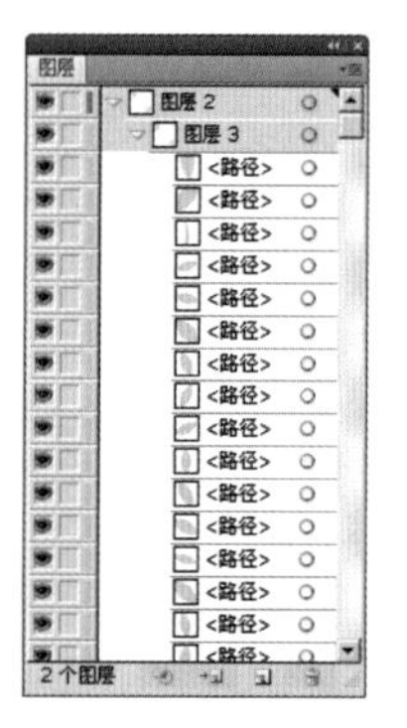

07 单击右上角的倒三角按钮，在弹出的主菜单中选择“新建图层”命令，将弹出“图层选项”对话框，单击“确定”按钮就可以新建一个“图层4”，如下图所示。

08 再选择工具箱中的矩形工具，拖曳鼠标，绘制出一个任意大小的矩形框，这时，绘制的矩形图形将位于“图层4”之中。这样，就完成了新建图层与在新建图层上的绘制工作，如右图所示。

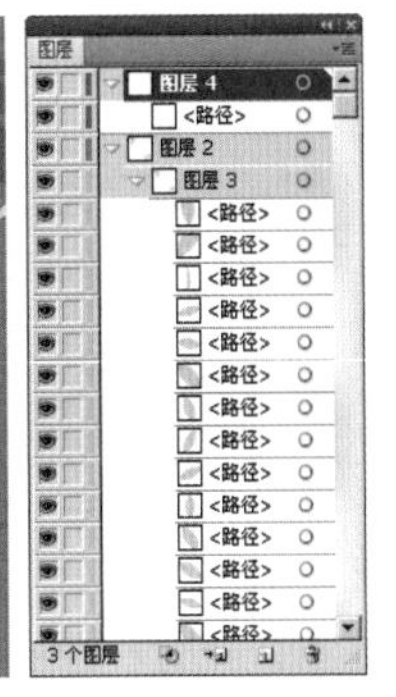

技巧提示

按住【Ctrl】键的同时，单击“图层”面板上的“创建新图层”按钮，便可以在所有图层的上方新建一个图层；按住【Alt+Ctrl】组合键的同时单击“图层”面板上的“创建新图层”按钮，便可以在所有图层的下方新建一个图层；按住【Alt】键，再单击“图层”面板上的“创建新图层”按钮，也将弹出一个“图层选项”对话框，单击“确定”按钮后，同样也可以新建一个图层。

19.1.3 暂时隐藏/显示图层

学习时间：15分钟

在进行复杂的图形编辑处理时，为了让画面上的某些图片不干扰当前图形的编辑工作，可以使图片对象隐藏。

01 执行“文件/打开”命令，在弹出的“打开”对话框中选择光盘素材文件“19\基础知识讲解\示例图\19-2”，然后单击“打开”按钮。这是一幅比较复杂的图片，它有很多个子图层，如下图所示。

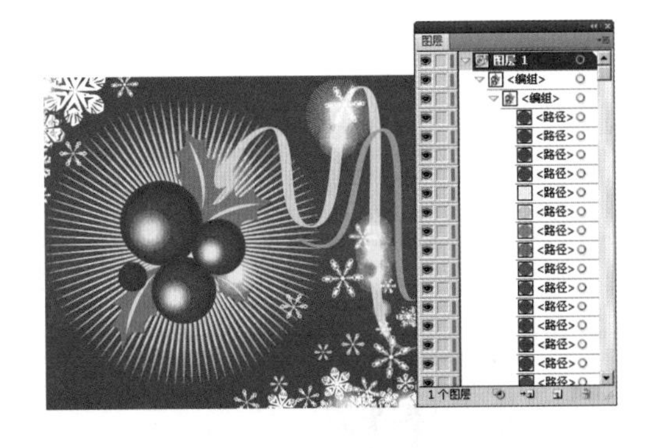

02 用工具箱中的选择工具选择要隐藏的果子图形，然后执行“对象/隐藏/所选对象”命令，这样，选择的果子图形就在画面上消失了，如下图所示。

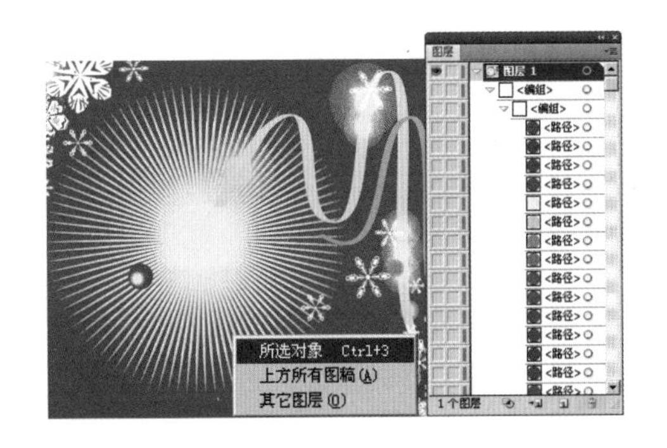

03 恢复原图，选中不需要被隐藏的放射图形，然后执行“对象/隐藏/上方所有图稿”命令，这样原来覆盖在要编辑的放射图形上的果子等图形就被隐藏起来了，如下图所示。

04 恢复原图，选中不需要被隐藏的果子所在图层，然后执行“对象/隐藏/其他图层”命令，这样除了果子图层保留外，其他所有的图层都被隐藏了，而且在“图层”面板上还可以看到眼睛图标消失了，如右图所示。

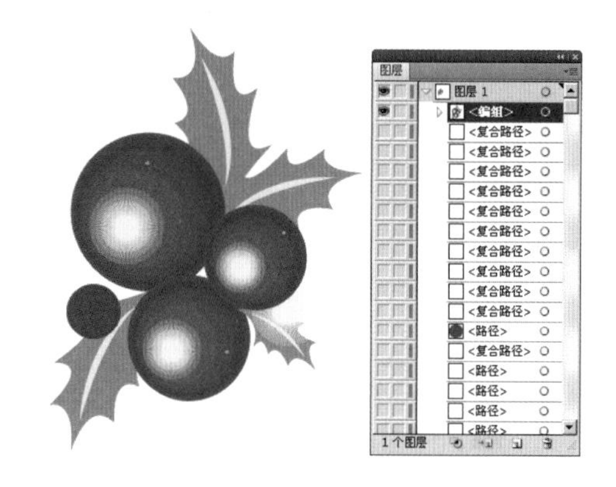

技巧提示

在“图层”面板上，图层的左侧若有一个眼睛图标，就表明当前图层处于显示状态，单击这个图标，图标消失，呈灰色框状态，同时页面中该图层上的对象也会消失，这就表明了这个图层正处于隐藏状态。

若按住【Alt】键，单击不要隐藏对象所在图层左侧的图标，可以将其他图层全部隐藏。若再次按住【Alt】键，单击该图层左侧的眼睛图标，可以使隐藏的图层显示出来。若要将全部隐藏的图层显示出来，可执行“对象/显示所有图层”命令，那样，所有隐藏的图层就全部显示出来了。

按住【Ctrl】键单击图层左侧的图标，这个图标将变换为，页面上该图层上的对象也将以线稿的形式显示，这样可以提高操作速度，减少绘图的时间，再按住【Ctrl】键单击，可以使这个图层上的对象以预览的形式显示。按住【Ctrl+Alt】组合键反复单击图层左侧的图标，可以使其他图层中的对象在线稿和预览的形式间切换。

19.1.4 合并图层和编组

在操作过程中，图层过多会占用很多内存，会使用户在操作过程中的效率降低，所以当我们确定了图形的位置和相互关系后，就可以将必要的图层或者编组合并起来，这样能使操作过程加快，也减少了内存的占有量，被合并的对象并不会改变其所在图层的顺序，但是所选图层中的所有对象都将被合并到位于所选图层中的最上面的图层中。

01 执行“文件/打开”命令，在弹出的“打开”对话框中选择光盘素材文件“19\基础知识讲解\示例图\19-3”，然后单击“打开”按钮，打开一幅由很多子图层和编组层组成的图片，如下图所示。

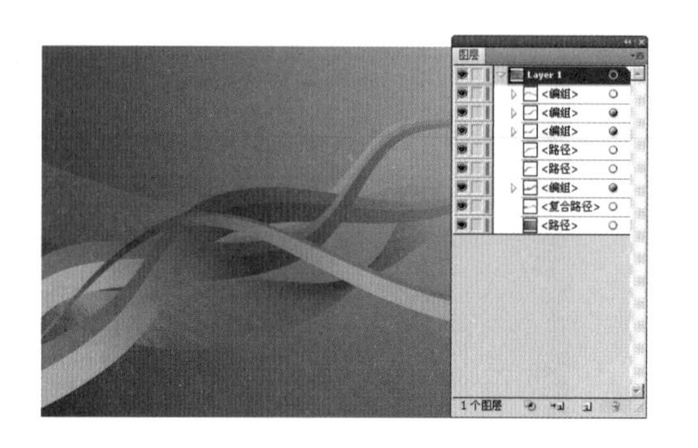

02 选择需要合并的图层和编组，然后单击“图层”面板右上角的倒三角按钮，在弹出的主菜单中选择“合并所选图层”命令，这样选择的图层和编组将会合并，如下图所示。

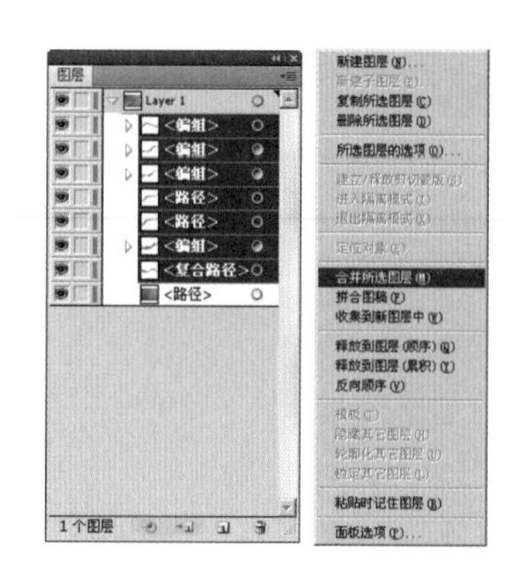

19.1.5 锁定图层、编组和路径

在操作过程中，锁定图层命令可以将所选定的对象锁定，可以保护该图层中的对象不被编辑和删除，再单击🔒图标解除锁定状态后，就可恢复对图层中的对象进行编辑。

01 执行“文件/打开”命令，在弹出的“打开”对话框中选择光盘素材文件“19\基础知识讲解\示例图\19-2”，然后单击“打开”按钮。这是一幅比较复杂的图片，它有很多个子图层，如下图所示。

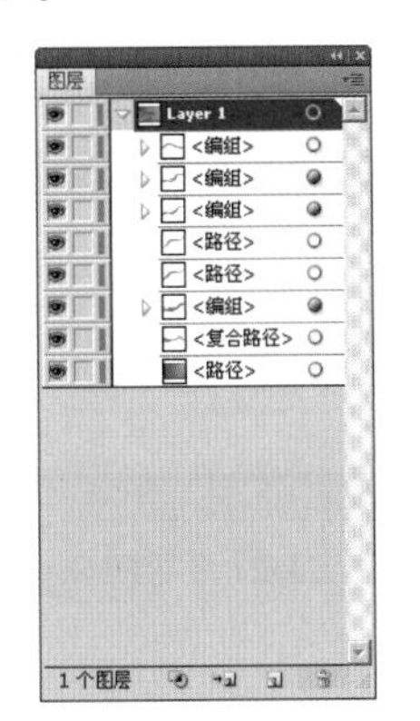

02 单击“图层”面板上所要锁定的图层眼睛图标右侧的灰色框，灰色框中将出现🔒图标，这就表明这个图层已被锁定，如下图所示。

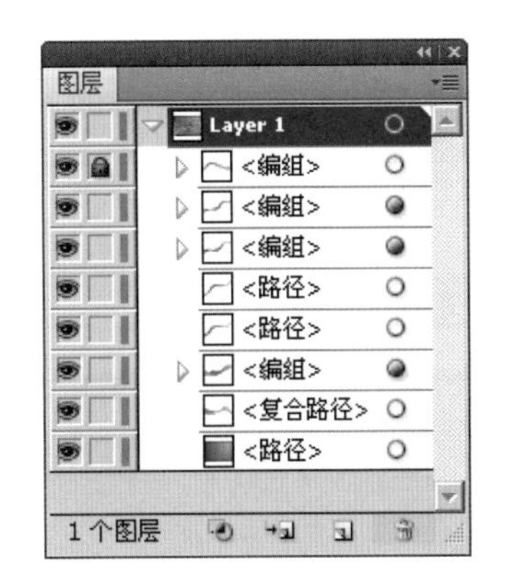

技巧提示

如果要锁定选择图层以外的图层时，先选择不需要锁定的图层，然后单击“图层”面板右上角的倒三角按钮，在弹出的主菜单中选择“锁定所有图层”命令；或者按住【Alt】键单击所选图层眼睛图标右侧的灰色框□，也可以锁定其他图层。锁定其他图层后，再在“图层”面板的主菜单中选择“解锁所有图层”命令，可以解除对锁定图层的锁定。

19.1.6 删除图层、编组和路径

要想删除多余的图层、编组和路径，先将其选中，然后单击“图层”面板下方的🗑图标，就可以直接将选择的图层、编组和路径删除。

01 同样打开光盘素材文件“19\基础知识讲解\示例图\19-3”，通过其“图层”面板可以看到此文件有很多的子图层，如右图所示。

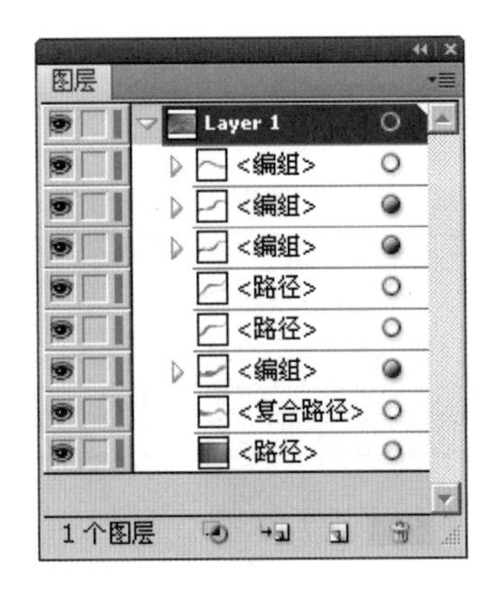

技巧提示

如果要锁定选择图层以外的图层时，先选择不需要锁定的图层，然后单击“图层”面板右上角的倒三角按钮，在弹出的主菜单中选择菜单中选择“锁定其他图层”即可。

02 选择要删除的图层，然后单击“图层”面板右上角的倒三角按钮，在弹出的主菜单中选择“删除‘编组’”命令。如果选择的是路径图层，那么在弹出的主菜单中将显示“删除‘路径’”命令，如下图所示。

03 删除后，“图层”面板上将不再显示此图层，而绘图区中的这个图层对象也不再显示了，如下图所示。

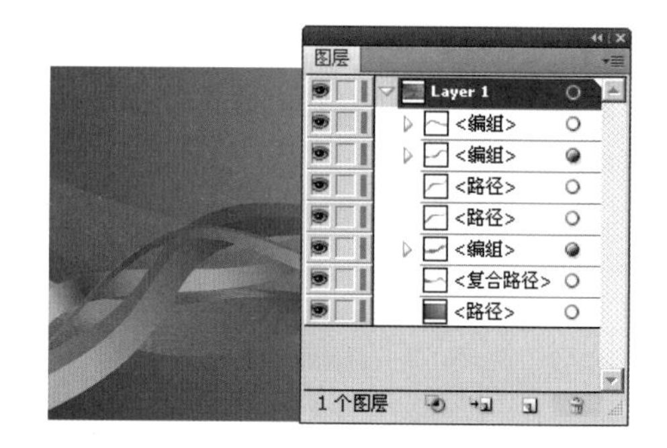

技巧提示

若要删除的图层中含有图稿或者其他操作对象，执行删除操作时，系统将会弹出提示对话框，如下图所示，单击“是”按钮就将其删除，单击“否”按钮将取消删除操作。

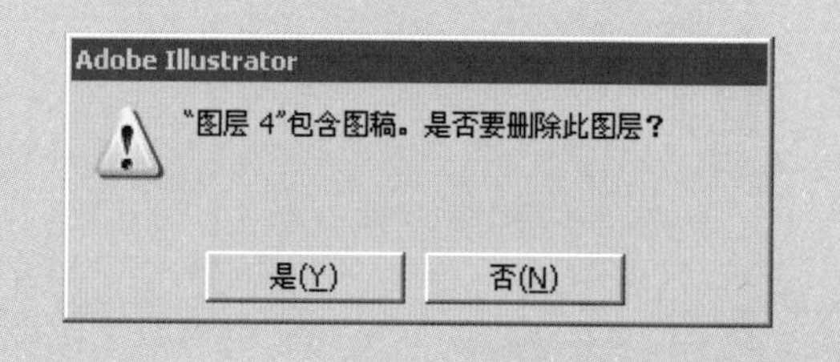

在“图层”面板中直接将要删除的图层拖曳到🗑按钮上，释放鼠标后图层将被删除。

19.1.7 复制图层、编组和路径

在“图层”面板中，选择需要复制的图层、编组或路径，直接将其拖曳到“创建新图层”按钮上，释放鼠标后，就可以得到复制的图层、编组或路径。复制的图层、编组和路径与原来的对象具有相同的属性，但是复制的图层、编组和路径会位于原来对象的上面。

01 选择工具箱中的铅笔工具，勾画出一个图形，并在其控制面板中更改其“填色”为红色，“描边”为无，如下图所示。

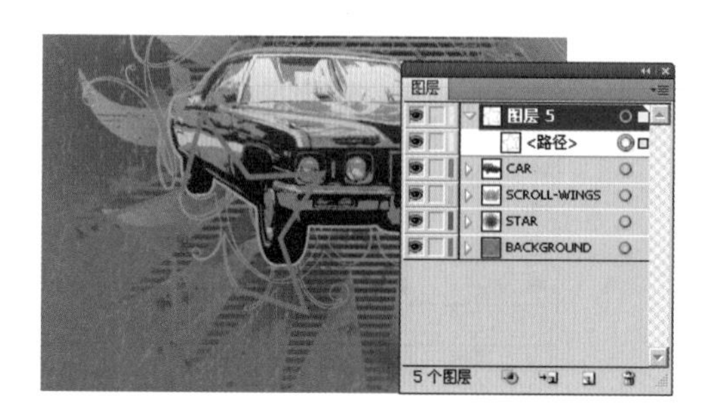

02 在“图层”面板上选中这个图层，然后单击面板右上角的倒三角按钮，在弹出的主菜单中选择“复制路径”命令。这样，“图层”面板中就出现了两个相同的图层。用选择工具移动其中一个对象，就能在绘图区看见两个相同的对象，如下图所示。

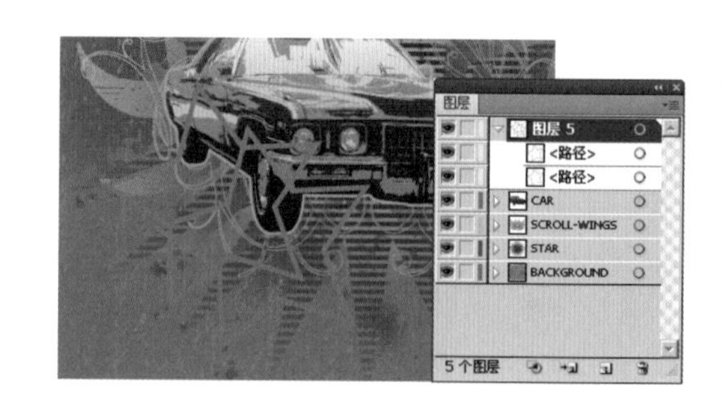

技巧提示

按住【Alt】键的同时拖曳鼠标，可以将所选择的对象复制到新的图层中。按住【Ctrl】键的同时拖曳鼠标，可以将所选择的对象复制到锁定的图层中。

还可以利用【Ctrl+X】、【Ctrl+C】和【Ctrl+V】（剪切、复制和粘贴）组合键将选择对象复制到当前图层中。利用剪切、复制命令复制对象时，如果选择“图层”面板右上角主菜单中“粘贴时记住图层”命令，那么被粘贴的对象将被粘贴到它们原来所在的图层中。

19.1.8 更改图层、编组和路径的顺序

学习时间：15分钟

图层、编组和路径在“图层”面板中是按照一定的顺序叠放在一起的，叠放的顺序越靠上，那么对象在绘图区中的顺序也越靠上，而且因为叠放的顺序不同，在绘图区中产生的效果也不相同，所以需要在“图层”面板上拖曳图层、编组和路径到新的位置上来改变图层、编组和对象的顺序。

01 执行“文件/打开”命令，在弹出的“打开”对话框中选择光盘素材文件“19\基础知识讲解\示例图\19-5”，在“图层”面板上有4个图层，如下图所示。

02 在“图层”面板上，选择“图层2”，按住鼠标左键拖曳到“图层1”的下面，当鼠标变成手形状时释放鼠标即可，如下图所示。

03 释放鼠标后，“图层2”就位于“图层1”的下方、“图层4”和“图层3”的上方。在绘图区也可以清楚地看出“图层2”上的对象同样被移动到“图层1”的下方、“图层4”和“图层3”的上方，如下图所示。

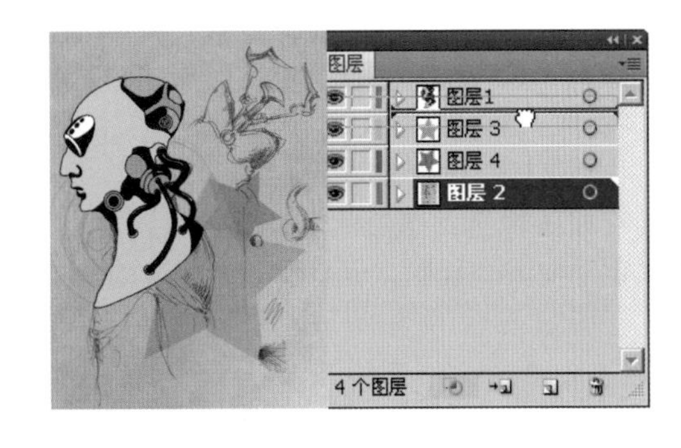

技巧提示

若要选择多个图层，按住【Shift】键，单击需要选择的图层名称，可以连续选中多个图层。按住【Ctrl】键，单击图层的名称，就可以选择不连续的多个图层。若要取消选择图层，直接在“图层”面板的空白处单击即可。

技巧提示

在“图层”面板上拖曳图层、编组或路径到两个图层、编组或路径之间，那么改变的是图层的排列顺序；如果拖曳图层、编组和路径到图层和编组上，则是将图层、编组和路径加入到这个图层和编组之中。

如果要一次性反向多个图层、编组和路径的排列顺序，先要选中需要排列顺序的图层、编组和路径，然后再单击“图层”面板右上角的倒三角按钮，在弹出的主菜单中选择“反向顺序”命令，这样就可以将选中的图层、编组和路径反向排列。

19.1.9 图层属性设置

学习时间：15分钟

双击图层可以打开“图层选项”对话框，在这个对话框中可以设置图层的名称、颜色、模板和显示等一些图层属性。

“图层选项”对话框

在“图层”面板的主菜单中选择“图层选项”命令，也可以打开“图层选项”对话框，如右图所示，对话框中的具体参数功能如下：

名称：此项显示了当前选中图层的名称，在该文本框中可以设置图层的名称。

颜色：用来设置图层的代表颜色，在“颜色”下拉列表中选择一种颜色来定义所选图层中的对象选取后的边界框的颜色。选择颜色的时候，也可以双击右侧的颜色块来定义新的颜色。

模板：选中此复选框，可以将当前的图层转换为模板图层，同时，在“图层”面板上，该图层左侧的图标将变为图标，图标也会出现，表示这个图层同时也被锁定。

显示：选中此复选框，当前图层的对象将在绘图区中显示，反之，当前图层的对象将不会在绘图区中显示，而且在“图层”面板上，该图层左侧的图标也会消失。

预览：选中此复选框，当前图层的对象将在绘图区中以预览的模式显示，反之，当前图层的对象将在绘图区中以线稿的模式显示，而且图层左侧的图标也会变成图标。

锁定：选中此复选框，当前图层中的对象将被锁定，而且在图层左侧，图标也将出现。

打印：选中此复选框，当前图层中的对象在打印时将被打印，反之，将无法被打印，而且图层的名称也将以斜体形式显示。

变暗图像至：选中此复选框，可以使当前选择图层中的对象变淡显示，其右侧的文本框中的数值决定了变淡的程度，但是图层中变淡的对象在打印时效果不会改变。

19.1.10 移动、复制对象至其他图层

学习时间：05分钟

如果要移动图层中的编组或者路径到其他图层，先要在绘图区中选中需要移动的对象，然后用鼠标拖曳“图层”面板上编组或路径名称右方的图层彩色指示方块到要加入的图层或编组上，指针变为形状时释放鼠标即可。

19.2 实例应用

难度程度：★★★☆☆ 总课时：40分钟

素材位置：19\实例应用\“娱乐城”广告设计

演练时间：40分钟

“娱乐城”广告设计

◉ 实例目标

在本例广告的制作过程中，以绿色渐变作为背景，将矢量人物和宣传文字作为主体图像，添加矢量花纹为辅助图形，整体图像表现出一种时尚的效果。

◉ 技术分析

本例主要使用了工具箱中的椭圆工具、混合工具和渐变效果来制作画面中的一些图形元素，还使用了文字工具和扩展命令来修饰图形，重点介绍了混合工具的使用。

制作步骤

01 新建文档。在菜单中选择“文件/新建”命令（或按【Ctrl+N】组合键），弹出“新建文档”窗口，设置合适的参数，单击“确定”按钮即可创建一个新的空白文档，如下图所示。

新建文档
名称(N)：娱乐城
配置文件(P)：[自定]
画板数量(M)：1
大小(S)：[自定]
宽度(W)：300 mm 单位(U)：毫米
高度(H)：210 mm 取向：
出血(L)：上方 0 mm 下方 0 mm 左方 0 mm 右方 0 mm
高级
颜色模式:CMYK, PPI:300, 对齐像素网格:否
模板(T)... 确定 取消

02 单击工具箱中的“矩形工具”按钮，在画面任意位置单击，弹出“矩形”对话框，设置合适参数。如下图所示。

03 在菜单中选择“窗口/渐变“命令，弹出“渐变”对话框，单击“渐变条”边缘添加滑块。双击“渐变滑块”分别设置渐变颜色，添加黄色到绿色的渐变，如下图所示。

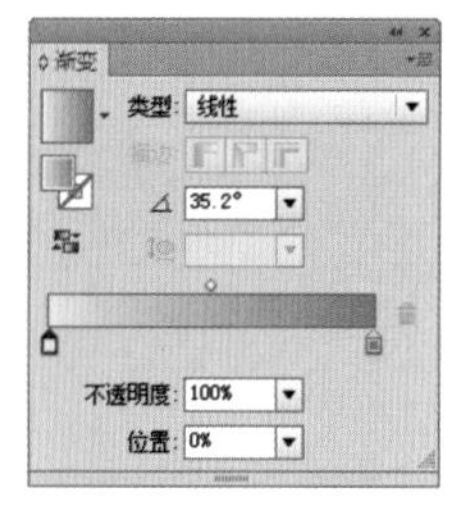

04 使用矩形工具，在画面任意位置拖曳鼠标，绘制一个长方形，填充绿色，无描边色，如下图所示。

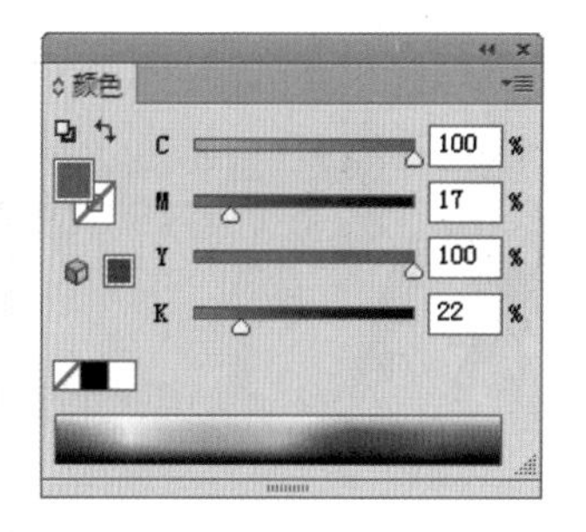

05 使用选择工具，在绘制好的长方形上单击，将其选中，再使用旋转工具，旋转至合适角度，如下图所示。

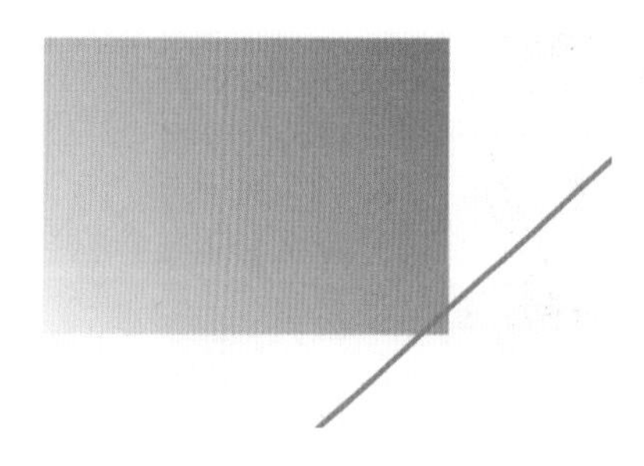

06 选中旋转好的长方形，按住【Alt】键，复制一个相同的图形，然后拖动复制的长方形边缘的锚点，将其变宽，如下图所示。

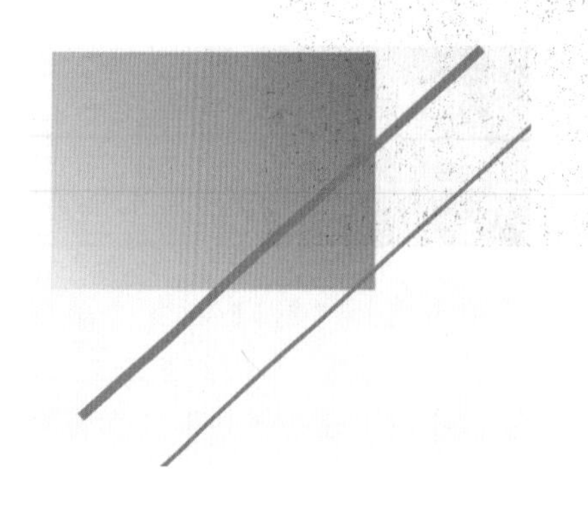

07 使用混合工具，在绘制好的两个长方形上方各单击一下，然后双击"混合工具"按钮，在弹出的对话框中设置合适的参数，如下图所示。

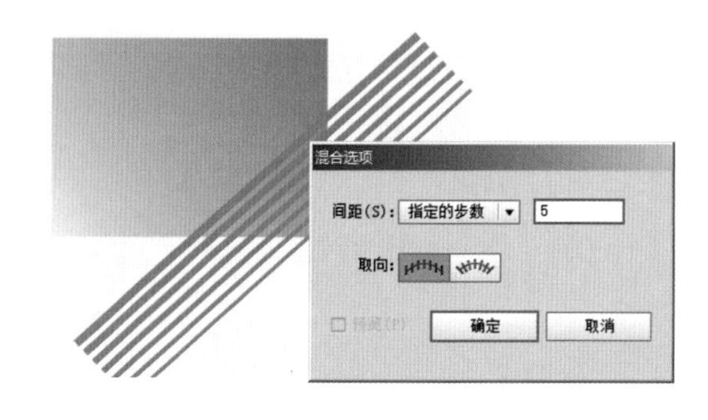

08 选中绘制好的图形，按住【Alt】键，复制一个相同的图形，然后选中图形边缘的锚点，将其变宽，如下图所示。

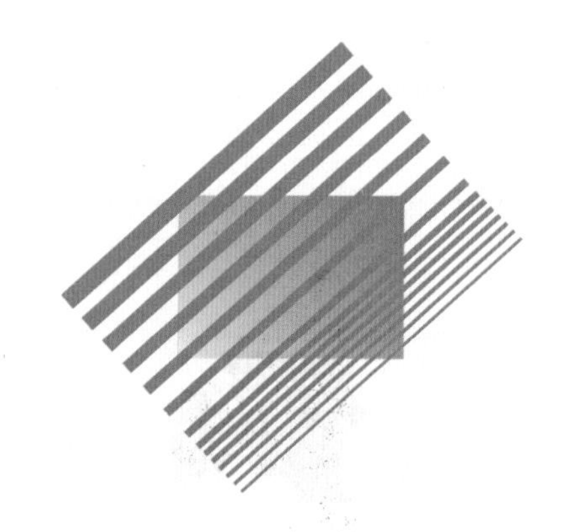

09 使用选择工具，按住【Shift】键，可同时选中多个图形，将绘制好的绿色条形图案全部选中，执行菜单"对象/扩展"命令，在弹出的对话框中单击"确定"按钮，如下图所示。

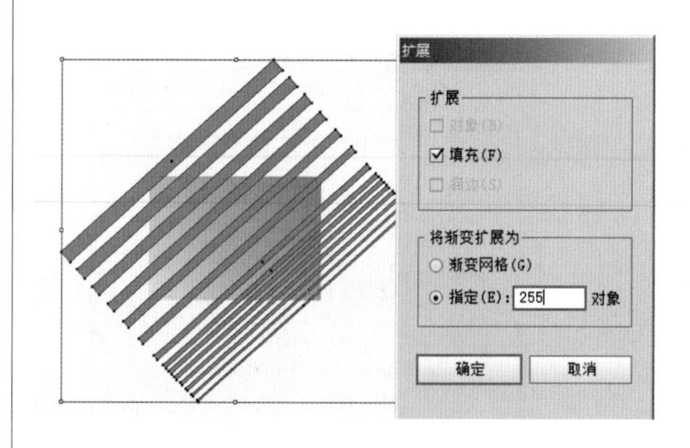

10 将扩展后的条形图案和底图一起选中，执行菜单“窗口/路径查找器”命令，在弹出的对话框中单击“拆分”按钮，再使用直接选择工具，选中外缘多余部分，按【Delete】键将其删除，如下图所示。

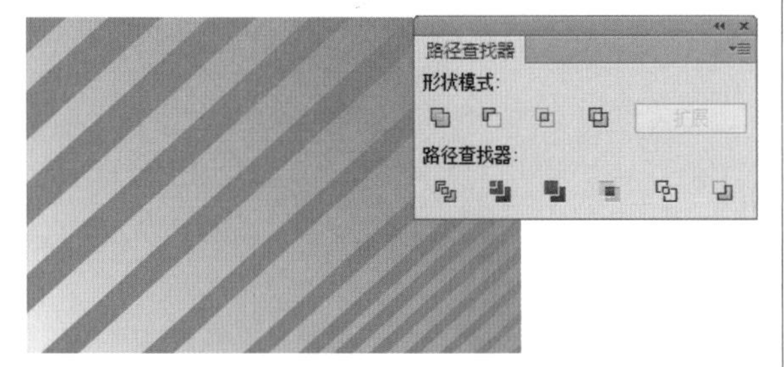

11 使用直接选择工具，选中一个绿色条形图案，执行菜单“选择/相同/填充颜色”命令，就可将其他条形一起选中，调出“渐变”对话框，填充合适的颜色，如下图所示。

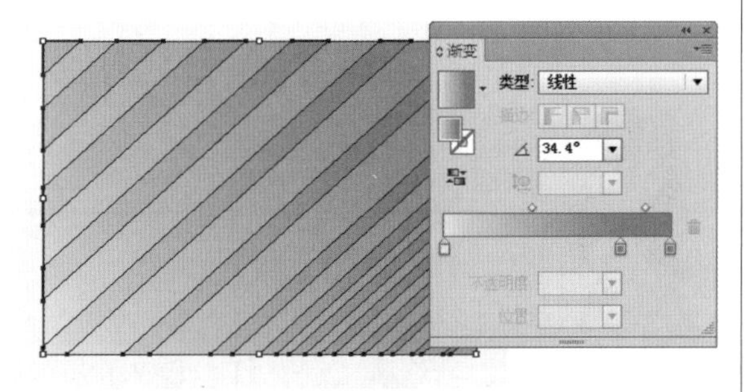

12 执行菜单“文件/打开”命令，打开随书光盘中的“19\实例应用\“娱乐城”广告设计\素材1”，此图效果如下图所示。

13 选中花纹素材，执行菜单“编辑/复制”命令。再执行“窗口”菜单最下方的“娱乐城”文件，切换回原文件。选择菜单栏中“编辑/粘贴”命令，将其粘贴到原文件中。移动到画面中间的位置，填充黄色，无描边色，如下图所示。

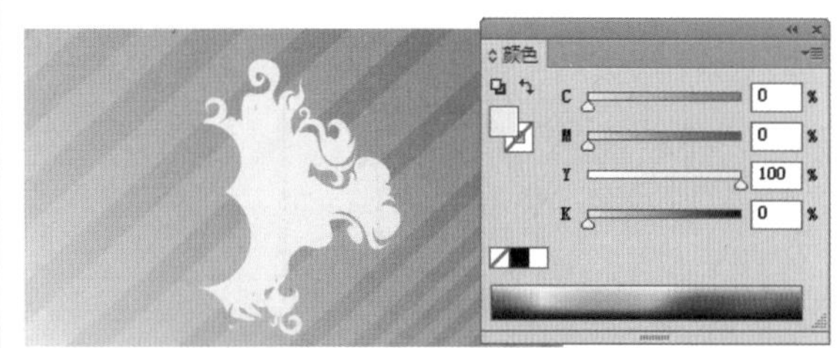

14 选中花纹素材，按住【Alt】键，复制一个相同的图形，描边设为黄色，无填充色。执行菜单“窗口/描边”命令，在弹出的对话框中设置合适的参数。再使用旋转工具，调整至合适角度，得到<编组>图层，如下图所示。

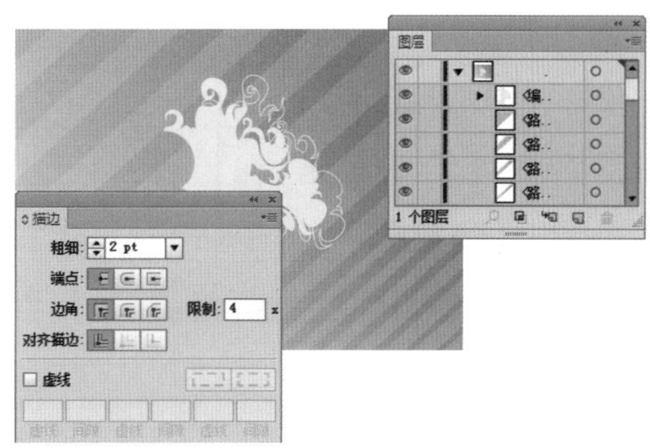

15 使用椭圆工具，按住【Shift】键，在花纹左方绘制一个正圆形，填充黄色，描边设为绿色。调出“描边”对话框，设置合适的描边宽度，得到<路径>图层，如下图所示。

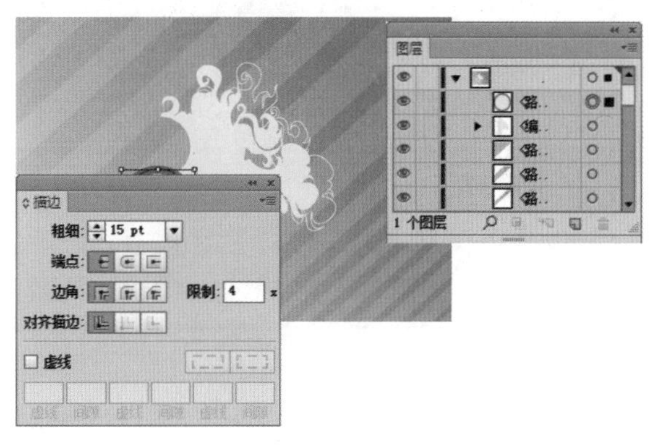

16 选中绘制好的正圆形，执行菜单“编辑/复制”命令，然后再执行菜单“编辑/贴在前面”命令，选中复制的正圆形，按住【Shift+Alt】键，向内拖动锚点，将其缩小，再调整合适的描边宽度，得到<路径>图层，如下图所示。

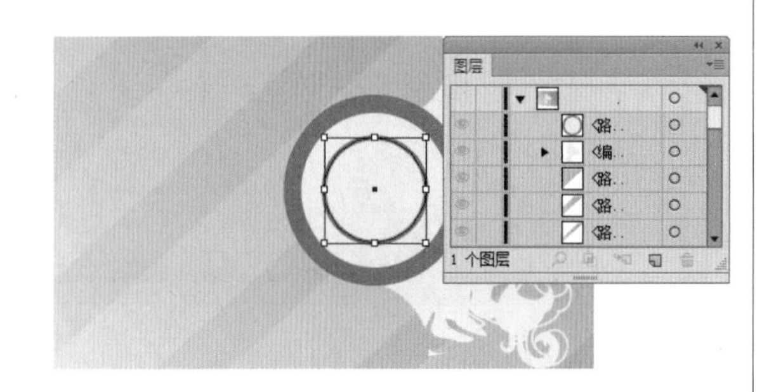

17 选中绘制好的两个正圆形，复制一个到其左下角的位置，调整至合适的大小和描边宽度，然后将中间的小圆形的填充设为绿色，无描边色，得到<路径>图层，如下图所示。

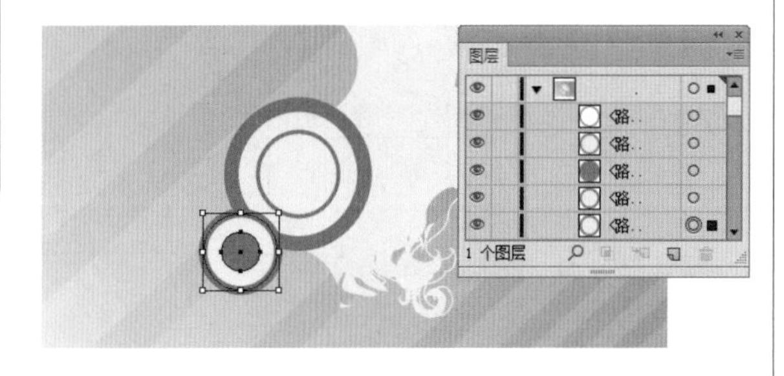

18 用以上相同的方法绘制出其他圆形图案，调整不同的描边宽度、大小、填充颜色等，得到<路径>图层，如下图所示。

19 执行菜单“文件/打开”命令，打开随书光盘中的“19\实例应用\“娱乐城”广告设计\素材2”，此图效果如下图所示。

20 选中人物素材，执行菜单“编辑/复制”命令。再执行“窗口”菜单最下方的“娱乐城”文件，切换回原文件。选择菜单栏中“编辑/粘贴”命令，将其粘贴到原文件中。移动到画面左方的位置，得到<编组>图层，如下图所示。

21 查看画面整体效果，对画面颜色、层次等进行微调，直至达到如下图所示的效果。

Part 20（37-38.5小时）

自然合成图像的好帮手——蒙版

【蒙版的应用：40分钟】

创建蒙版	10分钟
编辑蒙版	10分钟
释放蒙版	10分钟
揭开剪切蒙版的神秘面纱	10分钟

【实例应用：20分钟】

音乐之风	20分钟

20.1 蒙版的应用

难度程度：★★★☆☆ 总课时：40分钟
素材位置：20\基础知识讲解\示例图

蒙版具有遮色功能，它能遮挡住蒙版以外的图形对象使其不能显示，只有蒙版以内的图形对象才能透过蒙版显示出来。

20.1.1 创建蒙版

学习时间：10分钟

要创建蒙版，需要用绘制路径工具先绘制出作为蒙版的路径，然后再用选择工具将路径蒙版和需要制作蒙版的图形对象选中，然后执行“对象/剪切蒙版/建立”命令，就可以创建蒙版了。

01 执行“文件/打开”命令，在弹出的“打开”对话框中选择光盘素材文件“20\基础知识讲解\示例图\20-1”。然后再用工具箱中的星形工具在绘图区绘制一个任意大小的星形图形，如下图所示。

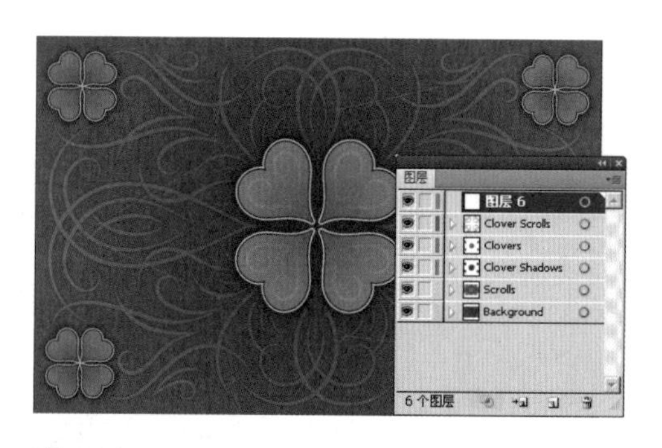

02 确定选中“图层6”，单击“图层”面板上的“建立/释放剪切蒙版”按钮，这样，图形将按照星形图形被遮挡，形成了一个以星形路径为框的画面，如下图所示。

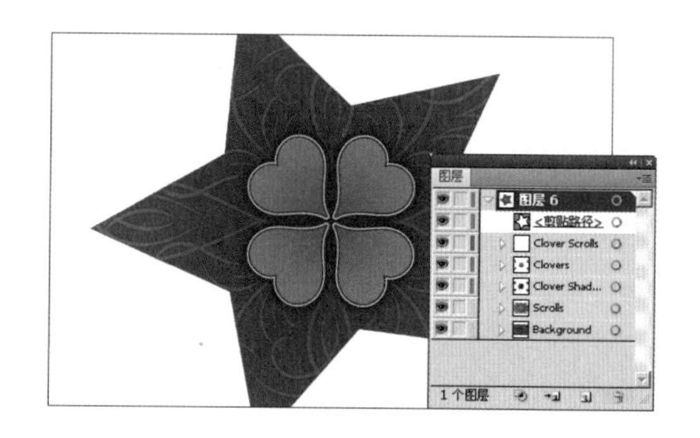

技巧提示

绘制出路径后，再单击“图层”面板右上角的倒三角按钮，在弹出的主菜单中选择“建立剪切蒙版”命令，同样可以为图形建立蒙版。

20.1.2 编辑蒙版

学习时间：10分钟

编辑蒙版操作可以使蒙版不再单一，可以添加各种效果，而且可以使蒙版的效果放置在欲被蒙版遮挡的对象上，而下层的对象仅显示蒙版以内的图形。

01 执行“文件/打开”命令，在弹出的“打开”对话框中选择光盘素材文件“20\基础知识讲解\示例图\20-2”，用选择工具框选绘图区中的所有图形，如右图所示。

02 按【Ctrl+N】组合键新建一个横向的A4“未标题-1”文件，然后再将“20-2”文件选中的所有图形拖曳到“未标题-1”文件中的绘图区中，释放鼠标，并用选择工具绘制一个任意大小的矩形框，如下图所示。

03 在控制面板上更改矩形框的“描边”粗细为2pt，然后执行“窗口/画笔库/边框/边框_装饰”命令，这时将弹出“边框_装饰”面板，如下图所示。

04 选中矩形图形，然后在“边框_装饰”面板中选择一种边框样式，然后用鼠标单击，就能将矩形框的边以选择的边框效果显示，如下图所

05 选中这个装饰了边框的矩形图形，利用【Ctrl+C】和【Ctrl+V】组合键复制一组图形，然后将其中一组图形执行“对象/隐藏/所选对象”命令，把另外的矩形图形和打开的文件选中，执行“对象/剪切蒙版/建立”命令，如下图所示。

06 隐藏对象是因为制作蒙版后原来矩形的属性会全部消失。再执行“对象/显示全部”命令将所有隐藏的对象显示出来。一个由画框框住的画面效果就做好了，如下图所示。

20.1.3 释放蒙版

执行“对象/剪切蒙版/释放”命令，或者单击“图层”面板右上角的倒三角按钮，在弹出的主菜单中选择“释放剪切蒙版”命令，同样可以对蒙版图形进行释放。蒙版释放后，可以将蒙版路径与被遮挡的对象分离。

01 执行“文件/打开”命令，在弹出的“打开”对话框中选择光盘素材文件“20\基础知识讲解\示例图\20–3”，这是前面制作了蒙版效果的图形，如下图所示。

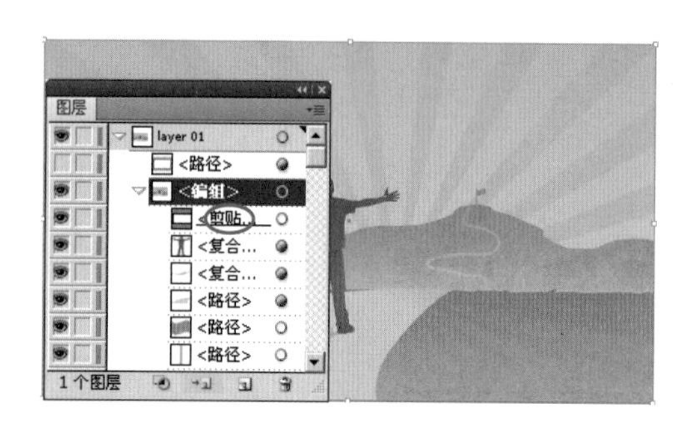

02 用工具箱中的选择工具框选绘图区中的所有对象，然后按【Alt+Ctrl+7】组合键对建立蒙版后的图形进行释放，如下图所示。

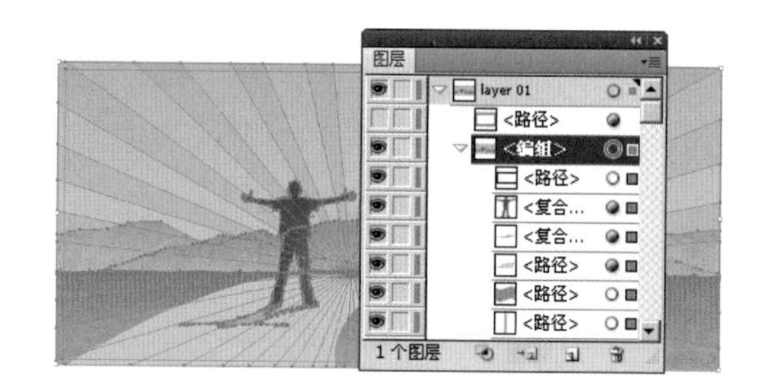

20.1.4 揭开剪切蒙版的神秘面纱

蒙版和蒙版对象的全新查看选项使用户能更轻松地使用蒙版。新的剪切蒙版功能，可以在移动和转换蒙版对象时，只显示蒙版区域。双击蒙版对象，以“隔离”模式打开它，就能查看和编辑独立于所有其他对象的蒙版，具有简洁的外观，更容易访问。

剪切蒙版是一个可以用其形状遮盖其他图稿的对象，因此使用剪切蒙版，用户只能看到蒙版形状内的区域，从效果上来说，就是将图稿裁剪为蒙版的形状。剪切蒙版和遮盖的对象称为剪切组合。可以通过选择的两个或多个对象或者一个组或图层中的所有对象来建立剪切组合。

对象级剪切组合在“图层”面板中组合成一组。如果创建图层级剪切组合，则图层顶部的对象会剪切下面的所有对象。对对象级剪切组合执行的所有操作（如变换和对齐）都基于剪切蒙版的边界，而不是未遮盖的边界。在创建对象级的剪切蒙版之后，用户只能通过使用“图层”面板、“直接选择工具”或隔离剪切组来选择剪切的内容。

下列规则适用于创建剪切蒙版：

（1）蒙版对象将被移到“图层”面板中的剪切蒙版组内（前提是它们尚未处于此位置）。

（2）只有矢量对象可以作为剪切蒙版，但是任何图稿都可以用做蒙版。

（3）如果用户使用图层或组来创建剪切蒙版，则图层或组中的第一个对象将会遮盖图层或组的子集的所有内容。

（4）无论对象上前的属性如何，剪切蒙版会变成一个不带填色也不带描边的对象。

组或图层创建剪切蒙版

创建要用做蒙版的对象，此对象被称为剪贴路径。只有矢量对象可以作为剪贴路径。

将剪贴路径及要遮盖的对象移入图层或组。在“图层”面板中，确保蒙版对象位于组或图层的上方，然后单击图层或组的名称。

单击位于“图层”面板底部的“建立/ 释放剪切蒙版”按钮，或者从“图层”面板菜单中选择“建立/释放剪切蒙版”命令。

在剪切组合内编辑路径

在“图层”面板中，选择并定位剪贴路径，或者选择剪切组合，并执行“对象”/“剪切蒙版”/“编辑蒙版”命令。

然后使用“直接选择工具”拖动对象的中心参考点，以此方式移动剪贴路径，或者用“直接选择工具”改变剪贴路径形状。也可以对剪贴路径应用填色或描边。

20.2 实例应用

难度程度：★★★☆☆ 总课时：20分钟
素材位置：20\实例应用\音乐之风

演练时间：20分钟

音乐之风

◎ 实例目标

在本例的制作中，使用梦幻的七彩效果，再加入时尚动感的元素和人物作为画面的主体，使画面梦幻唯美。

◎ 技术分析

本例主要使用了渐变工具和蒙版来制作画面中的一些元素，还使用了透明度以及混合模式来修饰图形。本例主要介绍了关于蒙版的使用。

制作步骤

01 运行Illustrator CS6，执行“文件/新建”命令，在弹出的“新建文档”对话框中设置参数，单击“确定”按钮，新建文件，如下图所示。

02 执行“文件/置入”命令，置入光盘中的“20\实例应用\素材1”单击控制面板中的“嵌入”按钮，按住【Shift】键等比例放大，放置到适合的位置，效果如下图所示。

03 选择工具箱中的矩形工具，在画面中绘制与画面相同大小的矩形，执行“窗口/渐变”命令，单击滑块对渐变色进行设置，效果如下图所示。

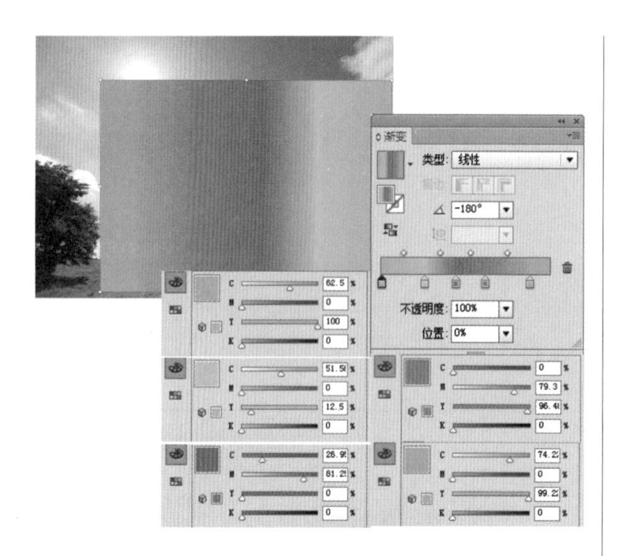

04 选择渐变矩形，执行“窗口/透明度”命令，在打开的“透明度”面板中设置参数，并将矩形在控制面板中进行“水平左对齐”和“垂直顶对齐”设置，效果如下图所示。

05 再次执行“文件/置入”命令，置入光盘中的“20\实例应用\音乐之风\素材2”文件，按住【Shift】键进行等比例的大小调整，效果如下图所示。

06 选择工具箱中的钢笔工具，按照画面中人物的外轮廓绘制出封闭的人物路径，绘制完毕后，选择直接选择工具对路径进行细致的调整，效果如下图所示。

07 选取绘制好的人物路径及置入的“素材2”画面，执行“对象/剪切蒙版/建立”命令，制作出需要的人物，效果如下图所示。

08 选择经过建立剪切蒙版的人物，执行“效果/风格化/外发光”命令，在打开的“外发光”对话框中设置参数，如下图所示。

09 继续将需要的素材进行置入，调整画面。最后选取所有图形，执行“对象/剪切蒙版/建立”命令，得到最终效果，如下图所示。

Part 21（38.5-40.5小时）

编辑输入文字

【文字的编辑：80分钟】

沿路径输入文字	30分钟
改变文本框形状	20分钟
文本框的链接	30分钟

【实例应用：40分钟】

演唱会海报	40分钟

21.1 文字的编辑

难度程度：★★★☆☆ 总课时：80分钟
素材位置：21\基础知识讲解\示例图

在Illustrator中，可以依照各种形态来输入文字，在输入文字时，可以使用文字工具在封闭对象内输入文字，并对输入的文字进行编辑。

21.1.1 沿路径输入文字

Illustrator CS6为用户提供了路径文字工具和直排路径文字工具，可以沿着各种规则或不规则的路径输入文字，从而设计出富有创意的文字。

"路径文字选项"对话框

执行菜单"文字/路径文字/路径文字选项"命令，打开"路径文字选项"对话框，如右图所示。

效果：在"效果"下拉列表中可以选择"彩虹效果"、"倾斜效果"、"3D带状效果"、"阶梯效果"或"重力效果"5种效果。

对齐路径：在"对齐路径"下拉列表中可以选择"字母上缘"、"字母下缘"、"中央"或"基线"，部分效果如下图所示。

间距：可以调节文字间距。它以0pt为基准，当值为正数时，文字会从右向左变得越来越窄；当值为负数时，文字则从左向右变得越来越窄。自然流动的文字可以用这个功能来简便地表现出来。设置不同间距时的效果如下图所示。

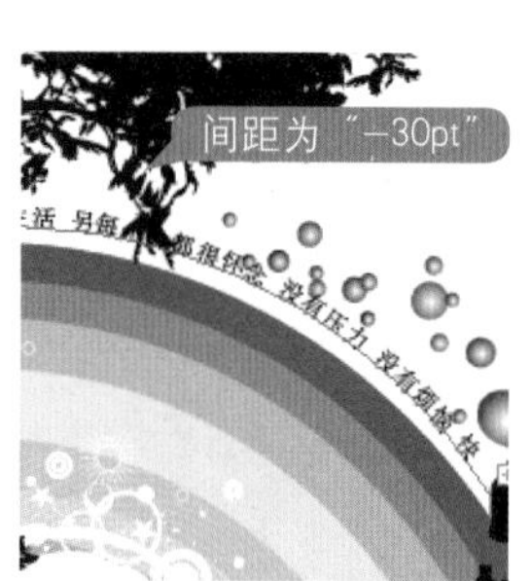

翻转：选中此复选框，可以使文字垂直翻转。

01 执行"文件/打开"命令，在弹出的"打开"对话框中选择光盘文件"21\基础知识讲解\示例图\21-1"，打开该文件。使用钢笔工具绘制一个封闭路径，如右图所示。

02 然后在工具箱中选择路径文字工具，在曲线上单击即可显示插入点，这时就可以通过插入点输入文字，文字就会沿着路径的方向排列，如右图所示。

文本可以随路径自由地排列成各种形状，在“文字/路径文字”子菜单中，提供有“彩虹效果”、“倾斜效果”、“3D带状效果”、“阶梯效果”和“重力效果”5种效果命令。

01 选择上面的路径文字，执行“文字/路径文字”命令，在子菜单中选择“倾斜效果”命令，如下图所示。

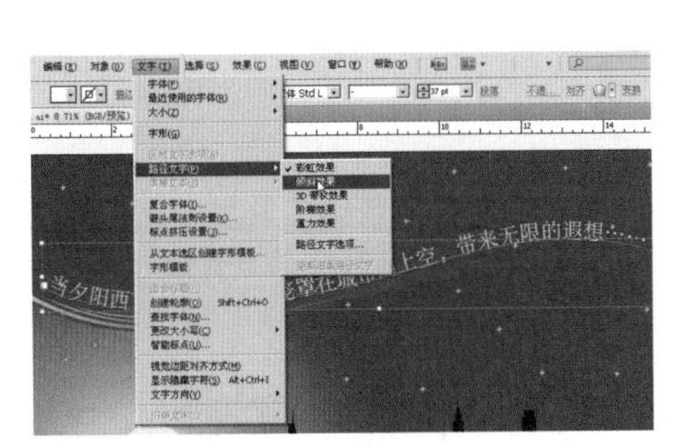

02 应用倾斜效果后的文字效果如下图所示。

技巧提示

“倾斜效果”、“3D带状效果”、“阶梯效果”和“重力效果”4种效果如下图所示。

利用“路径文字选项”命令，也可以对文本进行变化。

01 执行“文件/打开”命令，在弹出的“打开”对话框中选择光盘文件“21\基础知识讲解\示例图\21-2”，打开该文件。然后选中文档中的路径文字，如右图所示。

02 执行“文字/路径文字/路径文字选项”命令，在弹出的“路径文字选项”对话框中的“对齐路径”下拉列表中选择“字母上缘”选项，然后单击“确定”按钮完成设置，效果如右图所示。

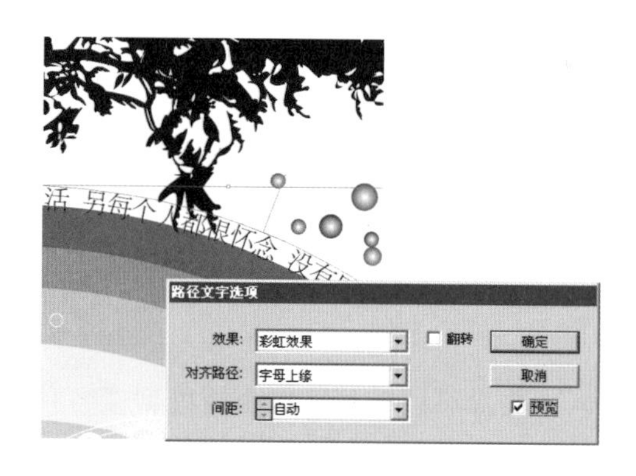

21.1.2 改变文本框形状

在文本框中输入文本后，可以使用强大的编辑功能对文本框进行编辑。利用所有可以改变图像形状的变形工具也能够达到修改文本框形状的目的。随着文本框形状的改变，文字的排列方式也会发生变化。

01 执行“文件/打开”命令，在弹出的“打开”对话框中选择光盘文件“21\基础知识讲解\示例图\21–3”，打开该文件，如下图所示。

02 然后在工具箱中选择文字工具T，在绘图区拖曳绘制出一个矩形文本框，如下图所示。

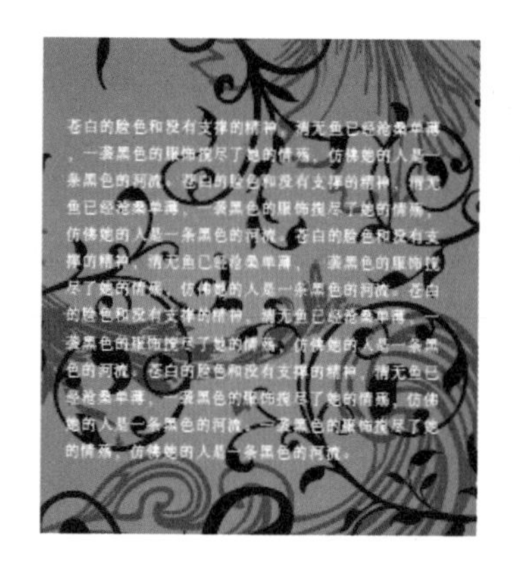

03 在工具箱中选择镜像工具，然后拖曳刚刚绘制的文本框，文本框就会发生镜像变化，如下图所示。

04 在工具箱中选择倾斜工具，然后拖曳文本框，文本框就会发生倾斜变化，如下图所示。

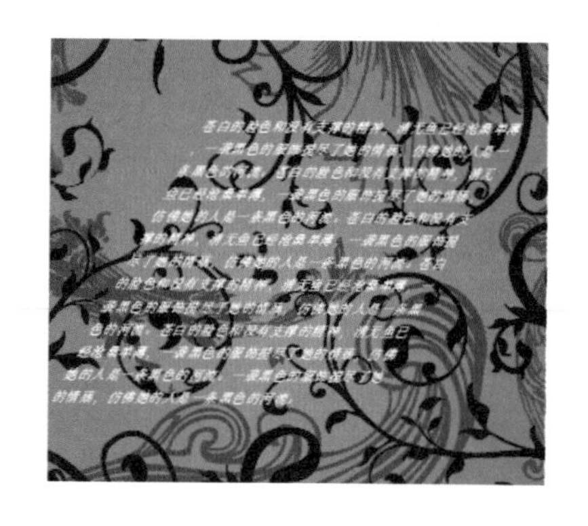

21.1.3 文本框的链接

当文本框中文字过多，即使调整文本框也无法容纳所有的文字时，这就需要加入其他文本框来处理多余的文字。

01 执行“文件/打开”命令，在弹出的“打开”对话框中选择光盘文件“21\基础知识讲解\示例图\21-4”，打开该文件，如下图所示。

02 在工具箱中选择椭圆形工具，绘制一个椭圆形，然后在工具箱中选择选择工具，将文本框及绘制的椭圆形全部选中，如下图所示。

03 执行“文字/串接文本/创建”命令，文本框和椭圆形将被链接，此时的文本也被锁定。文本框的下边出现文字溢出的标志，说明还有未显示的文字，如下图所示。

04 单击文本框上的文字溢出标志，此时的鼠标形状会变成文本的形状，在期望的位置上单击鼠标就可以继续显示文本了，如下图所示。

技巧提示

当要将某一个文本框中的链接文字删除，不过仍要维持其他文本框的链接时，只要选取要取消链接的文本框，然后执行“文字/串接文本/释放所有文字”命令，就可以解除该文本框的链接了。

如果要将所有的文字链接取消的话，执行“文字/串接文本/移去串接文字”命令，就可以在保留每一个文本框内容的同时，取消文字的链接。

21.2 实例应用

难度程度：★★★☆☆ 总课时：40分钟
素材位置：21\实例应用\演唱会海报

演练时间：40分钟

演唱会海报

◉ 实例目标

本例主要以线条组合渐变色作为海报的背景，附着以动感时尚的音乐人物与元素主题。

◉ 技术分析

本例主要使用了绘图工具中的矩形工具、椭圆工具和钢笔工具来制作画面中的一些图形元素，还使用了混合工具、羽化效果和外发光效果来修饰图形，重点介绍了混合工具的使用。

制作步骤

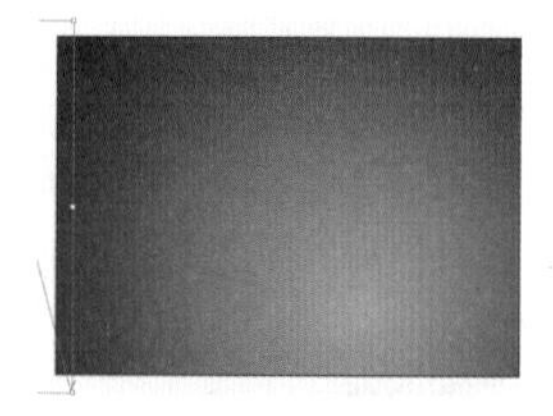

01 运行Illustrator CS6，执行文档“文件/打开”命令，选择光盘中的“21\实例应用\演唱会海报\素材4”文件，单击“确定”按钮，得到素材，如下图所示。

02 选择工具箱中的矩形工具，在画面中绘制一个矩形，执行“窗口/颜色”命令，在弹出的面板中设置参数，得到效果如下图所示。

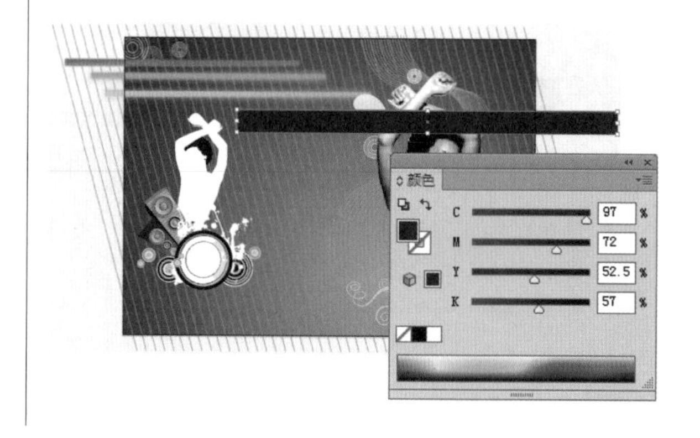

03 选择工具箱中的文字工具T，在画面中输入文字，在打开的“字符”面板中设置文字参数，填充白色，效果如下图所示。

04 选择所绘矩形及文字部分，按组合键【Ctrl+G】群组，如下图所示。

05 选择工具箱中的文字工具T，在画面中输入文字，在打开的“字符”面板中设置文字参数，填充白色和使用吸管工具得到的上面矩形图形的颜色，效果如下图所示。

06 继续选择工具箱中的文字工具T，在画面中输入文字，在打开的“字符”面板中设置文字参数，效果如下图所示。

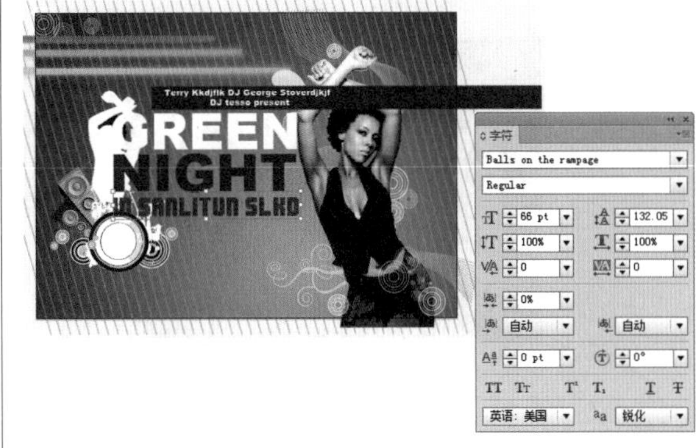

07 选择工具箱中的文字工具T，在画面中输入文字，在打开的“字符”面板中设置文字参数，填充白色和使用吸管工具得到的上面矩形图形的颜色，效果如下图所示。

08 全选我们需要调整角度的文字及图形，按组合键【Ctrl+G】群组，整体旋转合适的角度，如下图所示。

09 选择旋转后的这组图形，按组合键【Ctrl+[】调整其图层顺序，得到的效果

如下图所示。

10 选择工具箱中的矩形工具，在画面中绘制矩形，执行“窗口/渐变”命令，对“渐变”面板进行参数设置，效果如下图所示。

11 继续选择工具箱中的矩形工具，在刚绘制的矩形内部再绘制矩形，在控制面板中设置描边粗细，颜色为黑色，如下图所示。

12 选择工具箱中的文字工具T，在画面中输入文字，在打开的“字符”面板中设置文字参数，填充白色，效果如下图所示。

13 选择工具箱中的矩形工具，在画面中绘制矩形与文字的连接，填充白色，效果如下图所示。

14 随后在图中运用渐变，制作出发光效果。最后全选画面的所有元素，执行“对象/剪切蒙版/建立”命令，得到的最终效果如下图所示。

技巧提示

在输入大写字母时，可按住【Shift】键或者按【Caps Lock】键。按【Caps Lock】键后，再按住【Shift】键输入字母，那么输入的字母就为小写了。

要想在一个固定的范围中输入文字，可选择“文字工具”，在绘图页面上直接拖动鼠标，就能拖出一个矩形的文本框，这个文本框适合输入大量的文字，当输入的文字达到矩形框边缘时，文本还能自动换行。当然文本框的大小也可以根据实际情况随时调整，以保证画面取得最好的效果。如果输入的文字超出了文本框所容纳的范围，在文本框的右侧下方外面将显示出一个红色的加号图标，用来提示用户。

Part 22（40.5-44小时）

改变文字格式

【文字的设置：170分钟】

设置文字字符属性	20分钟
设置段落属性	20分钟
查找和替换文字	15分钟
查找文字字体	15分钟
大小写的替换	10分钟
文字分栏	10分钟
文字绕图排列	20分钟
标题文字强制对齐	20分钟
建立轮廓字	20分钟
复制文字的属性	20分钟

【实例应用：40分钟】

宣传海报	40分钟

22.1 文字的设置

难度程度：★★★☆☆ 总课时：170分钟
素材位置：22\基础知识讲解\示例图

将文字置入到文件中后，可以对文字属性进行设置。文字属性包含“字符属性”和“段落属性”。“字符属性”指的是文字的字体、样式、大小和字距等。“段落属性”是指段落的缩进和对齐等属性。利用“字符”面板和“段落”面板，可以分别对“字符”和“段落”的属性进行设置。

22.1.1 设置文字字符属性

学习时间：20分钟

使用Illustrator CS6强大的文字处理功能，可以精确地设置文字的属性，不论是在文字输入之后，还是在文字输入之前，都可以随时通过“字符”面板中的各项设置来改变或者重新选择文字的字体、字号和字距等参数。

执行“窗口/文字/字符”命令，或者按【Ctrl+T】组合键，就会弹出“字符”面板。

“字符”面板

执行菜单“窗口/文字/字符”命令，打开“字符”面板，如右图所示。

字体：在该下拉列表中可以选择不同的字体。

字号：调整字符的大小。

行距：调整文本间的行间距。

水平缩放：调节字的水平方向的缩放比例。

垂直缩放：调节字的垂直方向的缩放比例。

字符间距：调节两个字符之间的间距。

字距微调：调节字与字之间的间隔。

基线移位：根据基线来调整文本的位置。

字符旋转：调节字符的倾斜度。

语言类型：显示文字的语言类型。

01 执行“文件/打开”命令，在弹出的“打开”对话框中选择光盘文件“22\基础知识讲解\示例图\22-1”，打开该文件。使用选择工具单击选中文本框，执行“窗口/文字/字符”命令，打开“字符”面板，如右图所示。

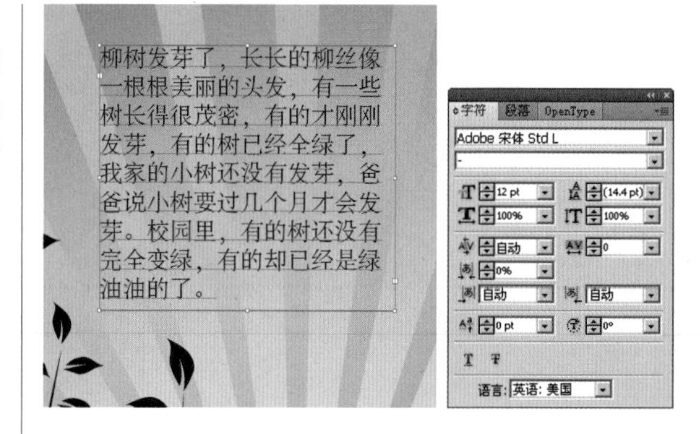

02 利用前面讲到的文字工具T，将鼠标移至文本框中，拖曳鼠标选取全部文字。然后在“字符”面板中重新设置字体为“方正黄草简体”，如右图所示。

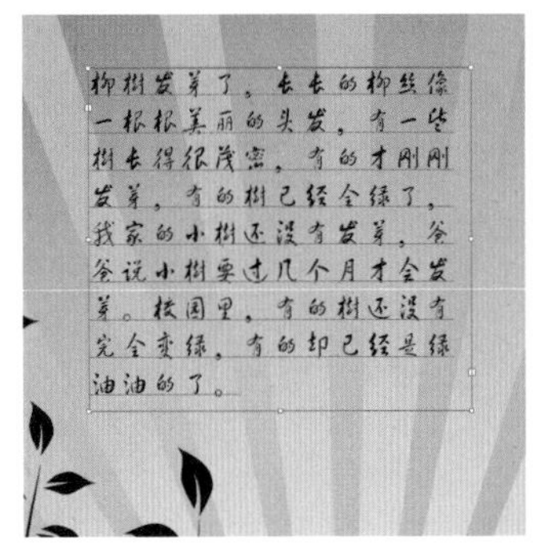

技巧提示

利用同样的方法来选取图中的文本，然后在“字符”面板中对文本进行字号、行距、水平缩放、垂直缩放、字符间距、字距微调、基线移位和字符旋转等参数设置，会得到不同的文字效果，如下图所示。

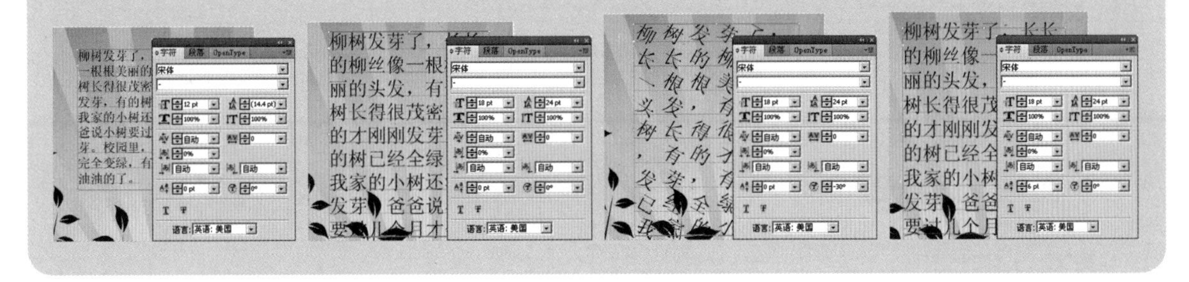

22.1.2 设置段落属性

文字除了字符属性外，还有段落属性。执行“窗口/文字/段落”命令，就可以打开“段落”面板，如右图所示，在此面板中可以进行段落属性的各项设置。

Illustrator CS6的段落对齐方式有：左对齐，居中对齐，右对齐，两端对齐末端左对齐，两端对齐末端居中对齐，两端对齐末端右对齐和全部两端对齐。

段落的缩进有 0 pt 左侧缩进，0 pt 右侧缩进和 0 pt 首行缩进。

段落的间距设置有 0 pt 段前间距和 0 pt 段后间距。

01 执行“文件/打开”命令，在弹出的“打开”对话框中选择光盘文件“22\基础知识讲解\示例图\22-2”，打开该文件，如右图所示。使用选择工具单击文本框。执行“窗口/文字/段落”命令，打开“段落”面板。

春天到，小草悄悄醒了，它朝四周看了看，柳树发芽了，花儿长出花骨朵了，它的伙伴都出来了，而且长得非常茂盛。
花儿颜色绚丽，形态各异，各具风采。先说说黄色的菊花吧，我们学校的菊花开得非常娇艳，黄灿灿的花瓣在微风里轻轻摇曳，好像要和我说话，可惜，有的花被别人摘去了。
春天来了，杏花开得很早，爸爸说杏花开花之后会变得很娇气，我家也有杏花，它开后不久家里的桃花也开了，家里桃花的花瓣是边缘微红，越靠里越白，很美！还有呀，我家的花比别的地方的花大哟！

02 使用文字工具T，将鼠标移至文本框中，拖曳鼠标选取全部文字。然后在“段落”面板中单击“居中对齐”按钮，这时选中的文字段落就会居中对齐，如右图所示。

使用文字工具T选取文本部分，分别单击“段落”面板中的其他段落对齐方式按钮，就会得到不同的文字效果，如下图所示。

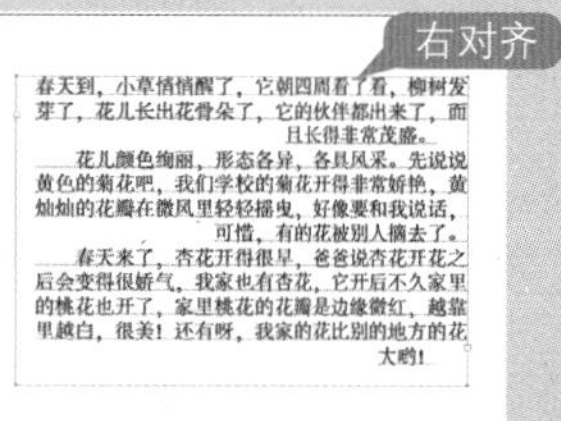

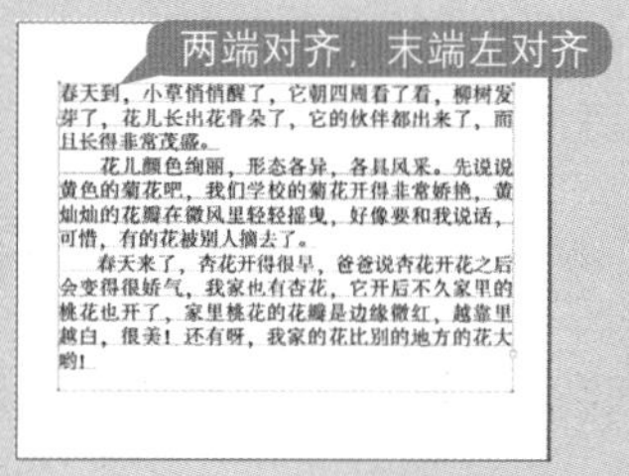

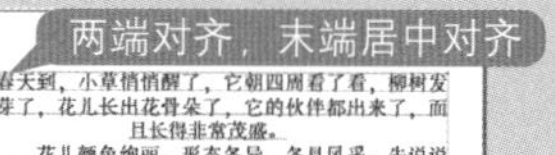

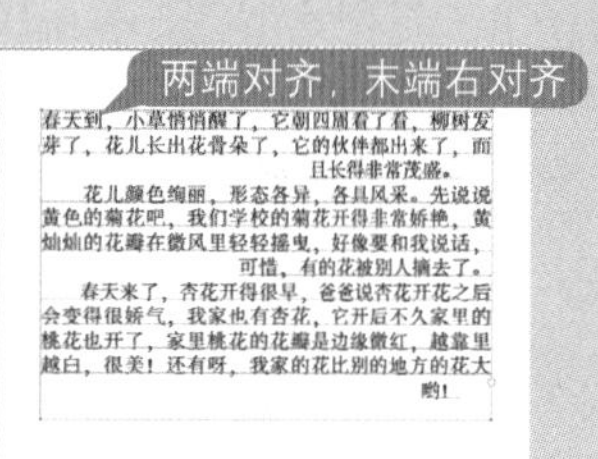

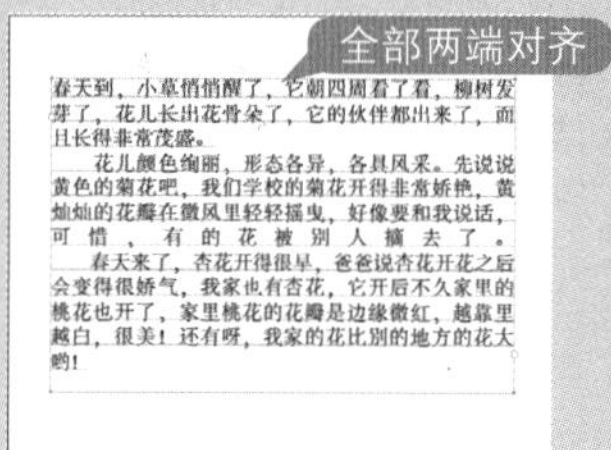

利用选择工具任选一个文字段落，或者使用文字工具在段落内单击，并在“段落”面板中的段落缩进栏中输入数值，即可设置段落的左缩进、右缩进、首行缩进及段前间距等参数。

01 执行“文件/打开”命令，在弹出的“打开”对话框中选择光盘文件“22\基础知识讲解\示例图\22-3”，打开该文件。使用文字工具选中文本部分，执行“窗口/文字/段落”命令，打开“段落”面板，如下图所示。

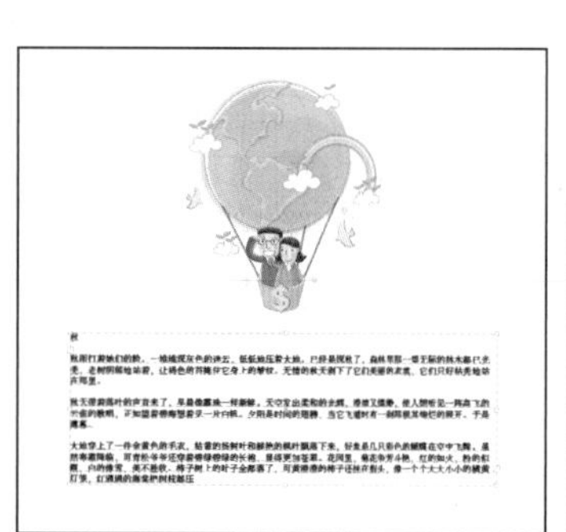

02 在“段落”面板中的“左缩进”数值框中输入要缩进的数值，或者单击上/下三角微调按钮调节数值，然后按下【Enter】键即可完成设置，如下图所示。

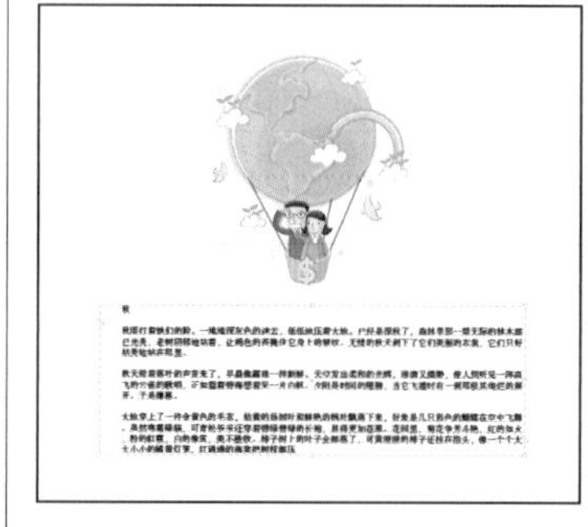

技巧提示

还可以在“段落”面板中设置“右缩进”、“首行缩进”、“段前间距”和“段后间距”等。只要分别在各栏中输入相应的数值即可，如下图所示。

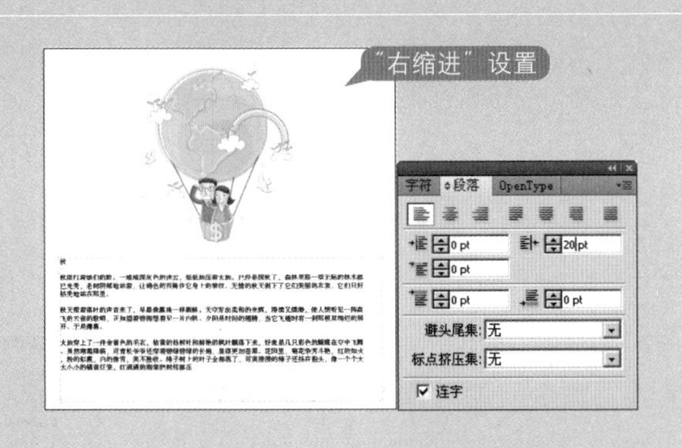

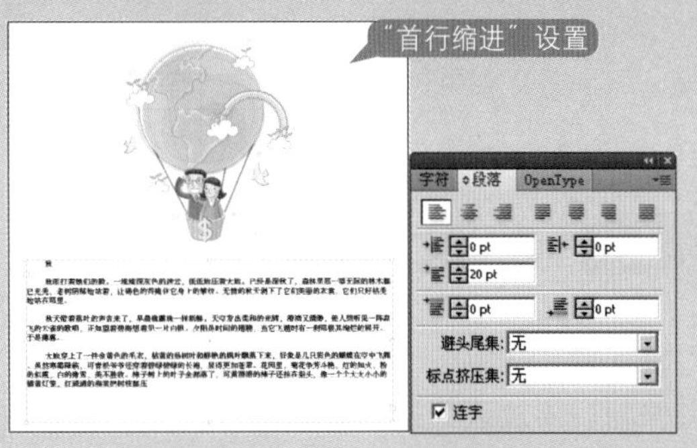

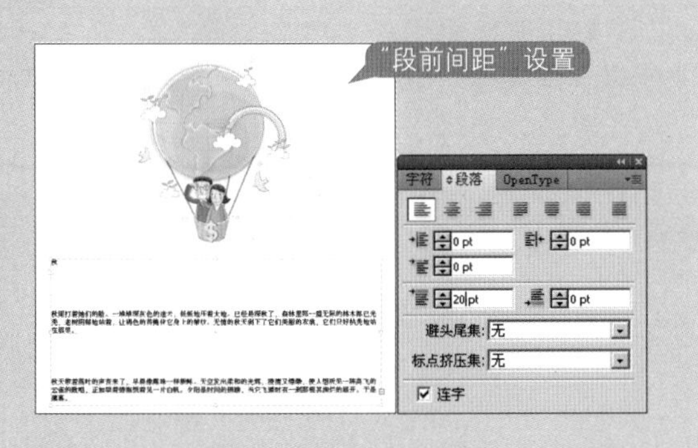

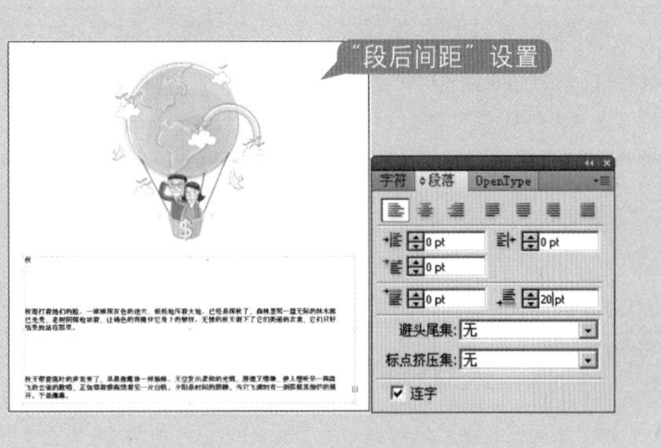

22.1.3 查找和替换文字

使用查找和替换文字的功能，可以快速地找到欲更改的文字，并将它替换成要更改的文字，且仍然保留文字的各种属性。

01 在工具箱中选择文字工具T，然后在绘图区中输入文字，使用选择工具选择要替换的文本，如下图所示。

目标对象
简要地写下我们究竟要销售给谁？创意人员需要知道的哪些细节才能对这群人发出有效的沟通信息？把他/她写成真真实实、活生生、有血有肉的人，他的喜好、态度、憎恶。
我们现在何处
消费者此刻如何看待本品牌？用第一人称的日常语文写下来。
消费者如何看我们的竞争？他们的广告是否有效不要避开坏消息。
我们将往何去
看完广告后，我们期望消费者有何感受？实际些几则广告改变人的一生，不要放进些不可能的热情在你的文字里。

02 执行“编辑/查找和替换”命令，在弹出的对话框中进行设置。设置完成后单击“查找”和“替换”按钮，即可完成文字的替换，如下图所示。

查找和替换
查找(N)：品牌 查找(F)
替换为(W)：产品 替换(R)
区分大小写(C) 检查隐藏图层(D) 替换和查找(E)
全字匹配(H) 检查锁定图层(L) 全部替换(A)
向后搜索(B) 完成

技巧提示

若要查找与输入文字相同的文字，则选中“全字匹配”复选框；如果要查找与输入文字大小写也相同的文字，则选中“区分大小写”复选框。从原则上来说，文字是往下查找的。如果要返回查找的话，选中“向后搜索”复选框。当设置好后，若单击“查找”按钮，就会跳至下一个要查找的文字，单击“替换”按钮，即可替换查找文字。若单击“替换和查找”按钮，可以一边查找文字，一边替换文字。若单击“全部替换”按钮，则会替换文本中所有符合条件的文字，最后单击“完成”按钮即可完成文字的替换。

22.1.4 查找文字字体

使用查找文字字体功能，可以查找文件中使用到的字体，从而进行文件的字体快速替换工作。执行“文字/查找字体”命令，即可弹出“查找字体”对话框，如右图所示。

在对话框中的“文档中的字体”列表框中会出现文件中使用到的字体，在列表框中选择欲查找的字体名称。在“替换字体来自”列表框中则会出现要替换的字体，在这里有“文档”或“系统”两种选择。

完成各项设置后，单击“更改”按钮即可替换选中的字体。

22.1.5 大小写的替换

选取欲变换的英文文字，然后执行“文字/更改大小写”命令，在弹出的子菜单中选择不同的命令即可完成大小写的更改，如下图所示。

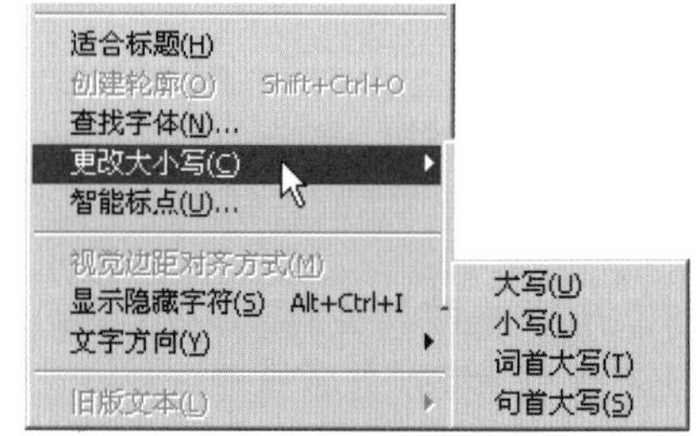

22.1.6 文字分栏

在排版设计中，多栏文字的排版是经常用到的技巧，在Illustrator CS6中也可以进行分栏操作。

01 执行“文件/打开”命令，在弹出的“打开”对话框中选择光盘文件“22\基础知识讲解\示例图\22-4”，打开该文件。使用选择工具选择文本部分，如右图所示。

02 执行“文字/区域文字选项”命令，就会弹出“区域文字选项”对话框，然后在对话框中进行设置，设置完成后单击“确定”按钮即可完成分栏操作，如右图所示。

技巧提示

在“区域文字选项”对话框中，在“行”和“列”栏中输入需要的栏数，在“间距”数值框中可以设置栏与栏间的距离。对话框中的“文本排列”栏可以用于设置文字的走向。选中“预览”复选框，可以预览分栏的效果。

22.1.7 文字绕图排列

文字绕图排列的功能可以将图像与文字结合，从而使文字和图像的编排变得更加美观和有趣。但需注意的是要将图形及编排的文字放置在文本框内。

01 执行“文件/打开”命令，在弹出的“打开”对话框中选择光盘文件“22\基础知识讲解\示例图\22-5”，打开该文件，如下图所示。

02 使用选择工具 将文字和图像全部选取。然后执行“对象/文本绕排/建立”命令，在弹出的对话框中单击“确定”按钮，文字和图像形成绕排，如下图所示。

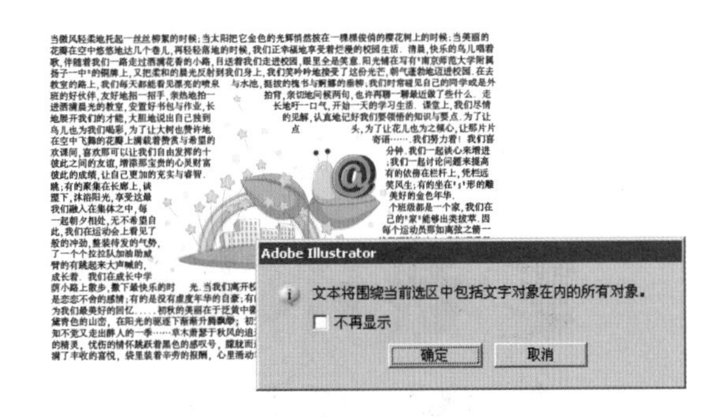

技巧提示

如果想要释放文字绕排，使用选择工具 将文字和图像全部选取，执行“对象/文本绕排/释放”命令，就可以将文字和图像的绕排释放。

22.1.8 标题文字强制对齐

学习时间：20分钟

如果要让单行的文字标题自动对齐文字块的宽度，执行“文字/适合标题”命令，即可强制对齐标题和文字。

01 执行“文件/打开”命令，在弹出的“打开”对话框中选择光盘文件“22\基础知识讲解\示例图\22–6”，打开该文件，如下图所示。

美好的明天

当微风轻柔地托起一丝丝柳絮的时候；当太阳把它金色的光辉悄然披在一棵棵俊俏的樱花树上的时候；当美丽的花瓣在空中悠悠地达几个卷儿，再轻轻落地的时候，我们正幸福地享受着烂漫的校园生活．清晨，快乐的鸟儿唱着歌，伴随着我们一路走过洒满花香的小路，目送着我们走进校园，眼里全是笑意．阳光铺在写有”南京师范大学附属扬子一中”的铜牌上，又把柔和的晨光反射到我们身上，我们笑吟吟地接受了这份光芒，朝气蓬勃地迈进校园．在去教室的路上，我们每天都能看见漂亮的喷泉与水池，挺拔的槐书与婀娜的垂柳；我们时常碰见自己的同学或是外班的好伙伴，友好地招一招手，亲热地拍一拍背，亲切地问候两句，也许再聊一聊最近做了些什么．走进洒满晨光的教室，安置好书包与作业，长长地吁一口气，开始一天的学习生活．课堂上，我们尽情地展开我们的才能，大胆地说出自己独到的见解，认真地记好我们要领悟的知识与要点．为了让鸟儿也为我们喝彩，为了让大树也赞许地点头，为了让花儿也为之倾心，让那片片在空中飞舞的花瓣上满载着赞赏与希望的寄语……．我们努力着！我们喜欢课间，喜欢那可以让我们自由发挥的十分钟．我们一起谈心来增进彼此之间的友谊，增添那宝贵的心灵财富；我们一起讨论问题来提高彼此的成绩，让自己更加的充实与睿智．有的依傍在栏杆上，凭栏远眺；有的聚集在长廊上，谈笑风生；有的坐在”s”形的雕塑下，沐浴阳光，享受这最美好的金色年华．

02 在工具箱中选择文字工具 T，选取标题文字，然后执行“文字/适合标题”命令，就可以使标题对齐文字块的宽度，如下图所示。

美　　好　　的　　明　　天

当微风轻柔地托起一丝丝柳絮的时候；当太阳把它金色的光辉悄然披在一棵棵俊俏的樱花树上的时候；当美丽的花瓣在空中悠悠地达几个卷儿，再轻轻落地的时候，我们正幸福地享受着烂漫的校园生活．清晨，快乐的鸟儿唱着歌，伴随着我们一路走过洒满花香的小路，目送着我们走进校园，眼里全是笑意．阳光铺在写有”南京师范大学附属扬子一中”的铜牌上，又把柔和的晨光反射到我们身上，我们笑吟吟地接受了这份光芒，朝气蓬勃地迈进校园．在去教室的路上，我们每天都能看见漂亮的喷泉与水池，挺拔的槐书与婀娜的垂柳；我们时常碰见自己的同学或是外班的好伙伴，友好地招一招手，亲热地拍一拍背，亲切地问候两句，也许再聊一聊最近做了些什么．走进洒满晨光的教室，安置好书包与作业，长长地吁一口气，开始一天的学习生活．课堂上，我们尽情地展开我们的才能，大胆地说出自己独到的见解，认真地记好我们要领悟的知识与要点．为了让鸟儿也为我们喝彩，为了让大树也赞许地点头，为了让花儿也为之倾心，让那片片在空中飞舞的花瓣上满载着赞赏与希望的寄语……．我们努力着！我们喜欢课间，喜欢那可以让我们自由发挥的十分钟．我们一起谈心来增进彼此之间的友谊，增添那宝贵的心灵财富；我们一起讨论问题来提高彼此的成绩，让自己更加的充实与睿智．有的依傍在栏杆上，凭栏远眺；有的聚集在长廊上，谈笑风生；有的坐在”s”形的雕塑下，沐浴阳光，享受这最美好的金色年华．

22.1.9 建立轮廓字

学习时间：20分钟

Illustrator CS6能够将文字转化为图形，也就是将文字轮廓化。在已经转换成图形的文字上，可以看到文字是由许多节点构成的。利用直接选择工具编辑节点，或者在文字内设置渐变色、图案，均可以将已经轮廓化的文字编辑得更加漂亮，将文字变换成轮廓字后，除了可以改变其造型和更改颜色外，还可以进行其他多项操作。

01 在工具箱中选择文字工具 T，在工作区中输入文字，如下图所示。

美哉小城
小伯利恒

02 使用选择工具选择刚刚输入的文字。然后执行“文字/创建轮廓”命令，即可将文字转换为图形，如下图所示。

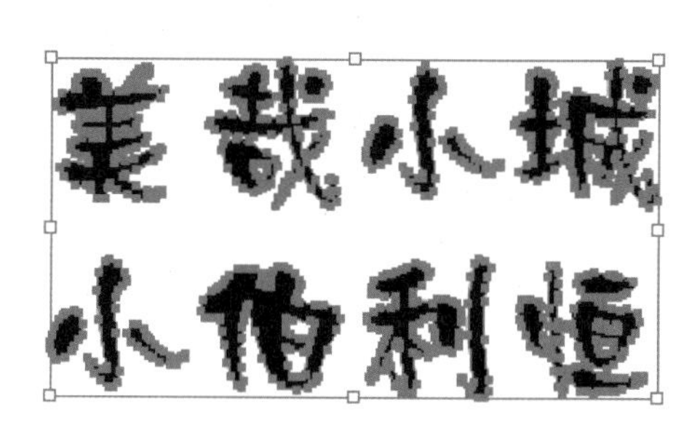

03 在工具箱中选择直接选择工具，选择转换成图形的文字，拖曳节点即可进行变形操作，如下图所示。

04 选取文字转换成的图形，在控制面板中单击“填色”按钮和“描边”按钮，并设置颜色为红色和黑色，文字效果如右图所示。

美哉小城
小伯利恒

22.1.11 复制文字的属性

学习时间：20分钟

在Illustrator CS6中，文字的属性是可以进行复制的。

01 执行“文件/打开”命令，在弹出的“打开”对话框中选择光盘文件“22\基础知识讲解\示例图\22–7”，打开该文件。使用选择工具选择欲改变文字属性的文本块，如下图所示。

我们融入在集体之中，每个班级都是一个家，我们在一起朝夕相处，无不希望自己的“家”能够出类拔萃。因此，我们在运动会上看见了每个运动员那如离弦之箭一般的冲劲，整装待发的气势，战无不胜的决心，我们还看见了一个个拉拉队加油助威的庞大的阵势——有挥舞着双臂的有跳起来大声喊的，个个神气活现。我们在学习中成长着，我们在成长中学习着。现在，我们微笑着在校园的林荫小路上散步，撇下最快乐的时光，当我们离开校园的那一刻，再让我们回首看我们走过的路，我相信，我们有是恋恋不舍的感情；有的是没有虚度年华的自豪；有的是对美好未来的憧憬！

在这样风和日丽，秋高气爽的日子，我又收获了什么，“不知道！”从心底弹跳出的答案令自己莫名其妙。轻柔的送走炽热的夏季，没有预兆的迎来了凉爽的秋季，转换的季节带来片刻的美丽，但却在心里留下了伤感的符号……

02 在工具箱中双击吸管工具按钮，弹出“吸管选项”对话框，分别在对话框中的“吸管挑选”和“吸管应用”列表框中选中“字符样式”和“段落样式”复选框，之后单击“确定”按钮，如下图所示。

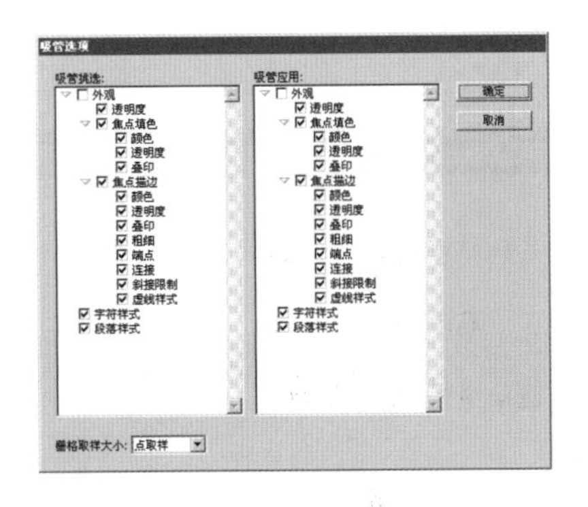

03 使用吸管工具，移动鼠标到欲复制属性的文本上单击，就可以复制文本的属性。选中的文本块的文字属性就会发生如下图所示的变化。

我们融入在集体之中，每个班级都是一个家，我们在一起朝夕相处，无不希望自己的“家”能够出类拔萃。因此，我们在运动会上看见了每个运动员那如离弦之箭一般的冲劲，整装待发的气势，战无不胜的决心，我们还看见了一个个拉拉队加油助威的庞大的阵势——有挥舞着双臂的有跳起来大声喊的，个个神气活现。我们在学习中成长着，我们在成长中学习着。现在，我们微笑着在校园的林荫小路上散步，撇下最快乐的时光，当我们离开校园的那一刻，再让我们回首看我们走过的路，我相信，我们有是恋恋不舍的感情；有的是没有虚度年华的自豪；有的是对美好未来的憧憬！

在这样风和日丽，秋高气爽的日子，我又收获了什么，“不知道！”从心底弹跳出的答案令自己莫名其妙。轻柔的送走炽热的夏季，没有预兆的迎来了凉爽的秋季，转换的季节带来片刻的美丽，但却在心里留下了伤感的符号……

我们融入在集体之中，每个班级都是一个家，我们在一起朝夕相处，无不希望自己的“家”能够出类拔萃。因此，我们在运动会上看见了每个运动员那如离弦之箭一般的冲劲，整装待发的气势，战无不胜的决心，我们还看见了一个个拉拉队加油助威的庞大的阵势——有挥舞着双臂的有跳起来大声喊的，个个神气活现。我们在学习中成长着，我们在成长中学习着。现在，我们微笑着在校园的林荫小路上散步，撇下最快乐的时光，当我们离开校园的那一刻，再让我们回首看我们走过的路，我相信，我们有是恋恋不舍的感情；有的是没有虚度年华的自豪；有的是对美好未来的憧憬！

在这样风和日丽，秋高气爽的日子，我又收获了什么，“不知道！”从心底弹跳出的答案令自己莫名其妙。轻柔的送走炽热的夏季，没有预兆的迎来了凉爽的秋季，转换的季节带来片刻的美丽，但却在心里留下了伤感的符号……

22.2 实例应用

难度程度：★★★☆☆ 总课时：40分钟
素材位置：22\实例应用\宣传海报

演练时间：40分钟

宣传海报

◎ 实例目标

本例主要以一组发射状杂色纹理图像作为背景，在画面的周围加入鲜艳的矢量和位图素材突出体现跃动的主题。

◎ 技术分析

本例主要使用了绘图工具中的矩形工具、圆角矩形工具和文字工具来制作画面中的一些图形元素，还使用了外发光和渐变来修饰图形，重点介绍多重插入矢量图的方法。

制作步骤

01 执行“置入”命令，置入光盘中的“22\实例应用\宣传海报\素材8”文件，将文件嵌入后按【Ctrl+Shift+G】组合键解组，将图形分别移动到画面中合适的位置并进行旋转，按【Shift】键进行等比例调整，效果如下图所示。

02 选择工具箱中的圆角矩形工具，在画面中单击，在弹出的“圆角矩形”对话框中进行设置，如下图所示。

圆角矩形

宽度(W)：70 mm

高度(H)：100 mm

圆角半径(R)：4 mm

确定 取消

03 选择绘制好的圆角矩形图形，移动旋转到画面中适当的位置，执行“窗口/渐变”命令，在弹出的“渐变”面板中进行参数设置，双击滑块进行渐变色的设置，得到的效果如下图所示。

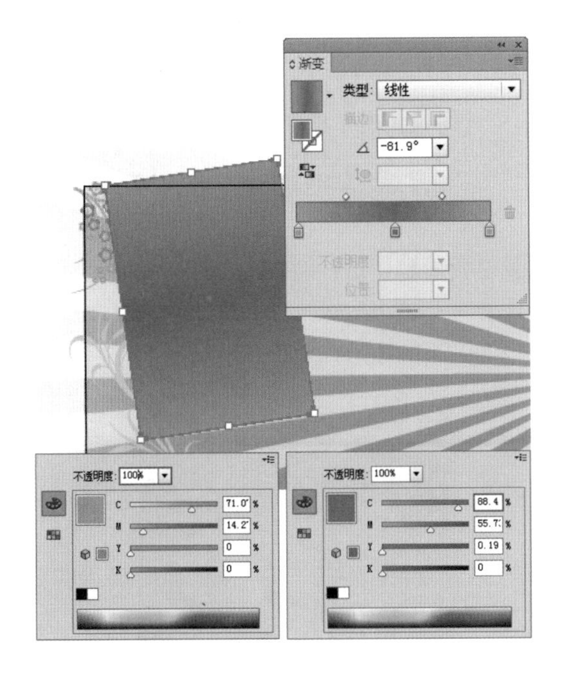

04 执行“置入”命令，置入光盘中的“22\实例应用\宣传海报\素材7”文件，把文件嵌入后将图形移动到画面中合适的位置并进行旋转，按【Shift】键进行等比例调整，效果如下图所示。

05 选择工具箱中的文字工具T，在画面中输入文字，在打开的“字符”面板中设置文字参数，填充白色，效果如下图所示。

06 继续选择工具箱中的文字工具T，在画面中输入文字，在打开的“字符”面板中设置文字参数，填充白色，部分文字选中后执行“窗口/颜色”命令，在弹出的面板中设置参数，效果如下图所示。

07 再次选择工具箱中的文字工具T，在画面中输入文字，在打开的“字符”面板中设置文字参数，效果如下图所示。

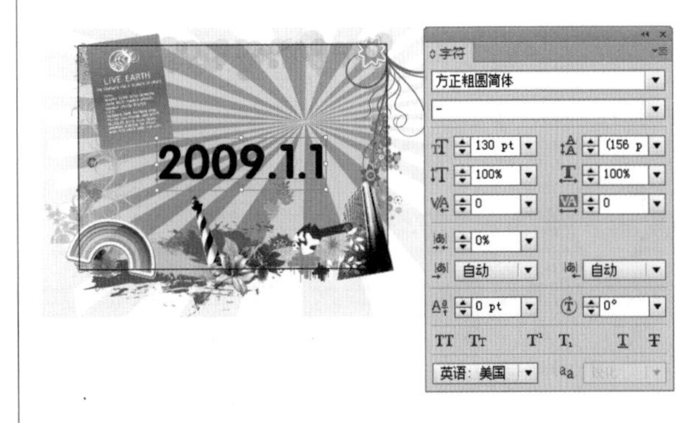

08 选择输入的文字，单击鼠标右键执行“创建轮廓”命令，接着执行“窗口/渐变”

命令，在弹出的面板中设置参数，如下图所示。

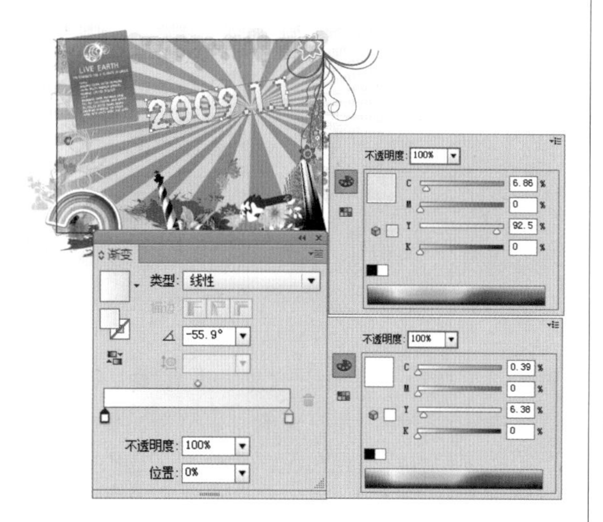

09 选择制作好的文字，按【Alt】键移动文字进行复制，并选中复制的文字，使用组合键【Ctrl+[】将其置于后面，执行“窗口/颜色”命令，设置颜色参数，得到的效果如下图所示。

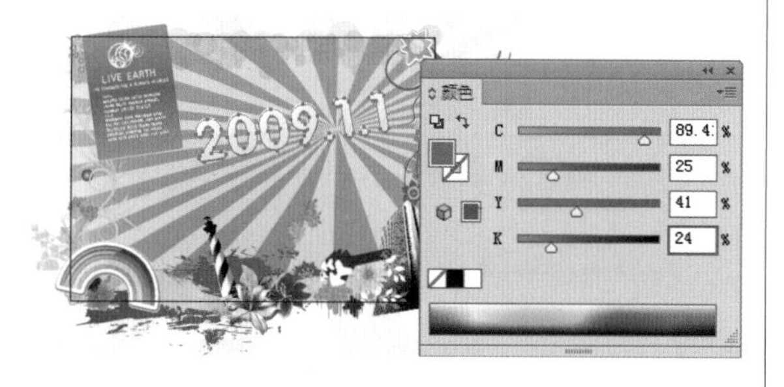

10 选择工具箱中的文字工具，在画面中输入文字，在打开的“字符”面板中设置文字参数，执行“效果/风格化/外发光”命令，为文字添加发光效果，设置如下图所示。

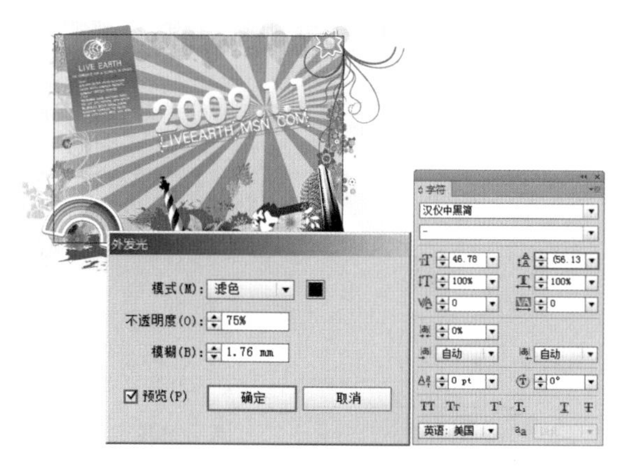

11 对画面整体进行调整，使画面更为美观，选择工具箱中的矩形工具，绘制一个和画板相同大小的矩形，如下图所示。

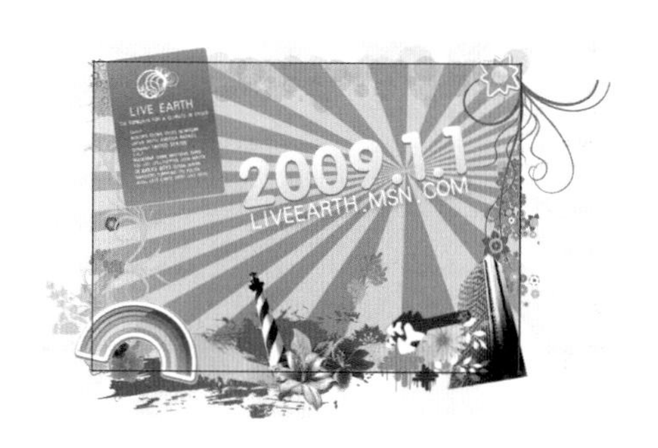

12 全选画面中的所有素材，执行“对象/剪切蒙版/建立”命令，裁掉画面外多余部分，得到的最终效果如下图所示。

技巧提示

在进行文字编辑的时候，如果想要隐藏定界框，可以执行“视图/隐藏定界框”命令，或者按组合键【Shift＋Ctrl＋B】。但是在移动或者进行缩放文本框操作时，定界框仍然会简化操作的。

若想快速打开“字符”面板，可以直接按组合键【Ctrl＋T】。

Part 23（44-47小时）

使用符号

【符号的应用：140分钟】

创建新符号	20分钟
复制与删除符号	20分钟
置入与替换符号	25分钟
修改并重新定义符号	25分钟
使用符号工具	50分钟

【实例应用：40分钟】

文化展览海报设计	40分钟

23.1 符号的应用

难度程度：★★★☆☆ 总课时：140分钟
素材位置：23\基础知识讲解\示例图

符号可以被重复使用，并且不会增加文件的大小。它的最大特点是可以方便、快捷地生成很多相似的图形实例。

23.1.1 创建新符号

在Illustrator CS6软件中，可以将经常使用的图形创建为符号，方便随时使用，以便节约编辑时间。要创建新的符号，只需要在绘图区中选择要创建的图形，然后单击“符号”面板中的“新建符号”按钮就可以了。

01 执行“文件/打开”命令，在弹出的“打开”对话框中选择光盘素材文件“23\基础知识讲解\示例图\23–1”，如下图所示。

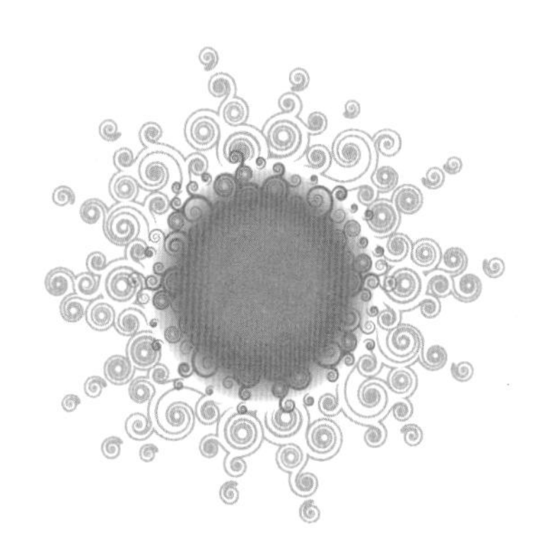

02 用工具箱中的选择工具将绘图区中所有的对象进行框选，然后单击“符号”面板右上角的按钮，在弹出的主菜单中选择“新建符号”命令。这样，选中的图形就被制作成了符号放置在“符号”面板中了，如下图所示。

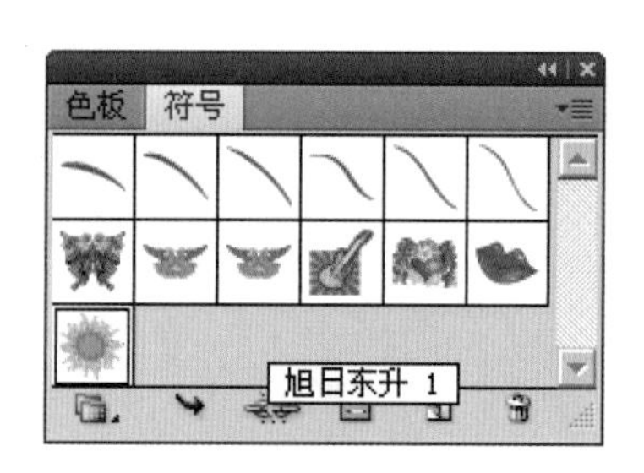

“符号”面板

执行菜单“窗口/符号”命令，打开“符号”面板，如右图所示。

符号库菜单：单击该按钮，在弹出的下拉菜单中可以选择保存符号库，或者打开软件自带的符号库面板。

置入符号实例：当用户在“符号”面板中选择一个符号后，单击此按钮，在屏幕的工作区中间会绘制出一个符号图形，也可以将需要的符号直接从“符号”面板中拖动到绘图区中。

断开符号链接：要想中断绘图区中的单个符号图形或者符号集合与“符号”面板的链接，就可以单击此按钮，可以对断开链接后的图形进行编辑，然后再重新定义符号。

符号选项：单击该按钮，可以打开“符号选项”对话框，该对话框与新建符号时的对话框相同，在其中可以修改符号的名称和类型等参数。

新建符号：单击此按钮，可以创建新的符号。

删除符号：单击这个按钮，可以删除不需要的符号。

技巧提示

在绘图区中用工具箱中的选择工具选中需要创建符号的图形，然后将其拖曳到“符号”面板中，当鼠标变成形状时释放鼠标，就可以将选择的图形创建为符号，保存在“符号”面板中。

按住【Alt】键，单击“符号”面板中的“新建符号”按钮，将会弹出“符号选项”对话框，在这个对话框中可以为新建的符号命名。

23.1.2 复制与删除符号

学习时间：20分钟

在“符号”面板中，选择需要复制的符号，然后单击“符号”面板右上角的倒三角按钮，在弹出的主菜单中选择“复制符号”命令，就能为选择的符号复制一个副本。

如果要删除不需要的符号，可以在选中符号后，将其直接拖动到“删除符号”按钮上，释放鼠标后即可删除该符号。

01 按【Ctrl+N】组合键新建一个A4的横向文件，然后在“符号”面板中选择一个符号，如下图所示。

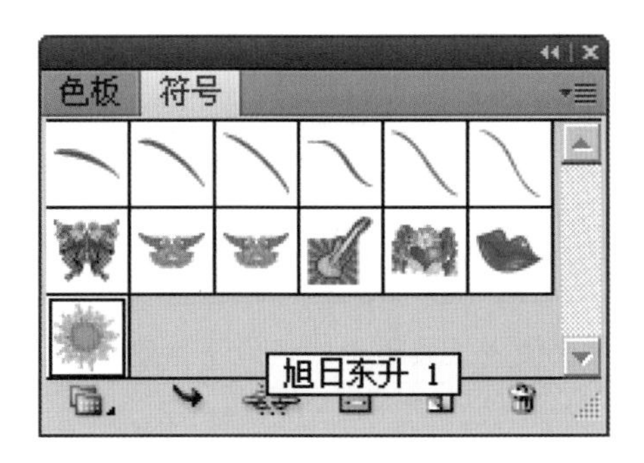

02 在“符号”面板右上角的主菜单中选择“复制符号”命令，这时，在“符号”面板中就生成了所选符号的符号副本，如下图所示。

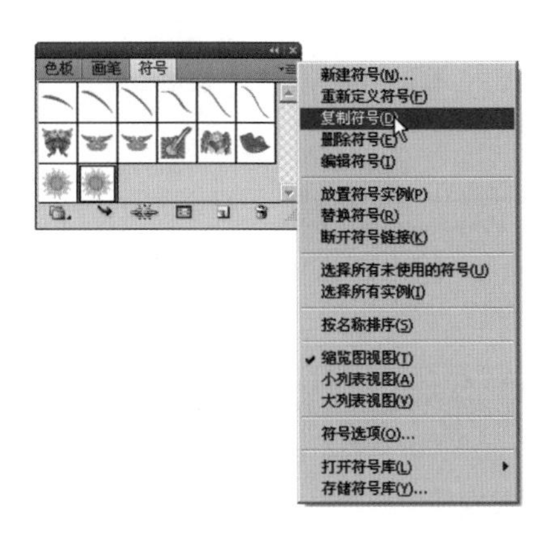

03 在“符号”面板中选中复制的符号，然后按住鼠标左键将其拖曳到“符号”面板下方的“删除符号”按钮上，即可将复制的符号删除了，如下图所示。

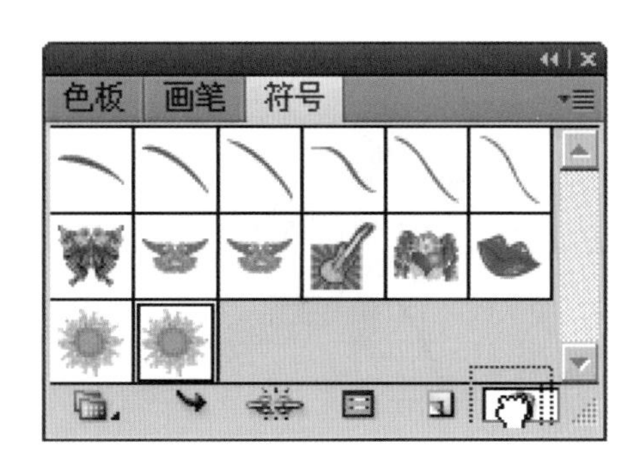

技巧提示

要删除符号，也可以在"符号"面板中选中要删除的符号，然后再单击"符号"面板下方的"删除符号"按钮，将选择的符号删除掉。

复制符号后，可以将复制的符号进行编辑，从而得到一个新的符号实例。

23.1.3 置入与替换符号

学习时间：25分钟

对于"符号"面板中的符号实例，可以通过"符号"面板中的"置入符号实例"按钮将其置入到工作区中间。还可以使用"符号"面板主菜单中的"替换符号"命令来对绘图区中的符号用"符号"面板中的符号实例进行替换。

01 按【Ctrl+N】组合键新建一个大小为A4的横向文件，在"符号"面板中选择需要置入的符号，然后多次单击"符号"面板中的"置入符号实例"按钮，会发现置入的符号已经在屏幕的工作区域中间了，如下图所示。

02 用工具箱中的选择工具选择置入的符号，然后将其移动到绘图区中合适的位置，就会发现，多次单击"符号"面板中的"置入符号实例"按钮后，实际置入了多个符号，如下图所示。

03 再次使用工具箱中的选择工具对绘图区中的所有置入符号进行框选，然后在"符号"面板中选择需要替换的符号，再单击"符号"面板中的"替换符号"按钮，即可完成替换，如下图所示。

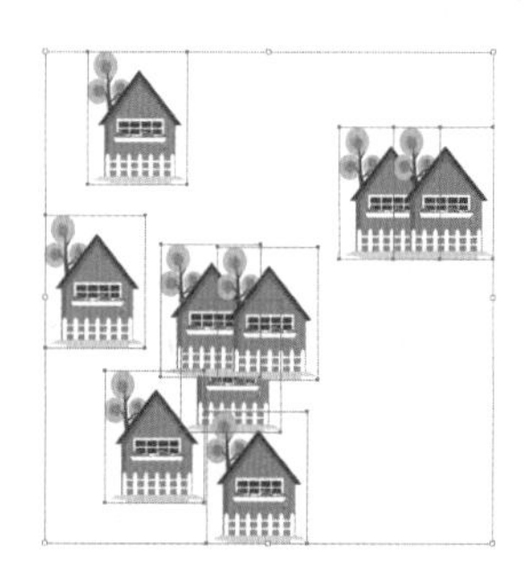

技巧提示

非嵌入式文件图像不能作为一个符号使用，同样某些组也不能当做符号使用。

单击"符号"面板中右上角的按钮，在弹出的主菜单中选择"置入符号实例"命令，同样可以将选择的符号置入到文件中；而主菜单中的"替换符号"命令也可以将选择的符号用"符号"面板中选择的符号替换。

23.1.4 修改并重新定义符号

学习时间：25分钟

在Illustrator CS6软件中，不仅可以创建新的符号，还可以对“符号”面板中已有的符号进行修改、再重新定义进行存储。

当“符号”面板中的符号图形发生改变后，已经应用到绘图区中的符号也将发生相应的改变。

将“符号”面板中的符号应用到绘图区后，在“符号”面板中单击“断开符号链接”按钮，这样符号图形将断开链接，即可对其进行修改编辑。

01 执行“文件/打开”命令，在弹出的“打开”对话框中选择光盘素材文件“23\基础知识讲解\示例图\23–2”，然后用选择工具将其全部选中，按住【Alt】键的同时单击“符号”面板中的“新建符号”按钮，将这个新建的符号命名为“眼睛”，如下图所示。

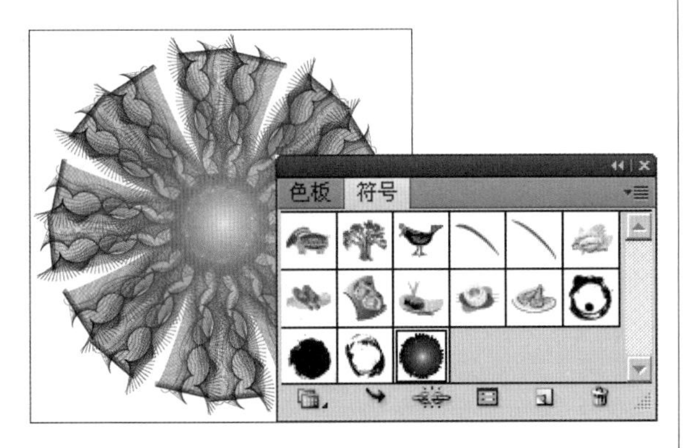

02 在“符号”面板上选择新建的符号，然后单击“符号”面板中右上角的▾≡按钮，在弹出的主菜单中选择“复制符号”命令，这时，在“符号”面板中就生成了该符号的副本，如下图所示。

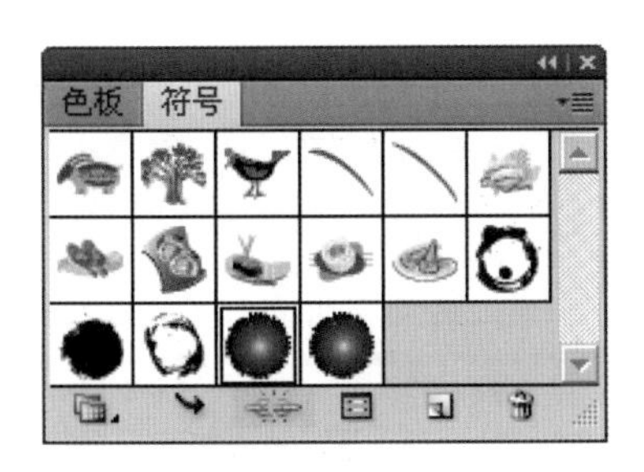

03 删除绘图区中打开的图形，在“符号”面板中选择新建的复制符号，然后单击两次“符号”面板中的“置入符号实例”按钮，再用工具箱中的选择工具将置入的符号移动到绘图区中合适的位置，如下图所示。

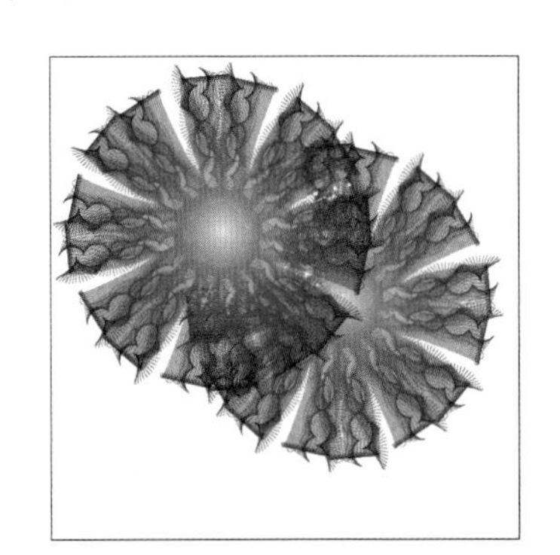

04 用工具箱中的选择工具选中绘图区中置入的符号，然后单击“符号”面板中的“断开符号链接”按钮，这样符号图形的链接被断开，就可以对其进行修改了，如下图所示。

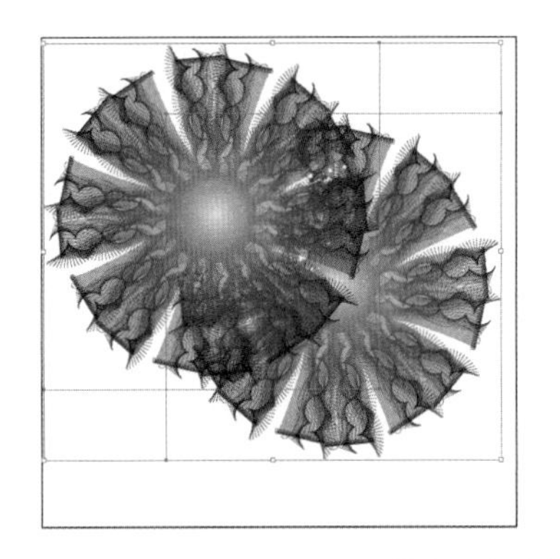

05 选中页面中的两个图形，执行“对象/变换/对称”命令，在弹出的“镜像”对话框中选中“轴”栏中的“垂直”单选按钮，最后单击“确定”按钮，效果如下图所示。

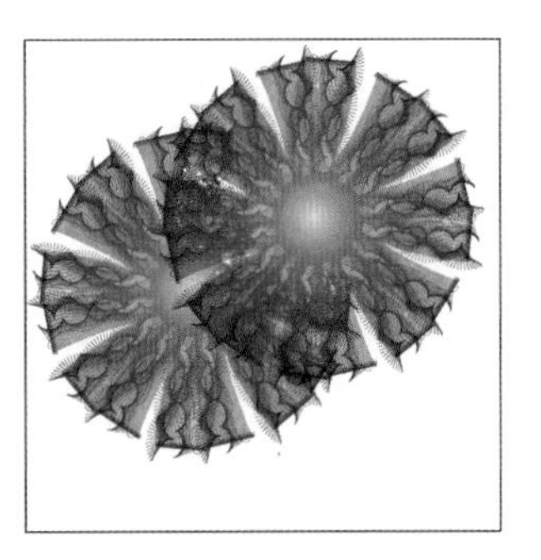

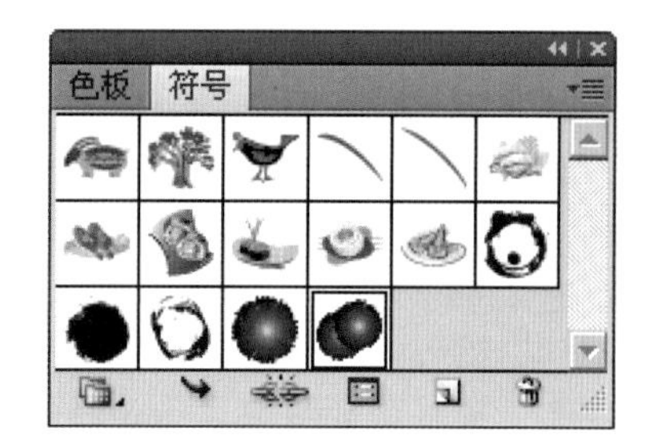

06 用工具箱中的选择工具选中修改后的图形，再单击“符号”面板中右上角的按钮，在弹出的主菜单中选择“重新定义符号”命令。这样，“符号”面板中的复制符号就被重新修改后的图形替换了，如右图所示。

23.1.5 使用符号工具

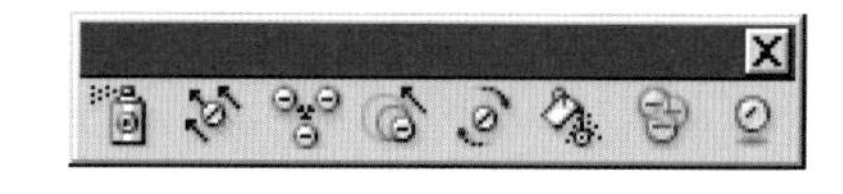

符号工具只影响正在编辑的符号和“符号”面板中选择的符号。符号工具包括符号喷枪工具、符号移位器工具、符号紧缩器工具、符号缩放器工具、符号旋转器工具、符号着色器工具、符号滤色器工具和符号样式器工具等，如右图所示。

符号喷枪工具：主要用来使用在“符号”面板中选择的符号实例进行喷绘，或者在绘图区中已经存在的符号中添加其他符号实例。

符号移位器工具：用来编辑选择的“符号”面板中的符号实例喷绘后的位置偏移和符号的前后顺序。

符号紧缩器工具：用来设置喷绘的符号实例的间隔距离的紧缩和松散关系，将工作区中的符号向鼠标所在点聚集。

符号缩放器工具：用来调整喷绘的符号实例的放大和缩小。在符号上直接单击可以放大图形，按住【Alt】键在符号上单击则可以缩小符号。

符号旋转器工具：可以将喷绘的符号实例进行旋转，符号会随着鼠标的移动而旋转。

符号着色器工具：这个工具是用来调整喷绘的符号实例的颜色色调，它可以利用对工具箱中的“填色”的设置来修改符号的颜色。

符号滤色器工具：用来调整喷绘的符号实例的不透明度，符号会随着鼠标的移动而变得透明。

符号样式器工具：利用图形样式对喷绘的符号实例进行调整。

符号喷枪工具

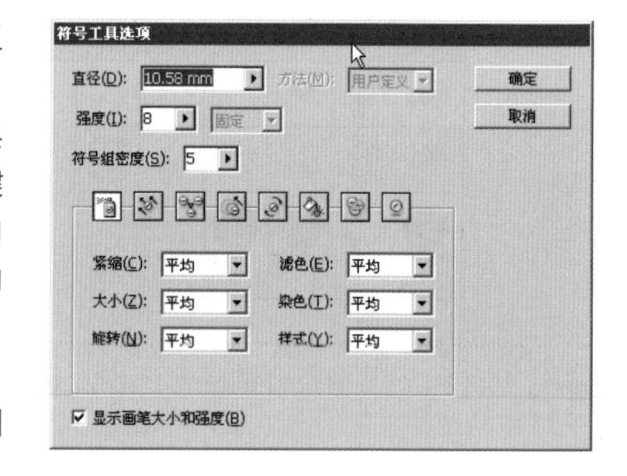

双击工具箱中“符号喷枪工具”按钮，打开“符号工具选项”对话框，如右图所示。

直径：在此下拉列表框中输入数值可以定义符号工具的画笔大小。也可以在绘制过程中按住英文输入状态下键盘上的【[】键减小画笔，按住【]】键增大画笔。直径大的画笔可以在使用符号喷枪工具进行修改删除时选择更多的符号。

强度：当使用符号工具中的任何工具进行编辑时，变动强度的大小可以在此下拉列表框中通过输入数值来调整，数值越大变动的强度也就越剧烈，产生较快的改变。同样，在使用工具的过程中按住【Shift+[】组合键可以降低强度，按住【Shift+]】组合键则是增加强度。

符号组密度：这里的数值是用来控制当置入符号时，符号出现的密度大小，较高的数值表示在输入符号时，符号会密集地堆积在一起。

方法：符号实例的编辑方法有平均、用户定义和随机3种。

显示画笔大小和强度：选中此复选框，可以将鼠标转换为可以预览画笔的大小和强度样式。

01 执行“文件/新建”命令，在弹出的“新建文档”对话框中设置画板“大小”为A4，“取向”为“横向”，单击“确定”按钮后就新建了一个文件，然后选择“符号”面板上的一个符号，如下图所示。

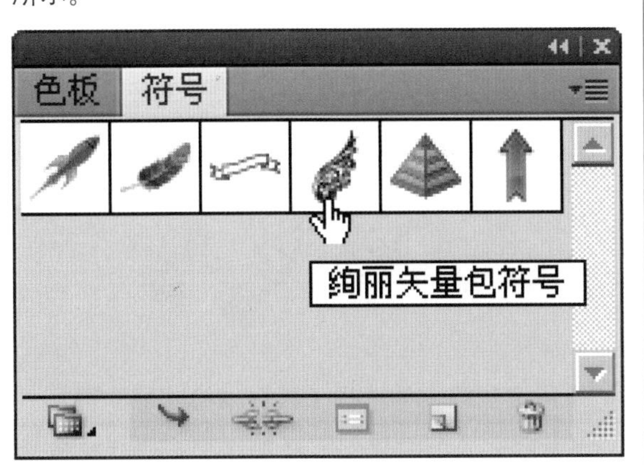

02 在工具箱中双击“符号喷枪工具”按钮，在弹出的“符号工具选项”对话框中设置“直径”、“强度”和“符号组密度”等参数。单击“确定”按钮后，鼠标变成形状时拖曳鼠标，就能在绘图区中看见喷绘的符号效果，如下图所示。

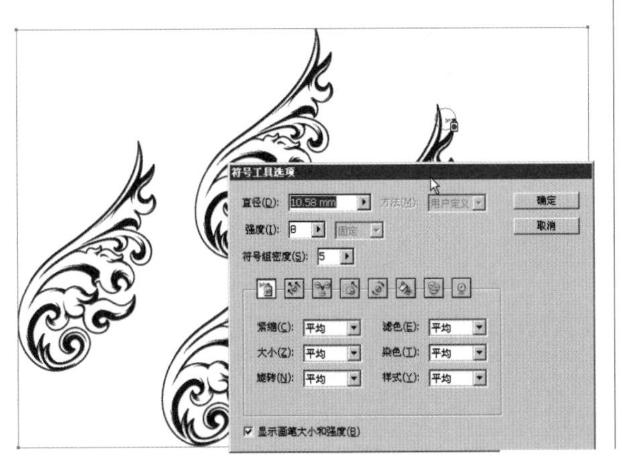

03 在“符号”面板上选择另外的一个符号，然后单击“符号喷枪工具”按钮，再次拖曳鼠标就能看见原来的符号中加入了新选择的符号，如下图所示。

04 选择绘图区中要删除的符号对象，然后选择工具箱中的符号喷枪工具，再在“符号”面板上选择要删除的符号实例，接着在绘图区中按住【Alt】键的同时单击鼠标左键，就可以把鼠标经过处的符号删除了，如下图所示。

技巧提示

上述5项“符号工具选项”对话框中的参数与双击所有符号工具按钮弹出的对话框中的参数是相同的。不过，在双击“符号喷枪工具”按钮弹出的对话框中还可以设置“紧缩”、“大小”、“旋转”、“滤色”、“染色”和“样式”，其设置的方法有“平均”和“用户定义”两种。其中，“平均”是指在使用符号喷枪工具进行喷绘时，以平均的方式来产生符号，平均值的产生是指画笔范围中所包含的符号实例。“用户定义”是以指定的数值来喷绘符号实例。“大小”参数用于设置符号使用的直径大小，“旋转”参数是依据鼠标的移动方向来确定旋转的操作结果，“染色”参数是指使用填充颜色来进行染色操作。

符号移位器工具

01 执行“文件/新建”命令，在弹出的“新建文档”对话框中设置“大小”为A4，“取向”为“横向”，在“符号”面板上选择任意一个符号。单击工具箱中的“符号喷枪工具”按钮，当鼠标变成形状时拖曳鼠标，在绘图区中喷绘出符号效果，如下图所示。

02 用工具箱中的选择工具选中绘制好的符号，然后双击工具箱中的“符号移位器工具”按钮，在弹出的“符号工具选项”对话框中设置“直径”和“强度”等参数，单击“确定”按钮后，按住鼠标左键拖曳鼠标，选中的符号就会跟着鼠标的移动而移动，如下图所示。

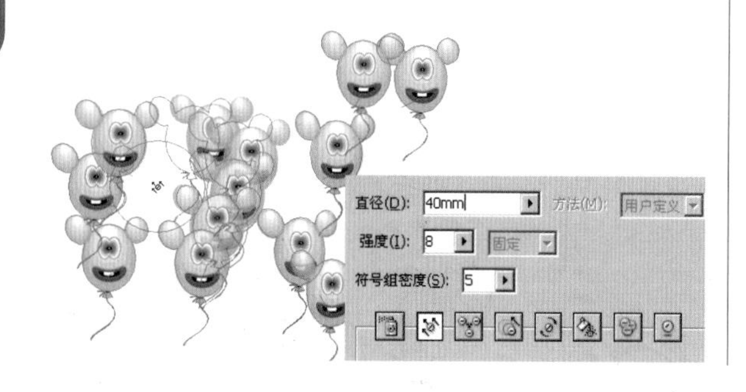

03 用工具箱中的选择工具选中绘制好的符号，然后单击工具箱中的“符号移位器工具”按钮，按住【Shift】键在选择的符号组中其中一个符号上拖曳鼠标，就把这个符号拖曳到所有符号的前面了，如下图所示。

04 用工具箱中的选择工具选中绘制好的符号，单击工具箱中的“符号移位器工具”按钮，按住【Shift+Alt】组合键再把选择的符号拖曳到所有符号的后面。利用此方法就可以很快地对符号进行编辑，如下图所示。

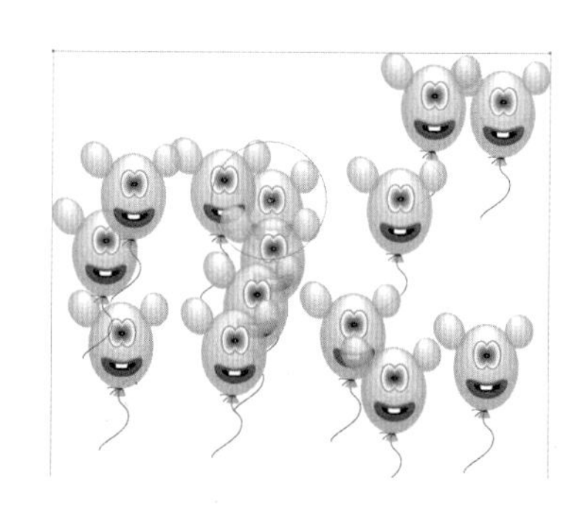

符号紧缩器工具

01 在“符号”面板上选择任意一个符号。单击工具箱中的“符号喷枪工具”按钮，然后拖曳鼠标，在绘图区中喷绘出选择的符号效果，如下图所示。

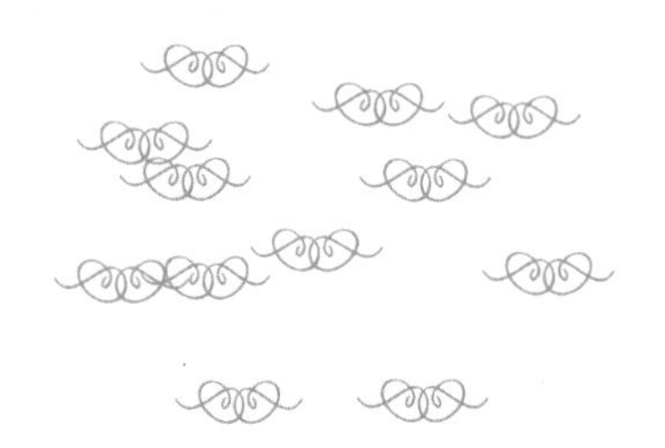

02 用工具箱中的选择工具选中绘制好的符号，单击工具箱中的“符号紧缩器工具”按钮，然后按住鼠标左键不放，选中的符号就会向鼠标指针所在点向内聚集，如下图所示。

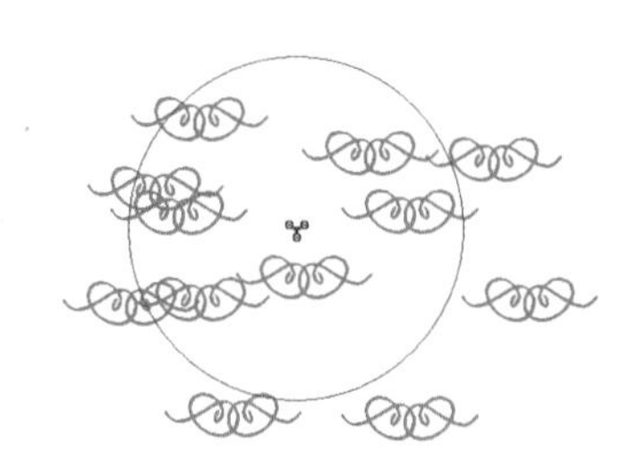

技巧提示

在选择符号紧缩器工具的情况下，按住【Alt】键的同时再按住鼠标左键，选中的符号就会自鼠标指针所在点向外扩散，整个符号组就会变松。

符号缩放器工具

01 在“符号”面板上选择一个符号，单击工具箱中的“符号喷枪工具”按钮，然后拖曳鼠标，在绘图区中喷绘出选择的符号效果，发现这个效果中的符号图形很小，如下图所示。

02 用工具箱中的选择工具选中绘制好的符号，单击工具箱中的“符号缩放器工具”按钮，然后按住鼠标左键不放，选中的符号就会不断地放大，直到释放鼠标，如下图所示。

技巧提示

在工具箱中的符号工具组里双击“符号缩放器工具”按钮，在弹出的“符号工具选项”对话框中，有两个参数与其他符号工具的对话框中的参数不同。

等比缩放：选中此复选框后，在使用符号缩放器工具时，缩放的比例是等比例的。

调整大小影响密度：选中此复选框后，在使用符号缩放器工具对符号进行缩放的同时，符号之间的密度也随之改变。

使用符号缩放器工具对符号进行缩放，按住鼠标左键不放的同时再按住【Alt】键，符号就会不断缩小，直到释放鼠标。

使用符号缩放器工具时，若按住【Shift】键单击符号图形，就可以把这个选中的符号删除。

符号旋转器工具

01 单击“符号”面板右上角的倒三角按钮，在弹出的主菜单中选择“打开符号库”命令，在弹出的子菜单中再选择“花朵”命令，然后在弹出的“花朵”面板上选择其中的一个符号，这个符号就会出现在“符号”面板上，如下图所示。

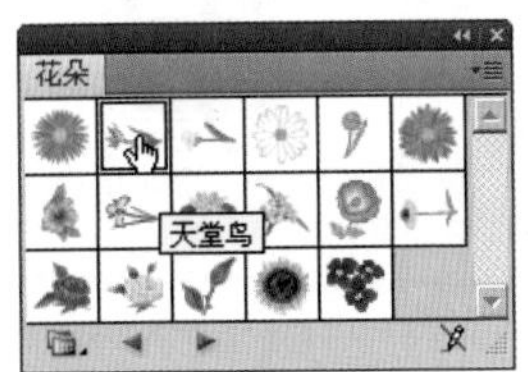

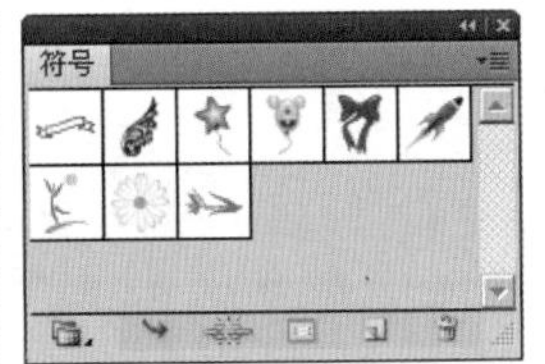

02 在“符号”面板中选择这个符号，再单击工具箱中的“符号喷枪工具”按钮，在绘图区拖曳鼠标，喷绘出所选择的符号效果，如下图所示。

03 用工具箱中的选择工具选中绘制好的符号，单击工具箱中的“符号旋转器工具”按钮，在选择的符号上拖曳鼠标，这时，鼠标经过符号的地方就会出现一个方向指向箭头，如下图所示。

04 根据箭头的指向，确定出符号旋转的方向，然后释放鼠标，就能看见符号旋转后的效果，如下图所示。

符号着色器工具

01 单击“符号”面板右上角的倒三角按钮，在弹出的主菜单中选择“打开符号库”命令，选择“花朵”命令，并在“花朵”面板上选择一个符号，再单击工具箱中的“符号喷枪工具”按钮，在绘图区拖曳鼠标，喷绘出符号效果，如下图所示。

02 用工具箱中的选择工具选中绘制好的符号，单击工具箱中的“符号缩放器工具”按钮，然后按住鼠标左键不放，选中的符号就会不断地放大，当符号放大到合适的程度时释放鼠标，如下图所示。

03 双击工具箱中的“填色”按钮，在弹出的“拾色器”对话框中设置CMYK值（C 0，M 41，Y 96，K 0），然后单击“确定”按钮。用工具箱中的选择工具选中绘制好的符号，单击工具箱中的“符号着色器工具”按钮，在选择的符号上拖曳鼠标，这时，鼠标经过符号的地方就会改变颜色，如下图所示。

04 再次双击工具箱中的“填色”按钮，在弹出的“拾色器”对话框中设置CMYK值（C 69，M 82，Y 0，K 0）。选中绘制好的符号，再单击工具箱中的“符号着色器工具”按钮，在选择的符号上拖曳鼠标。这样就完成了一幅百花齐放图，如下图所示。

技巧提示

如果想要恢复符号原来的颜色，按住【Alt】键的同时，在选择的已填色的符号上拖曳鼠标，符号的颜色就会恢复到原来的颜色了。

符号滤色器工具

01 单击“符号”面板右上角的倒三角按钮，在弹出的主菜单中选择“打开符号库”命令，选择“花朵”命令，并在“花朵”面板上选择一个符号，再单击工具箱中的“符号喷枪工具”按钮，在绘图区拖曳鼠标，喷绘出符号效果，如下图所示。

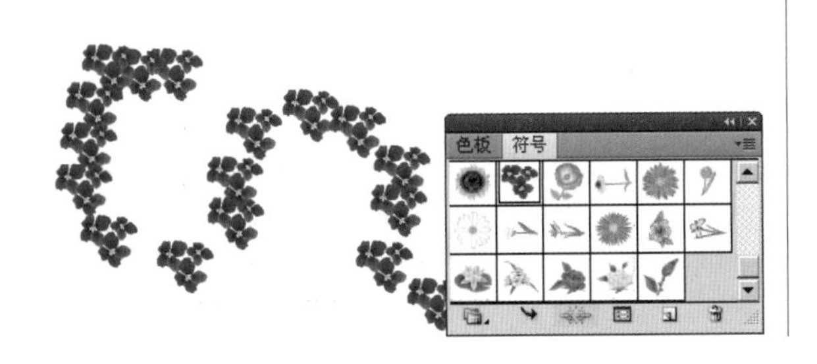

02 用工具箱中的选择工具选中绘制好的符号，单击工具箱中的“符号缩放器工具”按钮，对选中的符号进行放大，然后再用工具箱中的符号移位器工具调整放大后符号的位置，如下图所示。

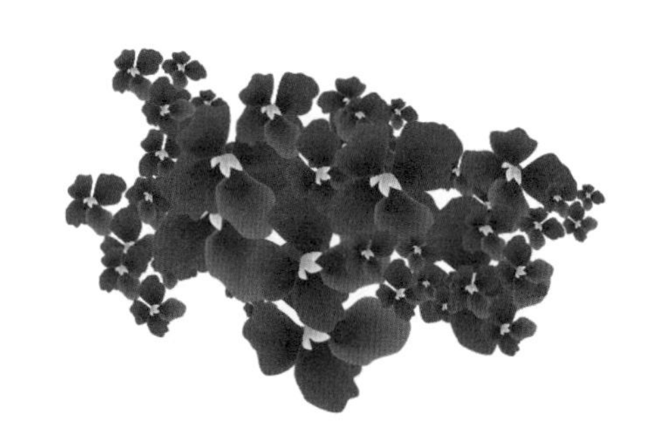

技巧提示

使用符号滤色器工具时，按住鼠标左键放置在符号上面的时间越长，符号就越透明。如果想要恢复符号原来的透明度，按住【Alt】键的同时，在选择的已滤色的符号上拖曳鼠标，符号就会恢复到原来的透明度了。

03 双击工具箱中的“填色”按钮，在弹出的“拾色器”对话框中设置CMYK值（C 69，M 0，Y 82，Y 0）。选中绘制好的符号，再单击工具箱中的“符号着色器工具”按钮，在选择的符号上拖曳鼠标，使部分符号颜色变成设置的颜色，如下图所示。

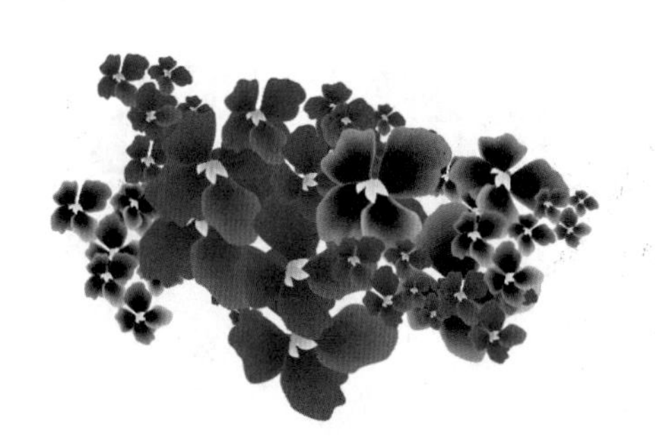

04 选中绘制好的符号，单击工具箱中的“符号滤色器工具”按钮，在选择的符号上拖曳鼠标，这时，符号就随着鼠标的移动而慢慢变得透明，这样制作出来的花卉图案不仅有梦幻的效果，而且还有前后的层次感觉，如下图所示。

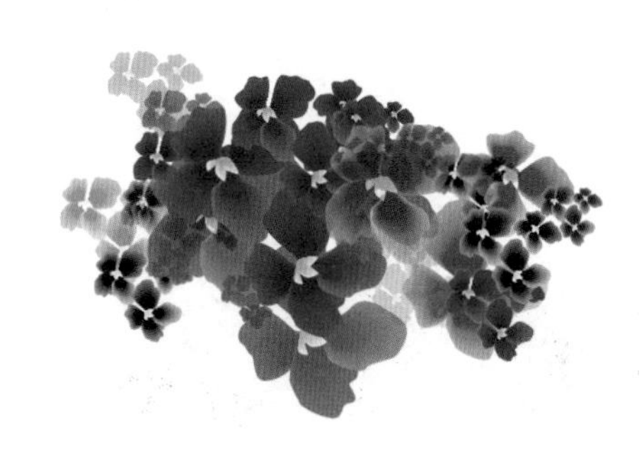

23.2 实例应用

难度程度：★★★☆☆ 总课时：40分钟
素材位置：23\实例应用\文化展览海报设计

演练时间：40分钟

文化展览海报设计

◎ 实例目标

此幅作品整体画面干净、清爽，使用各种素材和其他装饰图形的结合绘制出画面的主体图像。

◎ 技术分析

本例主要使用矩形工具、椭圆工具、渐变工具等来制作画面中的一些图形元素，还使用了“符号”面板、文字工具来修饰丰富画面。在本例中重点介绍了“符号”面板的使用。

制作步骤

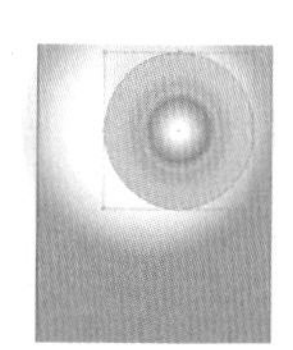

01 执行菜单“文件”/“打开”命令，打开光盘中的“23\实例应用\文化展览海报设计\素材7”，单击“确定”按钮，得到素材，如下图所示。

02 使用椭圆工具，按住【Shift】键，在佛像左方绘制5个正圆形，使用选择工具，按住【Shift+Alt】快捷键，分别向内调整大小，然后分别调整填充合适的颜色，如下图所示。

技巧提示

如果想要恢复符号原来的颜色，按住【Alt】键的同时，在选择的已填色的符号上拖曳鼠标，符号的颜色就会恢复到原来的颜色了。

符号滤色器工具

01 单击“符号”面板右上角的倒三角按钮，在弹出的主菜单中选择“打开符号库”命令，选择“花朵”命令，并在“花朵”面板上选择一个符号，再单击工具箱中的“符号喷枪工具”按钮，在绘图区拖曳鼠标，喷绘出符号效果，如下图所示。

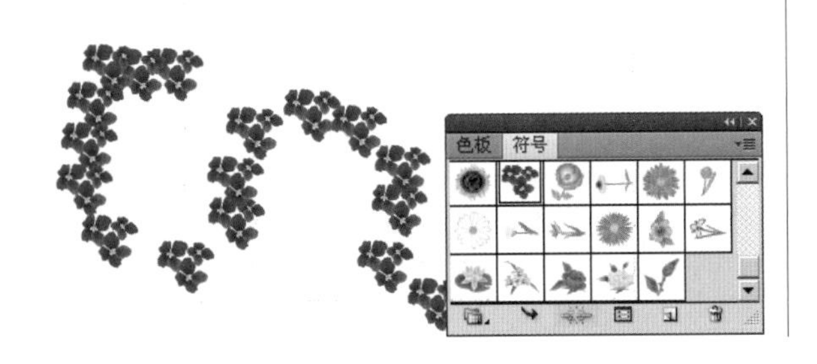

02 用工具箱中的选择工具选中绘制好的符号，单击工具箱中的“符号缩放器工具”按钮，对选中的符号进行放大，然后再用工具箱中的符号移位器工具调整放大后符号的位置，如下图所示。

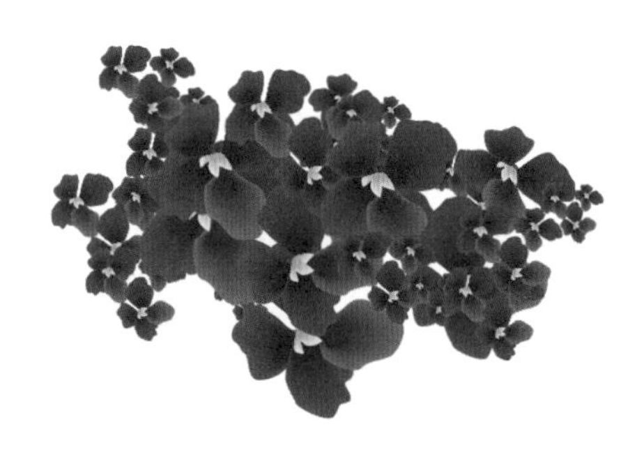

技巧提示

使用符号滤色器工具时，按住鼠标左键放置在符号上面的时间越长，符号就越透明。如果想要恢复符号原来的透明度，按住【Alt】键的同时，在选择的已滤色的符号上拖曳鼠标，符号就会恢复到原来的透明度了。

03 双击工具箱中的“填色”按钮，在弹出的“拾色器”对话框中设置CMYK值（C 69，M 0，Y 82，Y 0）。选中绘制好的符号，再单击工具箱中的“符号着色器工具”按钮，在选择的符号上拖曳鼠标，使部分符号颜色变成设置的颜色，如下图所示。

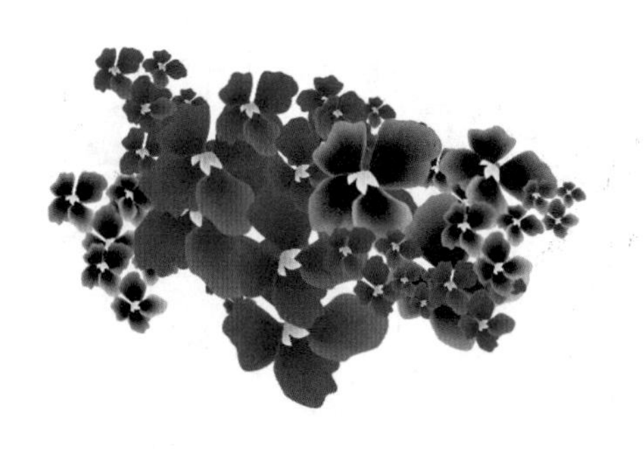

04 选中绘制好的符号，单击工具箱中的“符号滤色器工具”按钮，在选择的符号上拖曳鼠标，这时，符号就随着鼠标的移动而慢慢变得透明，这样制作出来的花卉图案不仅有梦幻的效果，而且还有前后的层次感觉，如下图所示。

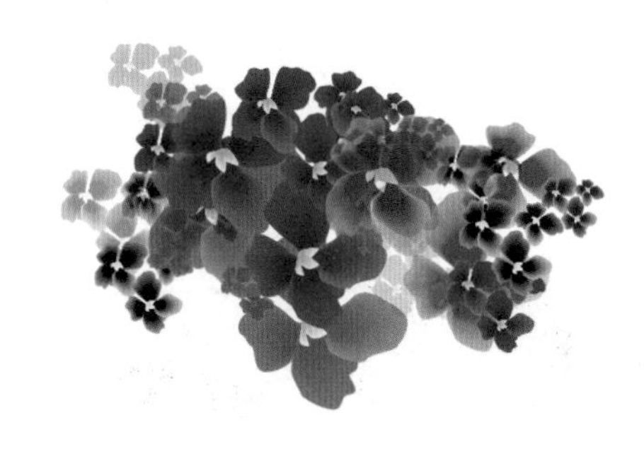

23.2 实例应用

难度程度：★★★☆☆ 总课时：40分钟
素材位置：23\实例应用\文化展览海报设计

演练时间：40分钟

文化展览海报设计

◉ 实例目标

此幅作品整体画面干净、清爽，使用各种素材和其他装饰图形的结合绘制出画面的主体图像。

◉ 技术分析

本例主要使用矩形工具、椭圆工具、渐变工具等来制作画面中的一些图形元素，还使用了“符号”面板、文字工具来修饰丰富画面。在本例中重点介绍了“符号”面板的使用。

制作步骤

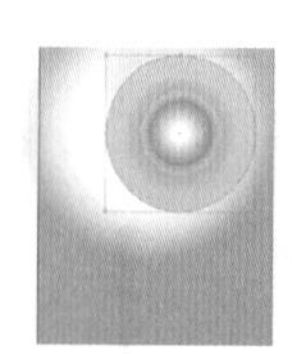

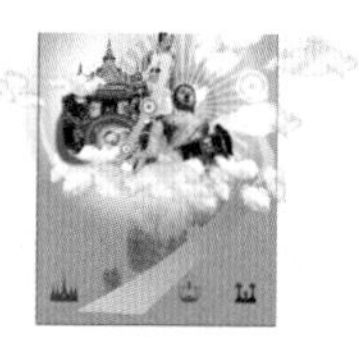

01 执行菜单“文件”/“打开”命令，打开光盘中的“23\实例应用\文化展览海报设计\素材7”，单击“确定”按钮，得到素材，如下图所示。

02 使用椭圆工具，按住【Shift】键，在佛像左方绘制5个正圆形，使用选择工具，按住【Shift+Alt】快捷键，分别向内调整大小，然后分别调整填充合适的颜色，如下图所示。

03 选中上一步绘制的一组正圆形，将其复制多个，调整合适的大小并移动到画面相应位置，如下图所示。

04 选中画面右上角位置的一组正圆形，调出“透明度”面板，将图形效果设置为“滤色”，如下图所示。

05 调出“符号”面板，单击其右上角的菜单，选择“打开符号库/点状图案矢量包”选项，在弹出的对话框中选择合适的图案，使用鼠标左键点住不放拖动到画面中，如下图所示。

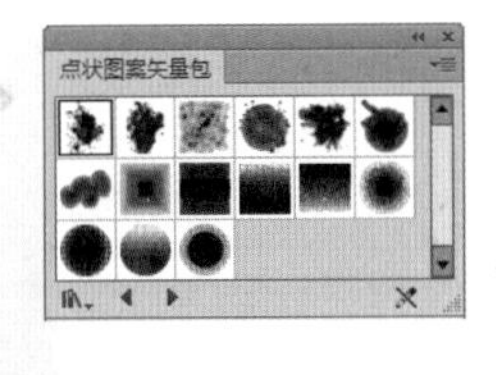

06 选中上一步插入的点状图形，在其上方单击鼠标右键，在弹出的菜单中选择“断开符号链接”命令，调整填充色为蓝色，然后按【Ctrl+[】快捷键，向下调整图形层次，如下图所示。

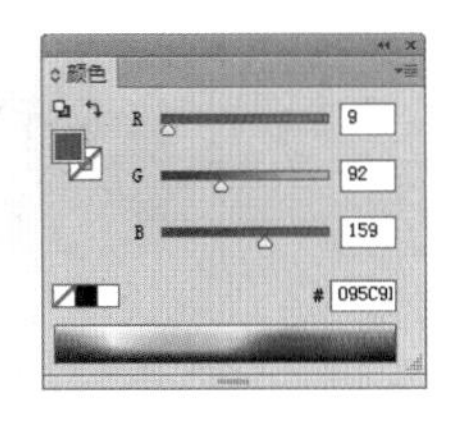

07 调出“符号”面板，单击其右上角的菜单，选择“打开符号库/至尊矢量包”选项，在弹出的对话框中选择多个合适的图案，使用鼠标左键按住不放拖动到画面中，调整合适的大小并移动到画面下方，如下图所示。

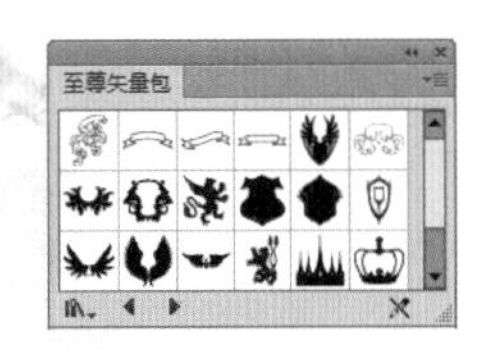

08 分别选中上一步插入的图形，在其上方单击鼠标右键，在弹出的菜单中选择“断开符号链接”命令，调整合适的填充颜色，如下图所示。

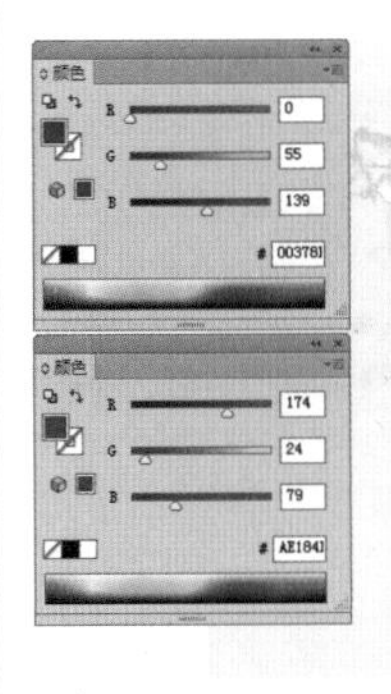

09 使用矩形工具，在画面下方绘制一个长方形，设置填充色为蓝色，无描边色，

如下图所示。

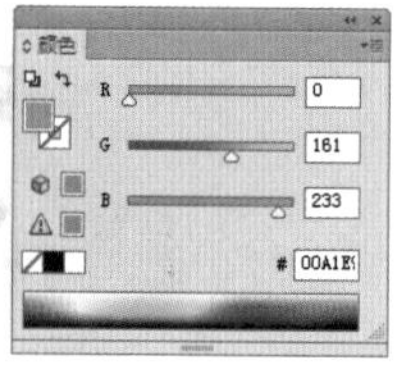

10 使用文字工具T在画面中间位置单击，输入所需文字，设置填充色为白色，在工具选项栏设置合适的字体和字号参数，如下图所示。

11 选中上一步输入的文字，按【Ctrl+C】组合键，复制图像，再按【Ctrl+B】组合键，执行“贴在后面”命令，使用键盘上的移动键向右下方轻微移动位置，然后调整填充色为蓝色，如下图所示。

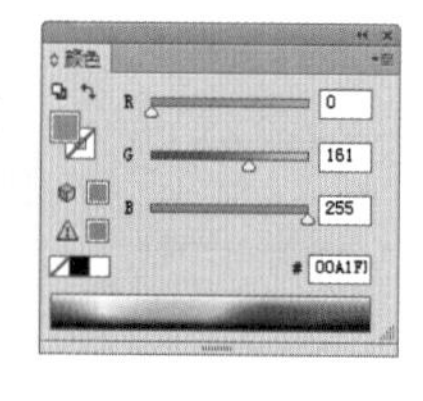

12 使用文字工具T在画面中间位置单击，输入所需文字，设置填充色和描边色为蓝色，在工具选项栏设置合适的字体、字号和描边参数，如右上图所示。

13 选中上一步输入的文字，按【Ctrl+C】组合键，复制图像，再按【Ctrl+B】组合键，执行“贴在后面”命令，调整描边色为白色，在工具选项栏设置合适的描边参数，如下图所示。

14 使用矩形工具□，绘制一个与画板相同大小的矩形，按【Ctrl+Alt+2】组合键，执行“全部解锁”命令。按【Ctrl+A】组合键，将画面全选，在画面上方单击鼠标右键，在弹出的菜单中选择“建立剪切蒙版”命令，将画面周围多余的图形隐藏，如下图所示。

Part 24（47-48小时）

使用图形样式

【应用图形样式：30分钟】

新增图形样式	10分钟
应用图形样式	10分钟
编辑图形样式	10分钟

【管理图形样式：30分钟】

24.1 应用图形样式

难度程度：★★★☆☆ 总课时：30分钟

执行“窗口/图形样式”命令，可以打开“图形样式”面板，该面板的用途是帮助用户管理及使用图形样式。利用“图形样式”面板可以很快地为选择对象设置已经编辑定义好的各种对象样式，包括描边效果、填充效果和阴影效果等，而且样式还有链接的功能，如果选择的样式变了，应用此样式的所有对象也会随之改变。将一个图形样式应用到选择的对象上，当前的样式将替换选择对象原有的样式或者外观属性。

24.1.1 新增图形样式

学习时间：10分钟

在“图形样式”面板上已经存在一些默认的图形样式，不过，在很多情况下，用户可以根据自己的需要创建独特的图形样式。要创建新图形样式，需要利用工具箱中的各种绘图工具，然后再将其定义为图形样式。

技巧提示

在绘图区中选择需要定义的图形样式后，单击“图形样式”面板中的“新建图形样式”按钮，就可以将选择的图形以默认的名称定义为新的样式。

24.1.2 应用图形样式

学习时间：10分钟

图形样式可以应用到路径、编组还有图层上，选取对象后单击“图形样式”面板上需要的图形样式，就可以将选择的样式应用到选择的对象上。

24.1.3 编辑图形样式

学习时间：10分钟

在Illustrator CS6软件中，可以对“图形样式”面板中的图形样式进行重新编辑，使其生成新的图形样式，编辑完成后单击“外观”面板右上角的按钮，在弹出的主菜单中选择“重新定义图形样式”命令，就可以将原有的图形样式替换掉了。

技巧提示

当图形样式发生变化后，所有应用了这个图形样式的对象都将发生变化。如果希望应用这个图形样式的对象不发生变化，可以单击“图形样式”面板上的“断开图形样式链接”按钮，就可以对这个选择对象取消图形样式的链接，再改变这个图形样式时，这个选择对象就不会发生变化了。

24.2 管理图形样式

难度程度：★★★☆☆ 总课时：30分钟
素材位置：24\管理图形样式\示例图

对图形样式的管理一般是对图形样式进行复制、删除、切断链接或合并等操作。复制图形样式就是对现有的图形样式进行复制，然后进行编辑，从而得到一组新的图形样式。要删除图形样式，先选择不需要的图形样式，然后单击"图形样式"面板上的"删除图形样式"按钮，就可以删除所选择的图形样式。因为图形样式与应用该图形样式的对象之间存在着链接关系，所以如果要为应用图形样式的对象取消链接，就需要在"图形样式"面板上单击"断开图形样式链接"按钮。如果需要产生新的图形样式，在"图形样式"面板上按住【Ctrl】键，然后单击需要合并的图形样式，然后在"图形样式"面板右上角的主菜单中选择"合并图形样式"命令，此时"图形样式选项"对话框就会出现，单击"确定"按钮即可把选择的图形样式进行合并。

01 执行"文件/打开"命令，在弹出的"打开"对话框中选择光盘素材文件"24\管理图形模式\示例图\24-1"，单击"图形样式"面板上右上角的倒三角按钮，在弹出的主菜单中选择"图形样式库/图像效果"命令，选择一个图形样式，这个图形样式就出现在"图形样式"面板上，如下图所

02 单击面板右上角的倒三角按钮，在弹出的主菜单中选择"复制图形样式"命令，这样就复制了一个图形样式，用选择工具选择两个柠檬图形，然后单击复制的图形样式，使其应用到所选的图形上，如右上图所示。

03 选择其中一个柠檬图形，然后在"图形样式"面板上单击"断开图形样式链接"按钮，就取消了柠檬图形与图形样式的链接，如下图所

04 选中复制的图形样式，执行"窗口/外观"命令。在"外观"面板上进行编辑，设置"描边"和

"填色"均为绿色，如下图所示。

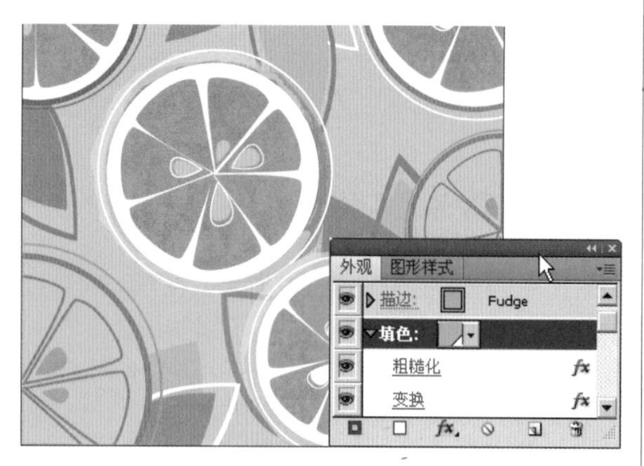

05 完成编辑后，单击"外观"面板右上角的倒三角按钮，在弹出的主菜单中选择"重新定义图形样式"命令，就可以将原有的图形样式替换。"图形样式"面板上的图形样式发生了变化，而取消链接的图形没有发生变化，如下图所示。

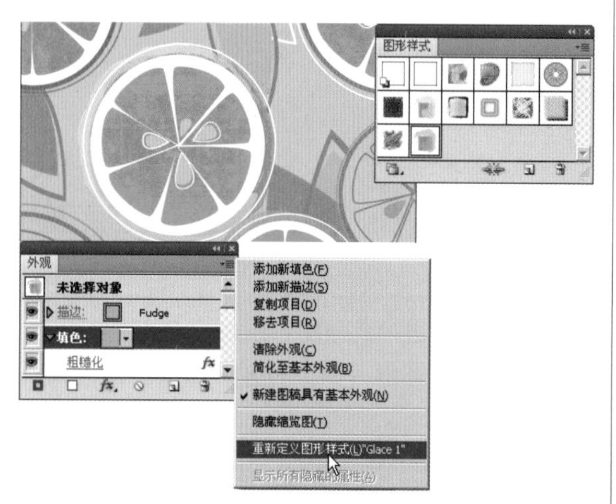

06 选择"图形样式"面板上原来的图形样式，然后单击"图形样式"面板右上角的倒三角按钮，在弹出的主菜单中选择"删除图形样式"命令，即将这个图形样式删除，如下图所示。

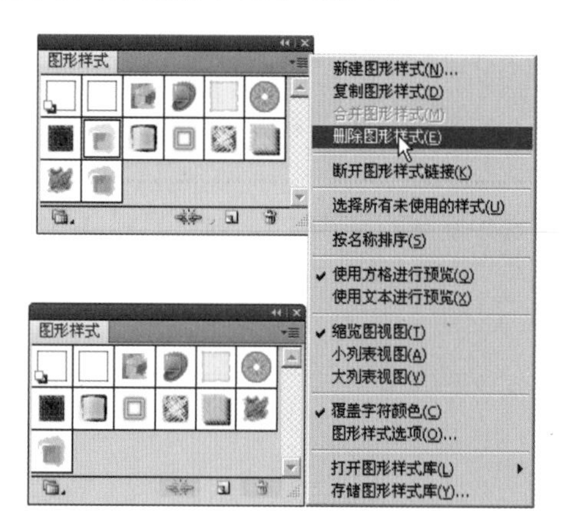

07 选择应用了新的图形样式的柠檬图形，然后按住【Alt】键，拖曳鼠标复制此图形，接着单击"图形样式"面板的一个图形样式，效果如下图所示。

08 用选择工具选择新复制的图形，然后在"图形样式"面板上按住【Ctrl】键，再单击新编辑的图形样式和新应用的图形样式，然后在"图形样式"面板的主菜单中选择"合并图形样式"命令，此时出现"图形样式选项"对话框，在"样式名称"文本框中重新命名为"图形样式"，单击"确定"按钮就可以把选择的图形样式合并，并且应用到选择的图形上，而且在"图形样式"面板上也显示出了这个新样式，如下图所示。

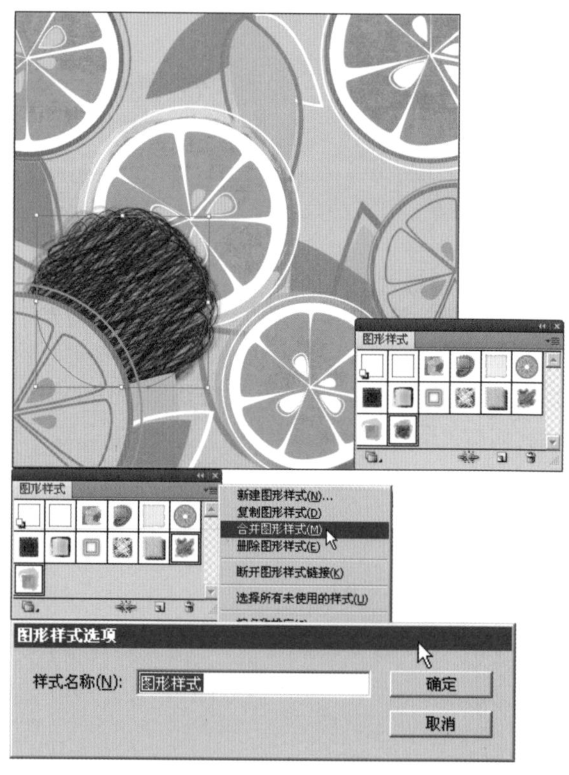